“十三五”国家重点出版物出版规划项目

人工智能基础

主　编　谷　宇
副主编　刘冀伟　张　磊　陈雯柏
参　编　刘学君　吴细宝　刘辉翔　陈　鹏
　　　　田　亮　万　毅　柴广龙　曾　莉

机械工业出版社

本书系统地介绍了人工智能的基本原理、方法和应用技术，比较全面地反映了人工智能领域当前的研究进展和发展方向。全书共8章，具体内容包括人工智能的基本概念和发展概况、脑与认知、机器感知、知识表示与推理、计算智能、模式识别与机器学习、人工智能系统的硬件基础、人工智能系统的应用。为了便于读者理解，在介绍关键技术的同时，列举了一些应用实例，每章后附有思考题与习题。本书内容由浅入深、循序渐进、条理清晰，让读者在有限的时间内掌握人工智能的基本原理与应用技术，提高对人工智能问题的求解能力。

本书可以作为高等院校人工智能、自动化、智能科学与技术、计算机、大数据等相关专业的教材，也可以供从事人工智能研究与应用的科技人员学习参考。

本书配有教学课件，请选用本书作教材的老师登录 www.cmpedu.com 注册下载，或发邮件至 jinacmp@163.com 索取。

图书在版编目(CIP)数据

人工智能基础/谷宇主编. —北京：机械工业出版社，2021.11(2025.3重印)

“十三五”国家重点出版物出版规划项目

ISBN 978-7-111-69489-2

Ⅰ.①人… Ⅱ.①谷… Ⅲ.①人工智能 Ⅳ.①TP18

中国版本图书馆CIP数据核字(2021)第215931号

机械工业出版社(北京市百万庄大街22号 邮政编码100037)

策划编辑：吉 玲　　责任编辑：吉 玲 刘琴琴

责任校对：肖 琳 李 婷　封面设计：鞠 杨

责任印制：张 博

北京建宏印刷有限公司印刷

2025年3月第1版第4次印刷

184mm×260mm · 14.25印张 · 358千字

标准书号：ISBN 978-7-111-69489-2

定价：43.00元

电话服务　　网络服务

客服电话：010-88361066　　机 工 官 网：www.cmpbook.com

010-88379833　　机 工 官 博：weibo.com/cmp1952

010-68326294　　金 书 网：www.golden-book.com

机工教育服务网：www.cmpedu.com

前　言

人工智能学科的诞生经历了漫长的历史过程，也经历了多次兴衰，拥有不同的学派。美国和欧洲相继启动了人工智能研究计划，我国也启动了新一代人工智能重大研究计划，并且将发展人工智能技术列入政府工作报告。人工智能将引领新一轮工业革命，并将大大改善和影响人类未来的生活。随着人工智能技术的发展，国内高校纷纷开设了人工智能课程，因此编写面向高校学生的人工智能课程的教材具有积极的意义。本书可使学生学习和掌握人工智能的基本概念和基本原理，了解人工智能的一些前沿内容，拓宽知识面，启发思路，为今后在相关领域应用人工智能技术奠定基础。

本书结合编者多年来从事人工智能领域科研和教学的经验，选择人工智能的经典实用的关键技术以及人工智能近年来最新发展的技术作为主要内容，帮助读者了解人工智能的发展历史，在了解和掌握经典人工智能技术的基础上更好地理解和掌握最新的人工智能技术。

本书系统地介绍了人工智能的基本原理、方法和应用技术，比较全面地反映了人工智能领域当前的研究进展和发展方向。全书共8章，具体内容包括人工智能的基本概念和发展概况、脑与认知、机器感知、知识表示与推理、计算智能、模式识别与机器学习、人工智能系统的硬件基础、人工智能系统的应用。为了便于读者理解，在介绍关键技术的同时，列举了一些应用实例，每章后附有思考题与习题。本书内容由浅入深、循序渐进、条理清晰，让学生在有限的时间内掌握人工智能的基本原理与应用技术，提高对人工智能问题的求解能力。

本书可以作为高等院校人工智能、自动化、智能科学与技术、计算机、大数据等相关专业的教材，也可供从事人工智能研究与应用的科技人员学习参考。

本书是人工智能专业的基础启蒙教材，如果读者对于其中某些内容的技术细节和最新发展动态感兴趣，可以进一步参考人工智能领域的专业期刊和专业会议的学术论文。当前人工智能技术处于高速发展阶段，新技术不断涌现，本书将在今后的修订版中进一步及时添加最新技术和最新应用。由于编者水平有限，书中错误或不当之处在所难免，恳请读者和专家指正，以便在修订版中加以改进完善。

编　者

目 录

第1章

绪　论

导读

从20世纪50年代伊始，人工智能的理念就逐步指引和影响着人们的生活，尽管人工智能的发展在过去几十年中历经数次高潮与低谷，但是在新时代的今天，我们有理由充分相信，人工智能的时代真正到来了。人工智能作为一种工具来延展智能并提升人们认识世界和改变世界的能力，它不仅鼓舞着科学家、工程师及相关研究者们创造越来越前端、越智能、越便捷的新技术，助力国家产业转型升级，产生一种全新的人工智能经济形态；而且未来人工智能将会深刻地改变人们的生活，成为人类社会的转折点。所以，人工智能的进步与发展不仅仅是科技的创新，最终更会带来人类社会发展的变革。

本章将首先介绍人工智能的基本概念，然后回顾了人工智能的历史进程，最后介绍当前人工智能的主要研究领域及开展人工智能教育的必要性，使读者对人工智能极其广阔的研究与应用领域有总体的了解。

本章知识点

- 人工智能的概念、意义
- 人工智能的研究领域
- “智能+”新时代
- 发展人工智能教育的必要性

1.1　人工智能的基本概念

1.1.1　人工智能的概念

关于“人工智能”的含义，早在它被正式提出之前，就由英国数学家图灵(A. M. Turing)提出了。1950年图灵发表了题为《计算机器与智能》(*Computing Machinery and Intelligence*)的论文，论述并提出了著名的“图灵测试”，形象地指出了什么是人工智能以及机器应该达到的智能标准。图灵在这篇论文中指出不要问机器是否能思维，而是要看它能否通过如下测试：让人与机器分别在两个房间里，两者之间可以通话，但彼此都看不到对方，如果通过对话，人的一方不能分辨对方是人还是机器，那么就可以认为对方的那台机器达到了人类智能的水平。但也有许多人认为图灵测试仅仅反映了结果，没有涉及思维过程，即使机器通过了图灵测试，也不能认为机器就有智能。

那么究竟什么是人工智能呢？美国斯坦福大学的尼尔逊教授对人工智能下了这样一个定义：“人工智能是关于知识的学科——怎样表示知识以及怎样获得知识并使用知识的科学。”而美国麻省理工学院的温斯顿教授认为：“人工智能就是研究如何使计算机去做过去只有人才能做的智能工作。”这些说法反映了人工智能学科的基本思想和基本内容，即人工智能是研究人类智能活动的规律，构造具有一定智能的人工系统，研究如何让计算机去完成以往需要人的智力才能胜任的工作，也就是研究如何应用计算机的软硬件来模拟人类某些智能行为的基本理论、方法和技术。

人工智能是一门新兴的高尖端学科，也是正在迅速发展的前沿学科。人工智能是在神经心理学、计算机科学、语言学、控制论、信息论等多学科研究的基础上发展起来的综合性的交叉学科。自 1956 年正式提出“人工智能”这个术语并把它作为一门新兴学科的名称以来，人工智能获得了迅速的发展，引起了人们的高度重视，受到了很高的评价。人工智能被认为扩展了人脑的功能，实现脑力劳动的自动化。实际上，对人工智能的研究，本质也是在试图理解人类自身如何感知、理解、预测和操控物质世界。也就是说，人工智能是一门研究如何构造智能机器(智能计算机)或智能系统，使它能模拟、延伸、扩展人类智能的学科。通俗地说，人工智能就是研究如何使机器具有能听、会说、能看、会写、能思维、会学习、能适应环境变化、能解决面临的各种实际问题等功能的一门学科。

人工智能的代表性应用场景如图 1-1 所示，更快速的芯片、更聪明的“棋手”、更高效的各类机器人已经深入到社会生活的方方面面。这个时代最重要的通用技术就是人工智能尤其是机器学习，也就是说机器能够持续提高自己的性能，而无须人类明确解释所有这些任务要怎样完成。

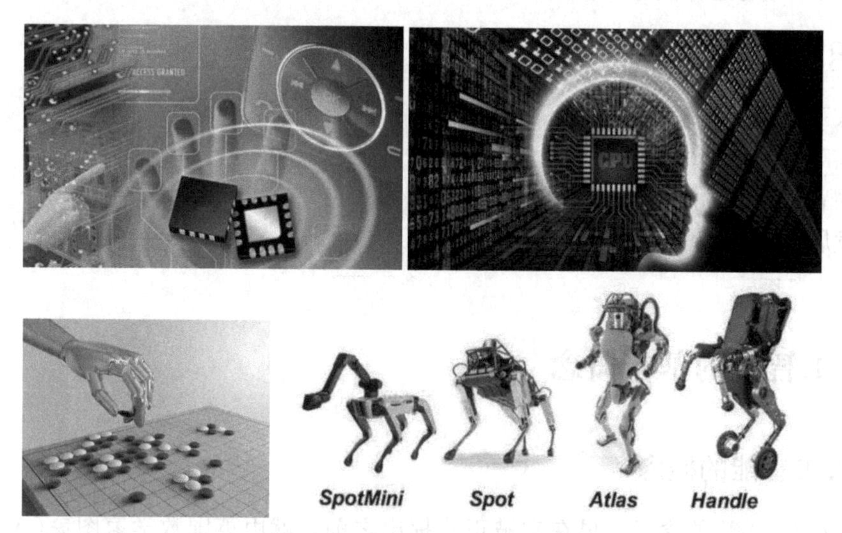

图 1-1　人工智能的代表性应用场景

1.1.2　研究领域

目前，人工智能的研究及应用领域有很多，主要研究领域有问题求解、专家系统、智能检测、机器感知与机器学习、机器人学、分布式人工智能与多智能体等。

1. 问题求解

问题求解，即对于预定目标，寻找行动序列的过程被称为搜索，搜索算法的输入是问题，输出是问题的解，以行动序列的形式返回问题的解。搜索（尤其是状态空间搜索）和问题归纳，已成为问题求解的一种十分重要而又非常有效的手段，也是人工智能研究中的一个重要方面。目前有代表性的问题求解程序是下棋程序，计算机下棋程序涉及围棋、中国象棋、国际象棋、跳棋等，目前已达到国际锦标赛水平。另一个问题求解程序是把各种数学公式符号汇编一起，其性能可以达到很高的水平，并正在为许多科学家和工程师所应用。有些程序甚至还能够用经验来改善其性格。

问题求解中未解决的问题包括人类棋手具有的但尚不能明确表达的能力，如国际象棋大师们洞察棋局的能力；另一个未解决的问题涉及问题的原概念，在人工智能中叫作问题表示的选择。人们常常能够找到某种思考问题的方法从而使求解变容易而解决该问题。到目前为止，人工智能程序已经能够思考如何去解决问题，即搜索解答空间，去寻求较优的解答。

2. 专家系统

专家系统是一个具有大量专门知识和经验的计算机程序系统，主要由“知识库”和“推理机”组成。其根据某领域一个或多个人类专家提供的知识和经验建立知识库，应用人工智能技术和计算机技术来进行推理和判断，模拟人类专家的决策过程，解决特定领域的相关问题。简而言之，人们通过人机接口向专家系统输入需要解决的问题的相关信息，专家系统将运用推理机构控制其内在的知识库，像人类专家一样给出问题的解决方案。专家系统具有丰富的专门知识并可以模拟相关领域专家的思维过程，以解决该领域中需要专家才能解决的复杂问题。专家系统的一般特性有：

1）为解决特定领域的具体问题，除需要具备一些公共的常识，还需要具备大量与所研究领域问题密切相关的知识。

2）一般采用启发式的解题方法。

3）在解题过程中除了用演绎方法外，有时还要求助于归纳方法和抽象方法。

4）需处理问题的模糊性、不确定性和不完全性。

5）能对自身的工作过程进行推理（自推理或解释）。

6）采用基于知识的问题求解方法。

7）知识库与推理机分离。

专家系统可以解决的问题一般包括解释、预测、诊断、设计、规划、监控、指导和控制等。专家系统在当前以及未来都将会是人类值得信赖的高水平智能助手，是将人工智能技术运用到实际中的重要手段。高性能的专家系统也已经从学术研究开始进入实际应用研究。

3. 智能检测

智能检测技术是将传感技术、人工智能技术与智能推理技术相结合来用于参数检测的一种新型技术。随着仿生技术和模式识别等人工智能技术的发展，智能检测仪器和智能检测技术在人工智能产业中的应用得到迅速推广。其中电子鼻、电子舌等智能检测仪器在我国有着广泛的应用，电子鼻、电子舌是通过模仿人类嗅觉与味觉感官模式对物品中含有的特征物质进行辨识，利用模式识别和机器学习相关算法完成对相关物品的鉴定与分类，可以在食品安全、爆炸物品和违禁物品检测、重大疾病排查等方面广泛应用。除此之外，在工业生产过程中，运用智能检测设备与物联网技术，合理构建智能检测系统与平台，也是人工智能技术在智能检测产业广泛应用的重要表现。

4. 机器感知与机器学习

机器感知（Machine Perception）是通过解释传感器的响应为机器提供相关的信息。机器感知研究如何用机器或计算机模拟、延伸和扩展人的感知或认知能力。人工智能有各种可用的感知形态，包括类似于人类的视觉、听觉和触觉。

机器学习（Machine Learning）是一种能够赋予机器学习的能力，以此让它完成直接编程无法完成的功能的方法。学习能力无疑是人工智能研究中最突出和最重要的一个方面，学习是人工智能的主要标志和获取知识的基本手段。要使机器像人一样拥有知识、具有智慧，就必须使机器拥有获得知识的能力。使机器获得知识的方法一般有两种：

1）把有关知识归纳、整理在一起，并用计算机可接受、处理的方式输入到计算机中。

2）使计算机自身具有学习能力，它可以直接向书本、教师学习，也可以在实践中不断总结经验、吸取教训，实现自我不断完善，这种方式一般称为机器学习。

机器学习研究的目标有三个：人类学习机理的研究、学习方法的研究、建立面向具体任务的学习系统。机器学习与其他领域的处理技术的结合，形成了计算机视觉、语音识别、自然语言处理等交叉学科。因此，平常所说的机器学习应用是通用的，不仅仅局限在结构化数据，还有图像、音频等应用。

5. 机器人学

人工智能研究日益受到重视的另一个分支是机器人学，机器人通过对物质世界进行操作来执行任务。目前，绝大部分机器人都属于以下三类中的一类。

（1）操纵类机器人（机械臂） 尽管已经建立了一些比较复杂的机器人系统，不过现在工业运行的成千上万台机器人，都是一些按预定编制好的程序执行某些重复作业的简单装置。程序的生成及装入有两种方式：一种是由人根据工作流程编制程序并将它输入到机器人的存储器中；另一种是"示教-再现"方式，所谓示教是指在机器人第一次执行任务之前，由人引导机器人执行操作，即教机器人去做应做的工作，机器人将其所有动作一步步记录下来，并将每步表示为一条指令，示教结束后机器人再执行这些指令（即再现），以同样的方法和步骤完成同样的工作。

（2）移动类机器人 该类机器人利用轮子、腿或其他机械装置，辅之以位置、避障、距离等传感器，在设定的环境中来回移动，可从事搬运、投递或信息采集等任务。该类机器人通过传感器获取作业环境、操作对象的简单信息，然后由计算机对获得的信息进行分析、处理，从而控制机器人的动作，典型代表有无人车辆、无人机等。

（3）移动操纵类机器人 该类机器人是指具有类似于人的智能的智能机器人，该类机器人具有感知环境的能力，配备有视觉、听觉、触觉、嗅觉等感觉器官，能从外部环境中获取有关信息。它具有思维能力，能对感知的信息进行处理，以控制自己的行为，它还具有作用于环境的行为能力，能通过传动机构使自己的"手""脚"等肢体行动起来，正确灵巧地执行思维机构下达的命令。

6. 分布式人工智能与多智能体

分布式人工智能（Distributed Artificial Intelligence，DAI）是分布式计算与人工智能结合的结果。分布式人工智能系统以健壮性作为控制系统质量的标准，并具有互操作性，即不同的异构系统在快速变化的环境中具有交换信息和协同工作的能力。

分布式人工智能的研究目标是要创建一种描述自然系统和社会系统的模型。DAI 中的智能并非独立存在，只能在团体协作中实现，因而其主要研究问题是各智能体(Agent)之间的合作与对话，包括分布式问题求解和多智能体系统(Multi-Agent System，MAS)两个领域。分布式问题求解把一个具体的求解问题划分为多个相互合作和知识共享的模块或者节点；多智能体系统则研究各智能体之间行为的协调。这两个研究领域都要研究知识、资源和控制的划分问题。但分布式问题求解往往含有一个全局的概念模型、问题和成功标准。而 MAS 则含有多个局部的概念模型、问题和成功标准，MAS 更能够体现人类的社会智能，具有更大的灵活性和适应性，更适合开放和动态的世界环境，因此成为人工智能领域的研究热点。

1.1.3 存在意义

根据人工智能推理、思考和解决问题能力的强弱，可以将人工智能分为弱人工智能和强人工智能。

(1) 弱人工智能 弱人工智能是指不能真正实现推理和解决问题的智能机器。迄今为止的人工智能系统还是实现特定功能的专用智能，而不像人类智能那样能够不断适应复杂的新环境并不断涌现出新的功能，因此还是弱人工智能。目前的主流研究仍然集中于弱人工智能并取得了显著进步，如在语音识别、图像处理和物体分割、机器翻译等方面取得了重大突破，甚至可以接近或超越人类水平。

(2) 强人工智能 强人工智能是指真正能思维的、具有意识的智能机器。强人工智能当前鲜有进展，且在伦理上也存在争议，普遍观点认为至少在未来几十年内难以实现。在此不再赘述。

现在很多人工智能的设备出现在人们身边，比如智能手机能够给人们带来很多的便利。但是有人对人工智能比较担忧，担忧人工智能早晚会取代人类，让人类成为人工智能的奴隶。但是现在人工智能的研究依然如火如荼地进行，那么人工智能发展的真正意义是什么呢？下面简单介绍一下此内容。

对于人工智能的研究，可以帮助找准人类对于自身的定位。目前来说，人类是地球上最高形态的智慧存在，但对于整个宇宙来说，其实是不确定的，相对于未来未知的情况，则更加不确定。人类在研究人工智能时，总是希望研究的目的成为最终的结果，从而达到对自己有利的目的，但事物的发展不总是如人们所愿。从整个生命进化来看，人类并不一定是生命进化的最终形态。如果这一点成立，那么关于人工智能的研究，很可能就是告诉人类不要狂妄自大，人这样一种生命存在的形态并非是生命进化的终极层次。由于不能肯定人类是最终形态，所以理应怀着一颗谦卑之心，这样也能够有一个心理准备。

此外，对于人工智能的研究，能够帮助人们消除对于未知的恐惧。人类对于人工智能的种种担忧，其实可以归为人类对于其他未知形态的生命的恐惧。人类习惯了万灵之长的地位，所以害怕超越自身的高级生命。研究人工智能这样一种可能成为更高形态生命的未知之物，不仅可以让人类自己对自身有一个明确的定位，而且当人类不再抱持着是唯一的最高形态的智慧存在这样的理念时，人类可以更加坦然地面对人工智能的发展，对于世界万物可以有更加深刻的理解与认知，对于人类自己甚至可以从容地面对死亡、面对未来。所以发展人工智能还是极其有意义的。

1.2 人工智能的历史进程

1.2.1 人工智能的起源

人工智能的起源实际上可追溯到1633年，勒奈·笛卡儿发表其著作《论人》，提出了灵魂存在于大脑的松果体中。但人工智能的概念被正式提出是在20世纪中期，“人工智能之父”马文·明斯基和他的同学邓肯·埃德蒙于1950年共同创建了世界上首个神经网络计算机，这被视为是人工智能发展的开端。同样是1950年，被誉为“计算机之父”的阿兰·图灵提出了一个设想：当一个机器具备了与人类交流的能力，但却无法被辨别出其机器的身份，那么这个机器就是拥有智能的，这一设想就是著名的图灵测试。1956年，“人工智能”(Artificial Intelligence, AI)一词被约翰·麦卡锡在达特茅斯会议上提出，达特茅斯会议正式确立了“AI”这一专业术语，这被视为是人工智能正式诞生的标志，人工智能从这时起开启了飞速发展之路。随后不久，麦卡锡和明斯基于麻省理工学院创办了世界上首个人工智能实验室——MIT AI LAB。

1.2.2 人工智能的发展与困难

人工智能的第一次高峰：1956年的达特茅斯会议后，人工智能进入了其发展的第一次高峰期。在随后十几年的时间里，计算机在数学领域和自然语言领域中得到了非常广泛的应用，成功解决了许多代数、几何等问题。这使得许多学者对智能机器的发展充满了信心，以至于有不少学者认为机器可以在二十年内做到人类所能做到的一切。

人工智能的第一次低谷：20世纪70年代，人工智能进入了其发展的第一次低谷期。由于当时的科学工作者们低估了人工智能项目的研究难度，导致了与美国国防部高级研究计划局的合作计划未能成功进行，此外还严重打击了人们对人工智能发展前景的信心。随后人工智能承受的社会舆论压力不断增大，使得本该用于人工智能发展的科研经费被大量转移至其他研究项目上。在这一时期，人工智能的发展所面临的技术“瓶颈”主要体现在以下三方面：一是计算机的性能无法满足需求，这使得在人工智能发展的初期许多程序无法应用于人工智能领域；二是问题的复杂性，人工智能发展初期的程序主要解决的是特定的低复杂性问题，当问题的维度上升之后，程序就无法正常工作了；三是数据量严重缺失，众所周知，足够大的数据量对深度学习来说至关重要，但是在当时数据量足够大是无法做到的，这使得机器在学习的过程中获取不到足够的数据量。

1.2.3 人工智能的崛起与低谷

人工智能的崛起：卡内基梅隆大学于1980年为数字设备公司设计出了一套名为XCON的专家系统。该系统采用了人工智能程序，是一种拥有完备的专业知识和经验的计算机智能系统，该系统可以被看作是知识库和推理机的组合。XCON专家系统在1986年以前可以为公司每年节省超过4000万美元。在这种商业模式产生之后，Symbolics和IntelliCorp等硬、软件公司逐渐出现。在这一时期，仅专家系统产业的价值就达到了5亿美元之多。

人工智能的第二次低谷：不幸的是，这一曾经轰动一时的人工智能系统在短短的七年之后就结束了它的历史进程。1987年，苹果和IBM公司生产的台式机的性能都已超过了Symbolics等厂商生产的通用计算机。自此，专家系统失去了往日的风光，人工智能进入了第二次低谷期。

1.2.4 人工智能的爆发

从20世纪90年代中期起，人工智能尤其是神经网络技术不断发展，并且人们对人工智能的认知也开始客观起来，人工智能技术逐步进入平稳发展时期。IBM创造的计算机系统“深蓝”于1997年打败了国际象棋世界冠军卡斯帕罗夫，使得人工智能的话题再一次引起广泛讨论，这也成为人工智能发展的一个重要里程碑。2006年，Hinton在神经网络的深度学习领域获得了标志性的进步，人们再一次看到了机器能够赶超人类的希望。2011年，IBM开发的人工智能程序“沃森”（Watson）参加了一档智力问答节目并战胜了两位人类冠军。2016年，AlphaGo战胜围棋冠军。由此，人工智能进入全面爆发时期。

1.3 “智能+”新时代

1.3.1 “智能+”新时代的到来

2015年7月，国务院印发《关于积极推进“互联网+”行动的指导意见》，提出了“互联网+人工智能”，人工智能开始进入国家战略视野；2017年7月，国务院印发《新一代人工智能发展规划》，人工智能正式独立上升为国家战略；2019年3月，政府工作报告中提出了“智能+”概念。这些都标志着以人工智能为主体的智能科学技术已登上现代科技舞台，并已成为引领新一轮科技革命和推动产业变革的核心动能。

新一代人工智能的主要特征有深度学习、跨界融合、人机协同、群智开放、自主操控。

1. 重大基础理论

1）大数据智能理论：①数据驱动与知识引导相结合的新方法；②以自然语言、图像图形为核心的认知计算；③深度推理与创意的综合；④非完全信息下的智能决策等。

2）跨媒体感知计算理论：①超越人类视觉能力、面向真实世界的主动视觉感知及计算；②自然交互环境的听知觉、言语感知及计算；③面向异步序列的类人感知及计算等。

3）混合增强智能理论：①“人在回路”的混合增强智能；②人机智能共生的行为增强与脑机协同；③复杂数据和任务的混合增强智能学习；④真实世界环境下的情境理解及人机群组协同。

4）群体智能理论：群体智能的结构理论与组织方法、激励机制与涌现机理、学习理论与方法、通用计算范式与模型。

5）自主协同控制与优化决策理论：①面向自主无人系统的协同感知与交互；②面向自主无人系统的协同控制与优化决策；③知识驱动的人机物三元协同与互操作等理论。

2. 前沿性基础理论

1）高级机器学习：统计学习基础理论、不确定性推理与决策、分布式学习与交互、隐私保护学习、小样本学习、深度强化学习、无监督学习、半监督学习、主动学习等。

2）类脑智能：类脑感知、类脑学习、类脑记忆机制与计算融合、类脑复杂系统、类脑控制等。

3）量子智能计算：脑认知的量子模式与内在机制、高效的量子智能模型等。

3. 关键公共性技术

1）知识计算引擎与知识服务技术：知识计算和可视交互引擎、以可视媒体为核心的商业智能等知识服务技术、开展大规模生物数据的知识发现。

2）跨媒体分析推理技术：跨媒体统一表征、关联理解与知识挖掘、知识图谱构建与学习、知识演化与推理、智能描述与生成等。

3）群体智能关键技术：群体智能的主动感知与发现、知识获取与生成、协同与共享、评估与演化、人机整合与增强，移动群体智能的协同决策与控制技术。

4）混合增强智能新架构和新技术：混合增强智能核心技术、认知计算框架，新型混合计算架构，人机共驾、在线智能学习技术，平行管理与控制的混合增强智能框架。

5）自主无人系统的智能技术：无人机自主控制和汽车、船舶、轨道交通自动驾驶等智能技术，服务机器人、空间机器人、海洋机器人、极地机器人技术，无人车间/智能工厂智能技术。

4. 前沿性关键共性技术

1）虚拟现实智能建模技术：虚拟对象智能行为的数学表达与建模方法等。

2）智能计算芯片与系统：研发神经网络处理器以及高能效、可重构类脑计算芯片。

3）自然语言处理技术：研究短文本的计算与分析技术、跨语言文本挖掘技术和面向机器认知智能的语义理解技术、多媒体信息理解的人机对话系统。

1.3.2 发展人工智能教育

人工智能的迅速发展将深刻改变人类社会生活、改变世界。经过六十多年的演进，特别是在移动互联网、大数据、超级计算、传感网、脑科学等新理论、新技术以及经济和社会发展强烈需求的共同驱动下，人工智能加速发展，呈现出深度学习、跨界融合、人机协同、群智开放、自主操控等新特征，人工智能发展进入新阶段。在新的社会形势下，人工智能作为新一轮产业变革的核心驱动力，将进一步释放历次科技革命和产业变革积蓄的巨大能量，并创造新的强大引擎，重构生产、分配、交换、消费等经济活动各环节，形成从宏观到微观各领域的智能化新需求，催生新技术、新产品、新产业、新业态、新模式，引发经济结构重大变革，深刻改变人类生产生活方式和思维模式，实现社会生产力的整体跃升。

为抢抓人工智能发展的重大战略机遇，构筑我国人工智能发展的先发优势，加快建设创新型国家和世界科技强国，国务院 2017 年 7 月印发了《新一代人工智能发展规划》（以下简称《规划》）。《规划》提出了新一代人工智能发展分三步走的战略目标，到 2030 年中国人工智能理论、技术与应用总体达到世界领先水平，成为世界主要人工智能创新中心。由此，人工智能上升为国家战略。

2018 年 4 月，教育部印发《高等学校人工智能创新行动计划》（以下简称《行动计划》）。《行动计划》明确主要目标是到 2020 年，基本完成适应新一代人工智能发展的高校科技创新体系和学科体系的优化布局，高校在新一代人工智能基础理论和关键技术研究等方面取得新突破，并推动人工智能技术广泛应用。《行动计划》提出的重点任务包括：优化高校人工智能领域科技创新体系，完善人工智能领域人才培养体系，支持高校在“双一流”建设中，加大对人工智能领域相关学科的投入，促进相关交叉学科发展。加强人工智能领域专业建设，推进“新工科”建设，形成“人工智能+X”复合专业培养新模式，到 2020 年建设 100 个“人工智能+X”复合特色专业；推动重要方向的教材和在线开放课程建设，到 2020 年编写 50 本具有国际一流水平的本科生和研究生教材、建设 50 门人工智能领域国家级精品在线开放课程；在职业院校大数据、信息管理相关专业中增加人工智能相关内容，培养人工智能应用领域技术技能人才。加强人才培养与创新研究基地的融合，完善人工智能领域多主体协同育人机制，以多种形式培养多层次的人工智能领域人才；到 2020 年建立 50 家人工智能学院、研究院或交叉研究中心，并引导高校通过增量支持和存量调整，加大人工智能领域人才培养力度。另外，依据《规划》，科技部也已经开始布局和启动面向2030人工智能重大专项及智能制造与机器人、量子信息与量子计算、大数据等一批重点研发计划。

据《2017年中国人工智能产业专题研究报告》显示，随着科技、制造等业界巨头公司的布局深入，我国人工智能产业的规模将进一步扩大，将出现更多的产业级和消费级应用产品。未来，“人工智能+”有望成为新业态，而人才储备则将成为制约中国人工智能发展的重要因素。

因此，面对新形势、新需求，必须从进一步发展人工智能教育着手。牢牢把握人工智能发展的重大历史机遇，关注智能教育本科人才培养、智能教育研究生人才培养、智能科普教育、智能创新创业教育、智能教育的教学研究，构建多层次教育体系，在中小学阶段引入人工智能普及教育；不断优化完善专业学科建设，构建人工智能专业教育、职业教育和大学基础教育于一体的高校教育体系；鼓励、支持高校相关教学、科研资源对外开放，建立面向青少年和社会公众的人工智能科普公共服务平台，积极参与科普工作。通过智能教育的发展为我国人工智能的发展形成良性循环，引领世界人工智能发展新潮流，服务经济社会发展和支撑国家安全，带动国家竞争力整体跃升和跨越式发展。

1.4 本章小结

人工智能是用机器实现人类的智能，智能及智能的本质是人类一直努力探索和研究的问题，至今仍然没有完全了解，以致智能的发生、物质的本质、宇宙的起源、生命的本质一起被列为自然界四大奥秘。对于人工智能，很难给出确切的定义，目前有思维理论、知识阈值理论、进化理论等学派。简单地说，智能是知识与智力的总和。知识是一切智能行为的基础，智力是获取知识并应用知识求解问题的能力。

智能具有感知能力、记忆与思维能力、学习能力、行为能力等显著特征。人工智能是用人工的方法在机器(计算机)上实现的智能。人工智能的发展历史，可归结为孕育、形成和发展三个阶段。人工智能研究的基本内容为知识表示、机器感知、机器思维、机器学习、机器行为等几个方面。

思考题与习题

1-1 什么是人工智能？它的发展历程如何？

1-2 人工智能的研究领域有哪些？

1-3 开展人工智能教育的必要性是什么？

参考文献

[1] SCHALKOFF B. Artificial Intelligence：An Engineering Approach[M]. New York：McGraw-Hill Publishing Company，1990.

[2] NILSSON N J. 人工智能[M]. 郑扣根，庄越挺，译. 北京：机械工业出版社，2000.

[3] 王万良. 人工智能导论[M]. 4版. 北京：高等教育出版社，2017.

[4] 曹承志，等. 人工智能技术[M]. 北京：清华大学出版社，2010.

[5] 丁世飞. 人工智能[M]. 2版. 北京：清华大学出版社，2015.

[6] 李强，谷宇，王南飞，等. 电子鼻研究进展及在中国白酒检测的应用[J]. 北京科技大学学报，2017，39(4)：475-486.

第2章 脑与认知

导读

人工智能是用机器模拟人类的智能，而人类的智能主要来源于人类的大脑。本章将介绍大脑的基本构造、脑的工作原理、神经系统的基本构造及工作原理，在此基础上进一步介绍大脑的感觉信息加工、学习与记忆的基本知识。

本章知识点

- 脑的结构与功能
- 神经元分类、工作原理以及信息传递
- 感知与知觉
- 学习与记忆

2.1 神经系统的结构与功能

人体的各个系统和器官的功能都是直接或间接处于神经系统的控制之下。神经系统是机体内起主导作用的控制和调节系统。神经系统的基本功能包括：感受功能，神经系统能感受体内外刺激的能力；运动功能，神经系统能对躯体、内脏器官平滑肌、心肌的运动及内分泌腺分泌活动进行调节的能力；高级功能，将机体的各种神经活动协调起来的高级整合功能，思维、学习、记忆、情绪行为等均属于高级功能。

人工智能是指通过人工的方法和技术，研制智能机器或智能系统来模仿、延伸和扩展人的智能，实现智能行为和“机器思维”活动，解决需要人类专家才能处理的问题。而神经系统的功能特别是高级功能是人工智能要研究和模拟的主要内容。因此对神经系统的了解也是人工智能学习的一个重要的基础。

生物学有一个核心原则——功能基于结构，因此有必要在了解神经系统前，对神经系统及其主要的部分——脑的结构与功能有所了解。神经系统按位置和功能分为中枢神经系统和外周神经系统：中枢神经系统包括头颅腔内的脑以及和脑连在一起位于脊椎管内的脊髓两部分；脑和脊髓之外的神经成分均属于外周神经系统。神经系统的组成如图 2-1 所示。

脑与脊髓一起组成的中枢神经系统完成感知、认知、推理、学习和行动等人类智能行为，其基本组成如图 2-2 所示。

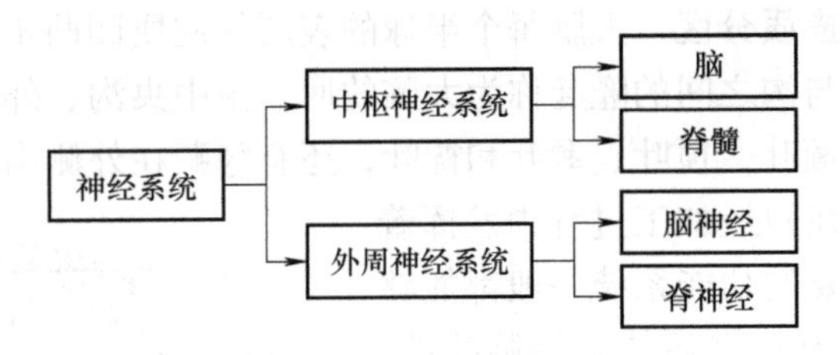

图 2-1 神经系统的组成

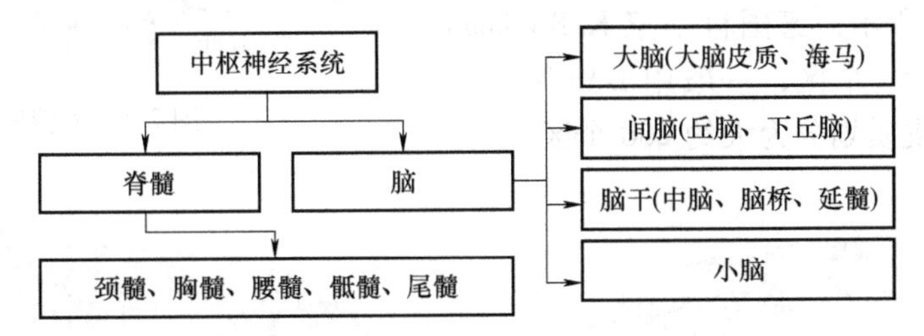

图 2-2 中枢神经系统的组成

组成神经系统的最基本单元是神经细胞，其又分为两大类：神经元细胞和神经胶质细胞，其中神经元是神经系统中处理信息的主要成分，也是人类智能功能实现的最基本单元。本章围绕神经系统组成和神经元工作的基本原理，简单介绍人的感知、认知和学习等智能行为工作的基本机制。

1. 脑的结构与功能

唯物主义哲学认为，智能是大脑特别是人脑运动的结果或者产物。从前面的介绍可以看出，脑是中枢神经系统的核心，因此本章从脑的结构和功能开始介绍。脑的基本构造是通过神经解剖学的方式了解的，神经解剖学是对神经系统结构进行研究的科学，它探索神经系统各部分的结构并描述这些结构间的关联。神经解剖学主要在两个层次上进行研究：大体解剖和显微解剖。通过大体解剖，能得到肉眼可以区分的整体结构及其关联，而显微解剖主要观察神经元甚至亚细胞的组织及其关联。

打开颅骨可以看到的人脑如图 2-3 所示，其由纵裂将大脑分为左右大脑半球如图 2-3a 所示，由横裂分开大脑与小脑如图 2-3b 所示。

大脑内部的结构如图 2-4 所示，由表层颜色较深的称为灰质的物质包裹内部颜色较浅的称为白质的物质。灰质主要由神经元的胞体、树突以及部分轴突组成，白质主要是轴突，表层的灰质也称作皮质，它是大脑神经元主要的分布地，大约分布着近千亿个神经元。

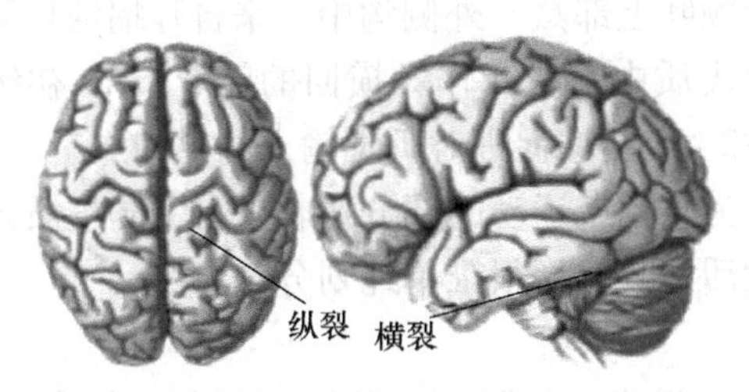

a) 由纵裂分开左、右大脑半球　b) 由横裂分开大脑与小脑

图 2-3 人脑

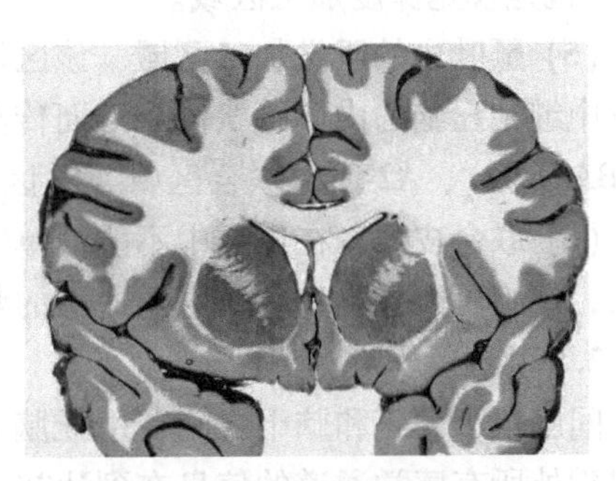

图 2-4 大脑内部的结构

（1）大脑皮质以及皮质分区 大脑每个半球的表层的皮质凹凸不平，如图 2-5 所示，布满深浅不同的沟裂，沟与沟之间的隆起称为大脑的回。由中央沟、外侧沟和顶枕沟将大脑的每个半球分成五个叶：额叶、顶叶、颞叶和枕叶，还有隐藏在外侧沟内部的岛叶。

大脑皮质的各个叶在神经加工过程中发挥着多方面的作用，虽然主要的功能系统一般都能够定位在某个脑叶中，但有许多系统是跨脑叶的。按解剖学标志对大脑进行分区（细胞的类型和组织方式），如图 2-6 所示，德国科学家 K. Brodmann 将大脑皮质分为 52 个区，一般用 BAx 区标记，其后有人将大脑皮质划分为大约 200 个区。

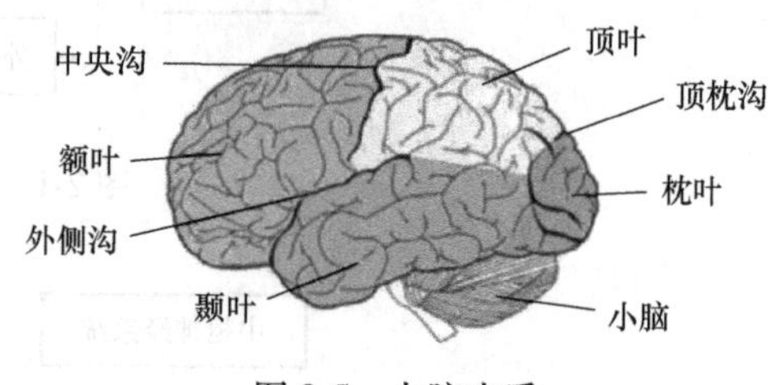

图 2-5 大脑皮质

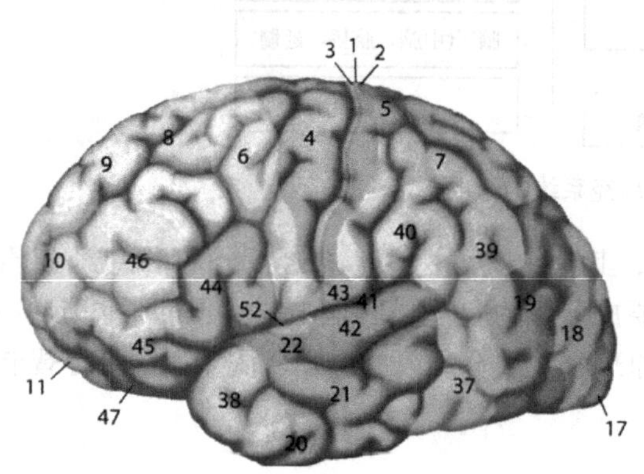

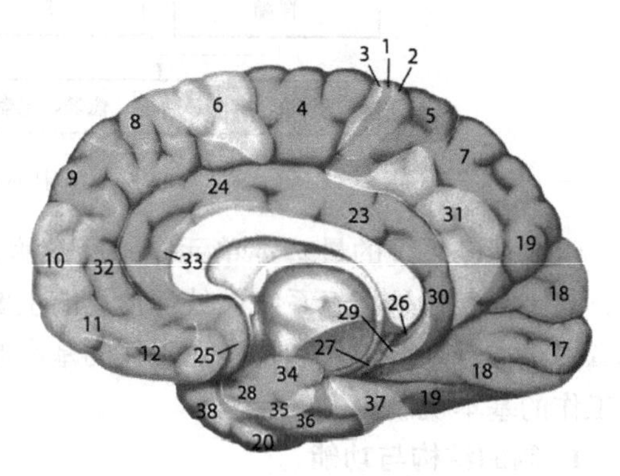

图 2-6 Brodmann 大脑皮质分区

（2）额叶中的运动皮质 起自中央沟的深部并向前方延伸初级运动皮质（图 2-6 中的 BA4 区）包括中央沟的前部和中央回的大部分。这一区域的前部是两个重要的运动皮质，位于 BA6 区。运动神经元，其轴突延脑干和脊髓下行，并与脊髓中的运动神经元形成突触。

（3）顶叶中的身体感觉区域 躯体感觉皮质位于中央沟的后部，围绕着中央后回及其邻近区域（图 2-6 中的 BA1 区、BA2 区、BA3 区）。这些皮质区域接受来自丘脑躯体感觉中继的输入，包括触觉、痛觉、温度感觉以及本体感觉等。

（4）枕叶中的视觉加工区域 初级视皮质（BA17 区）接受来自丘脑外侧膝状体中继的视觉输入。这部分皮质含有六层细胞，负责对颜色、亮度、空间频率、朝向以及运动等信息进行编码。围在初级视皮质外的是一块较大的视觉皮质区，称为纹外视皮质（BA18 区和 BA19 区），也是视觉深度加工区域。

（5）颞叶中的听觉加工区域 该区域位于颞叶上部藏于外侧沟中，来自耳蜗的投射从皮质下中继到丘脑的内侧膝状体，继而传至颞叶皮质中一块叫作颞横回的区域：A1-初级听皮质（BA41 区）、A2-听觉联合区（BA42 区、BA22 区）能够促进对听觉输入的感知加工。

（6）联合皮质 在皮质中不能被单纯划分为感觉或运动的部分接收来自不同皮质区域的输入，细胞可能被不止一个感觉通道的刺激激活，其作用很难单纯划分。

2. 间脑

间脑位于大脑和脑干之间，由丘脑和下丘脑组成，如图 2-7 所示。丘脑为皮质的关口，除嗅觉外所有感觉通道的信息在到达初级感觉皮质区前都要先经过丘脑。下丘脑有许多重要的核团，它们可以分泌多种激素，通过作用于垂体对全身的许多机能起到调节作用：对体温的调节、对水平衡的调节、对摄食的调节、对生物节律的调节。

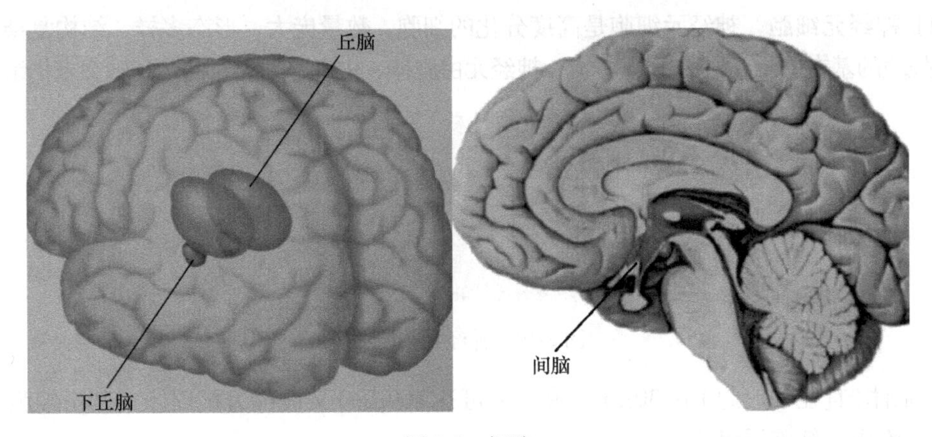

图 2-7 间脑

3. 脑干

脑干由中脑、脑桥和延髓三部分组成，位于间脑和脊髓中间，是上行和下行纤维的干道，内有心血管运动中枢和呼吸中枢等重要的生命中枢，脑干示意图如图 2-8 所示。

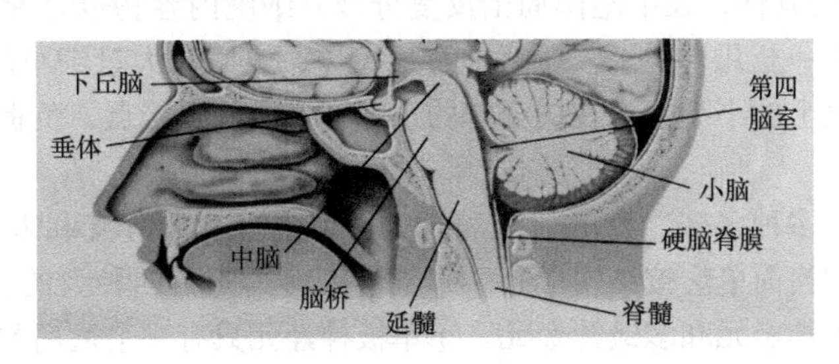

图 2-8 脑干示意图

4. 小脑

小脑由原裂将小脑分为前叶、后叶，从腹部看小脑分两个半球，如图 2-9 所示，中间为引部以及绒球小结叶。前叶与脊髓联系，后叶主要和脑桥形成联系。绒球小结叶主要和前庭核团形成联系，在平衡的维持方面发挥重要的作用。小脑正中矢状切面，表层为灰质，内部为白质，即小脑活树。小脑下脚来自脊髓与脑干，中脚来自脑桥，上脚来自脊髓与中脑。

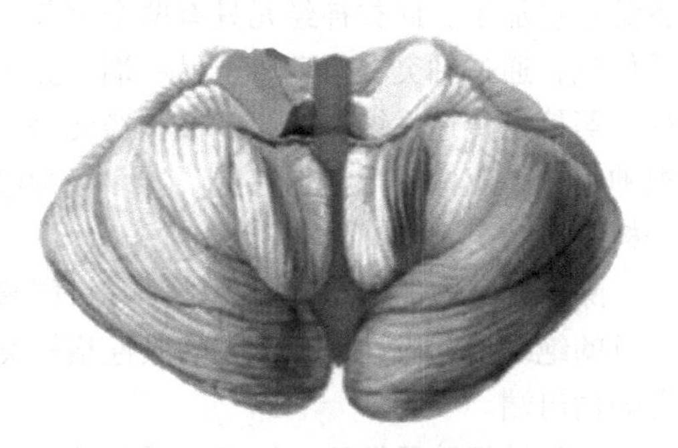

图 2-9 小脑结构图

5. 脊髓

脊髓是细的管状结构，位于脊柱的椎管内呈圆柱状，其全长并非一样粗细，有膨大的部位也有弯曲的部位，主要负责大脑与周围器官的信息通信。每对脊神经前、后根的根丝附于脊髓的范围称为脊髓的一个节段。脊髓共有 31 个节段，分别是颈髓 8 个节段(C1~C8)、胸髓 12 个节段(T1~T12)、腰髓 5 个节段(L1~L5)、骶髓 5 个节段(S1~S5)和尾髓 1 个节段(Co1)。

6. 神经细胞的分类及工作原理

神经系统是在机体内起主导作用的系统，它在维持机体内环境稳态、保持机体完整统一性及其与外界环境的协调平衡中起着主导作用。组成神经系统的基本单元主要是神经元细胞及神经胶质细胞。

（1）神经元细胞　神经元细胞是高度分化的细胞，数量庞大、形态多样、结构复杂，是人脑信息处理的基本单元。如图 2-10 所示，神经元由胞体、树突、轴突、髓鞘和轴突末梢组成。

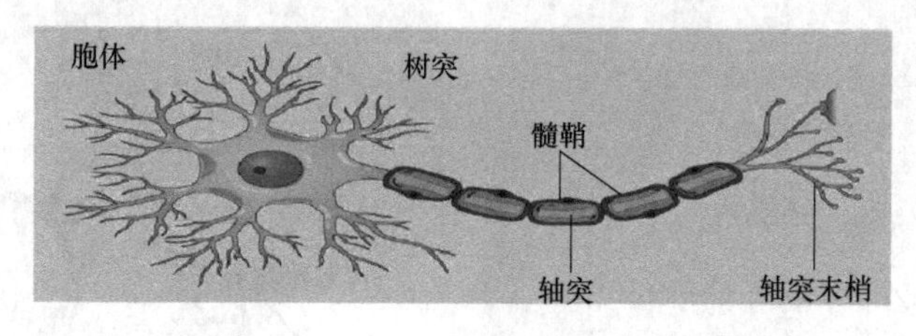

图 2-10　神经元结构图

1）胞体（直径一般约 10~30μm，最大的可达 100μm）又被称为核周体，其由细胞膜、细胞核、细胞质、细胞器组成。

2）神经元只有一个轴突，被称为神经纤维，其长约一至几百微米或更长。轴突在细胞起始部被称为轴丘，轴丘内没有尼氏体，其兴奋性最高，往往是动作电位发起的地方，进行动作电位的快速传导和物质的转运。髓鞘是包绕许多神经元轴突的脂类物质。

3）树突是胞体的延伸，在细胞体周围反复分枝，细胞内容物也存在其中，直径从粗到细变化明显，长度为一至几十微米。树突中有尼氏体，表面有大量细小的突起，即树突棘；树突棘实际上是树突上的小突起。在树突棘的顶部有突触的连接点，负责接受刺激，并把刺激传向胞体。

树突的表现形式多种多样，有的树突表现为类似老橡树的分支和末梢广泛的树枝样分布，也有的表现得相当简单。按结构形态，解剖学家将其归为四种大的类型：单极神经元、双极神经元、假单极神经元和多级神经元。①单极神经元只有一个远离胞体的突起，此突起能分支形成树突和轴突，此类神经元常见于无脊椎动物的神经系统。②双极神经元主要负责感觉信息加工，此类神经元具有两个突起，一根树突和一根轴突，通过树突接收来自某一端的信息，通过轴突将信息传至另一端。此类神经元主要参与感觉信息加工以及听觉、嗅觉、视觉等信息传递系统。③假单极神经元是双极感觉神经元树突和轴突融合，其多见于脊髓背根神经节、躯体感觉神经细胞。④多级神经元多见于运动和感觉系统中，其有一个轴突和多个树突。

除了神经元的形态多样性外，其机能最大的特点是特异的信息传递和处理，且具有传递信息的绝缘性和极性。神经元的极性指树突是信息的接收端，为输入极，另一端的轴突是信息的输出端。

（2）神经胶质细胞　神经胶质细胞有“神经胶水”之称，其数量约为神经元的 10 多倍，占脑容量的一半，是另一大类神经细胞，通常其胞体较小，直径为 8~10μm。神经胶质细胞在形态上与神经元细胞最大的区别是虽然有突起但没有形成明显的轴突，自身不传递信息。神经胶质细胞分为四类：星形胶质细胞、小胶质细胞、少突胶质细胞和许旺氏细胞，如图 2-11 所示。

1）星形胶质细胞是一种呈圆形对称形状的大细胞，它们围绕着神经元并与脑血管紧密连接，星形胶质细胞与脑血管的接触部位特化为终足，该结构既允许离子进入血管壁，又在中枢神经系统的组织与血液之间构建了一道屏障——血脑屏障，此屏障能阻挡某些血液的病原或过度影响神经活动的化学物质进入，从而保护中枢神经系统。

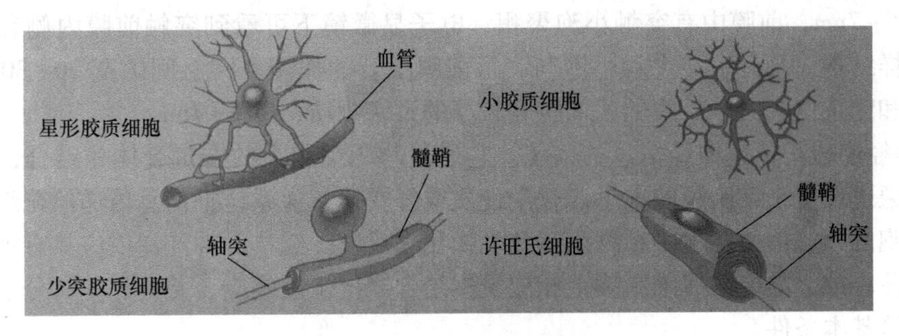

图 2-11　神经胶质细胞分类

2）小胶质细胞是一种形状小而不规则的胶质神经细胞，主要在脑组织损伤时发挥作用。

3）少突胶质细胞在中枢神经系统中形成髓鞘。

4）许旺氏细胞在外周神经系统中构成髓鞘。

神经胶质细胞的特性和功能主要有以下几方面：

1）支持和保护作用：神经胶质细胞与神经元紧密相邻，在中枢神经系统内几乎充满了神经元结构以外的所有空间。

2）分离和绝缘作用：在中枢神经系统内神经胶质细胞把神经元分开，尤其是对突触的隔断，使神经元各自的活动不发生“串线”。

3）神经胶质细胞营造的微环境构成神经元电活动的本底：灭活神经递质、调节胞外离子，为神经元活动提供了一个“舞台”。

4）参与脑屏障的形成。

5）引导发育中神经元的生长、迁移和排布。

（3）信息传递

1）神经元细胞膜是磷脂双分子层结构，由于脂质成分的存在，细胞膜不溶解于细胞内外的水环境并形成内外的绝缘层，但在细胞膜上存在特性不同的带电离子通道。未受到刺激时，细胞膜内外存在-40～-90mV 的电位差，称之为静息膜电位，这个电位差的产生主要是膜内外离子浓度差和电位梯度平衡的产物。

2）神经元的接收信号包括：化学信号，如神经递质、气味分子等；物理信号，如触摸、光线、声波和电信号等。神经元收到信号后导致静息膜电位的变化，膜电位的变化导致平衡被破坏，细胞膜内外产生离子交换致使电信号在神经元内部传递，信号传递到与另一个神经元连接处即一般称之为突触时，导致突触释放神经递质，激活突触后的神经元。

3）神经信号传递的关键部件是突触。神经元相互之间的机能接点命名为突触。如图 2-12 所示，以神经元之间的化学突触为例，突触由突触前膜、突触后膜和突触间隙构成。按照神经元接触部位不同，突触可分为轴突-树突型、轴突-胞体型、轴突-轴突型、胞体-胞体型、树突-树突型等；按照结构和机制的不同，突触可以分为化学突触和电突触；按照其传递的性质，突触又可分为兴奋性突触和抑制性突触等。

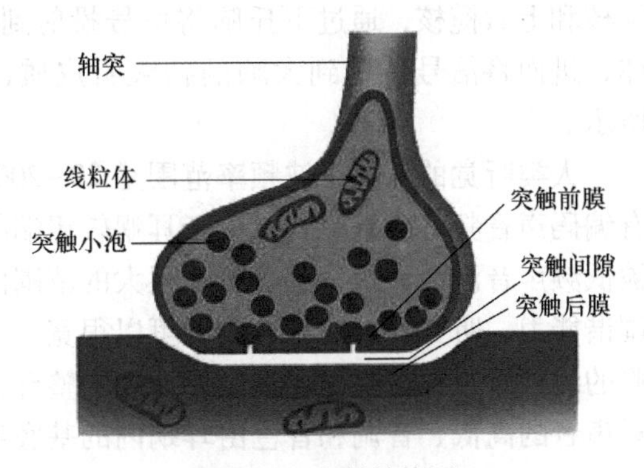

图 2-12　突触结构图

突触前膜的浆面有较厚的致密物质，使突

触前膜厚5~7nm，前膜中有突触小泡聚积，电子显微镜下可看到突触前膜内侧有致密的突起和网络样结构，具有引导突触小泡与突触前膜融合的作用。突触间隙宽20~30nm，其间有黏多糖和糖蛋白。突触后膜的浆面也有较厚的致密物质，厚6~7nm，

4）神经递质是传递神经信息的信使。它通过与靶细胞上的特定受体相结合，并通过膜上的离子通道改变靶细胞膜的电学和化学性质或经受体传递系统把信息传递给靶细胞，继而通过靶细胞的第二信使产生一系列生理和生物化学反应。经典的神经递质应具有神经元内合成、突触前释放、与突触后细胞膜上相应受体结合产生生理效应，并具有使其分子酶解或终止其效应等基本条件。

神经递质的基本性质有以下几方面：①递质应在相应的突触前神经元内合成，神经元具有合成该神经递质的前体和酶系统。②当神经冲动到达突触前神经元末梢时，它能将存储在此的递质释放到突触间隙。③释放到突触间隙的递质能作用于突触后细胞膜上的相应受体，并产生生理生化效应。④递质在行使效应后应能通过失活或再摄取的机制而迅速终止其效应，以保证突触传递的继续和灵活性。

有些神经元是通过电突触传递信息的，与化学突触不同，电突触没有分隔两个神经元的突触间隙，两个神经元的细胞膜是相互接触的，细胞质是连续的，其通过特化的穿膜通道缝隙实现连接。

2.2 感觉与知觉

知觉是人类拥有的一项神奇的能力，通常由听觉、视觉、嗅觉、味觉和躯体感觉这五种感觉整合而得。其中听觉、视觉、躯体感觉主要是接收周围环境的声波、光、温度和压力等物理刺激，并将其转换为神经信号。嗅觉和味觉是通过嗅觉、味觉器官将感受到的化学物质转化为神经信号，本节将简要介绍人类这五种感觉的基本工作原理。

2.2.1 物理感觉

1. 听觉

听觉是通过人耳收集环境中的声波并经过一系列的信号转换，将振动信号转换为神经系统的电信号，并在神经系统经过若干次投递将信息送到大脑的初级听皮质。其过程为声波进入人耳振动耳鼓，引起耳蜗内的耳蜗液产生小波，小波刺激耳蜗基底膜上的毛细胞，基底毛细胞产生动作电位，传送到听神经；听神经将信号投射到腹侧耳蜗核并分两路投射到背侧耳蜗核和上橄榄核，通过下丘脑将信号投射到信息中继的丘脑，具体位置为丘脑的内侧膝状体，进而将信号传递到大脑的初级听皮质，完成信息的传递，听觉的神经通道如图2-13所示。

人类听觉的敏感声波频率范围是20~20000Hz，最敏感范围在1000~4000Hz。毛细胞具有编码声音频率的感受野，位于耳蜗较粗端的毛细胞被高频声音激活，另一端即顶端的细胞被低频声音激活，这些感受野在很大的范围内重叠。听觉神经通路上的神经元始终具有频率调谐能力，听觉细胞的调谐曲线可以很宽，单个细胞不能给出精确的频率信息，仅能提供粗略的编码，听觉需要很多神经元活动的整合，对不同音强的声音，调谐曲线不会平移。听觉对声音的高低、音调和音色由耳蜗内的基底毛细胞完成，毛细胞接收到耳蜗液振动幅值编码声音的大小，不同位置的基底毛细胞编码振动的频率，频率的高低反应声音的音调，频率的

组合编码声音的音色。

人类的初级听皮质与声音的频率也有连续的映像关系，具有频率拓扑地形图，这表明神经元的位置和它们调谐频率之间具有规律性的对应关系。

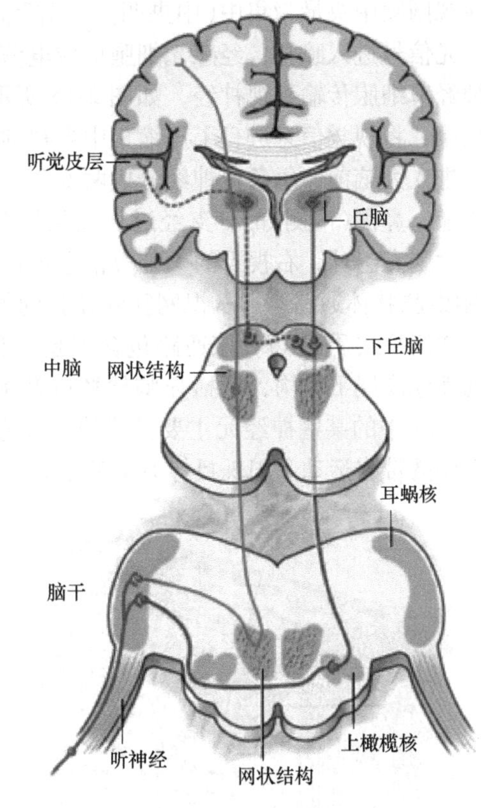

图 2-13　听觉的神经通道

2. 触觉

触觉主要来源于躯体感觉，其由人体皮肤下不同的神经细胞完成，躯体感觉不是简单的触觉，它可以被解释为躯体四肢的感受信号以及对温度和疼痛的感觉。感受这些信号的传感器是由一些微小体构成的，主要有：梅克尔小体探测一般接触，迈斯纳小体探测轻微接触，环层小体探测深部压力，鲁菲尼小体探测温度，疼痛感受器（自由神经终端）探测疼痛。

身体的躯体感觉感受器通过脊髓发送信号到大脑。这种上行或传入信号在脑干经过突触传递，交叉到对侧丘脑，再投射到大脑皮质。最初的皮质接收区是初级躯体感觉皮质（S1区），次级躯体感觉皮质（S2 区）建立更加复杂的表征，如通过触觉 S2 区可以编码关于物体纹理和大小的信息。

3. 视觉

视觉是人类五个感觉中具有远距离感知能力的一种。人眼是视觉信号的采集设备，其结构如图 2-14 所示，瞳孔相当于照相机的光圈；晶状体为扁圆形的透明球体，位于虹膜后方，其形状的变化由睫状体调节，相当于照相机的镜头，起调焦作用；视网膜相当于照相机的电荷耦合器件（Charge Coupled Device，CCD）或互补金属氧化物半导体（Complementary Metal Oxide Semiconductor，CMOS）。视网膜位于眼球后部，由感光细胞组成，感光细胞分为两种类型：主要位于中央凹的视锥细胞和主要位于视网膜外周的视杆细胞。感光细胞内的感光色素暴露在光线中会分解并改变其周围电流，这就将外界光刺激转换为大脑可理解的神经电信号。视锥细胞约 650 万个/单眼，需要强烈的光线，其是颜色感觉的基础，通常可以将其归类为红、绿、蓝三种类型，每类细胞中的光敏感分子对不同波长的敏感性不同。视锥细胞的光敏感分子由多种对不同波长的光子敏感的视紫蓝质分子构成，形成人们不同的色彩感觉。视杆细胞约有 1.25 亿个/单眼，对低强度的刺激敏感，多在夜间起作用，而在白天几乎不起作用。视锥细胞和视杆细胞在视网膜上并不是均匀分布的，视锥细

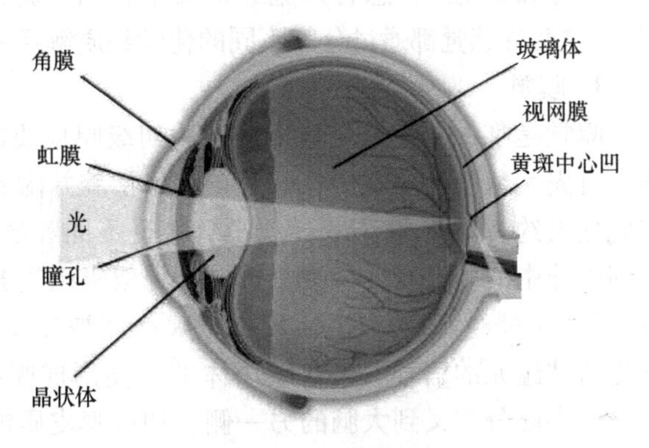

图 2-14　人眼结构图

胞在视网膜中央最为集中(中央凹)，视杆细胞在整个视网膜上都有分布。

光信号进入瞳孔，经感光细胞形成电信号后，又通过双极细胞、水平细胞、无长突细胞和神经节细胞传输到视神经，如图 2-15 所示。其间经过双极细胞的初步汇聚和神经节细胞的汇聚，将视觉信息进行了压缩集中到视神经。

进入大脑前，每条视神经分成两部分，如图 2-16 所示，颞侧(外侧)的分支继续沿着同侧传递，鼻侧(内侧)的分支经过视交叉投射到对侧。由此可知，左视野的大部分信息被投射到大脑右半球，右视野的大部分信息被投射到大脑左半球。然后信息分两路传递：一路是视网膜-膝状体通路，即从视网膜到丘脑的外侧膝状体(LGN)的投射，并几乎全部终止于枕叶的初级视皮质(V1)，该通路包含了超过 90%的视神经轴突；另一路是视网膜-丘体通路，传到其他皮层下结构，包括丘脑枕核以及中脑的上丘，这路信号在视觉注意中扮演重要角色。LGN 中的某些神经元主要携带有关颜色、纹理、形状、视差等信息，而另一些神经元则主要携带与运动及闪烁目标有关的信息。

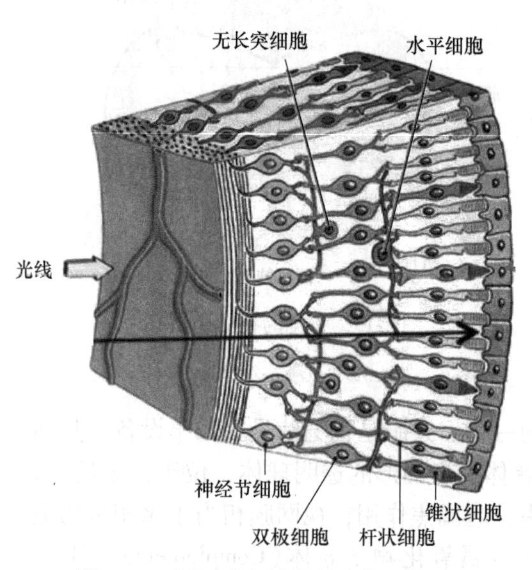

图 2-15　视网膜光学信号采集示意图

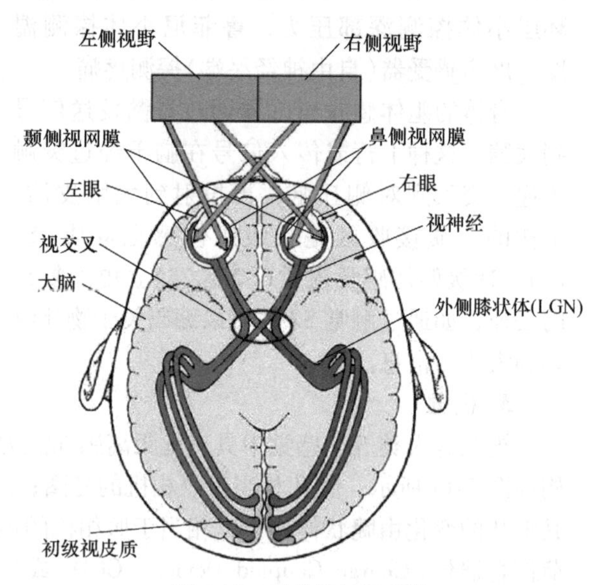

图 2-16　视觉的神经通路

2. 2. 2　化学感觉

嗅觉和味觉两种感官知觉经常被组合到一起，因为它们都来自化学刺激(着嗅剂、着味剂)，这两种感觉都通过分辨不同的化学物质解释环境，因此将这两种感觉统称为化学感觉。

1. 嗅觉

嗅觉是唯一不经过丘脑直接到达初级嗅皮质的感觉，图 2-17 展示了嗅觉信息产生的过程。首先，着嗅剂——即气味分子进入鼻腔并附着在位于鼻腔顶部黏膜中的气味感受器上，在此处大约有 1000 种双极感受器，感受不同物质分子。感受器与气味分子结合产生信号传送到嗅球中的神经元——嗅小体。此处双极感受器和嗅小体就像双层人工神经网络，一个双极感受器(神经元)可以激活数千个嗅小体神经元，而一个嗅小体神经元可以接收到近千个感受器神经元的信号。来自嗅小体的轴突形成嗅神经束大部分传送到同侧大脑的初级嗅皮质，一小部分交叉到大脑的另一侧。初级嗅皮质位于额叶和颞叶的联合处，信号送到眶额皮质——即次级嗅皮质。

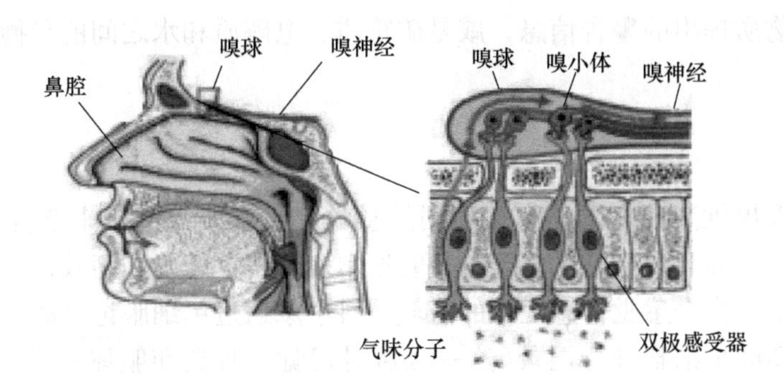

图 2-17　嗅觉的神经通路

一般鼻腔内的气压略低于大气压，有利于气味分子进入。但主动闻在嗅觉中也有重要作用，有时需要主动地闻才能探测和分辨环境中的气味。

2. 味觉

味觉是指食物在人的口腔内对味觉器官化学感受系统的刺激并产生的一种感觉。从味觉的生理角度分类，基本味觉有酸、甜、苦、咸和鲜，它们是食物直接刺激味蕾产生的。在几种基本味觉中，人类对咸味的感觉最快，对苦味的感觉最慢，但就人类对味觉的敏感性来讲，苦味比其他味觉都敏感，更容易被觉察。

味觉的主要感受器是味蕾，味觉的感受器如图 2-18 所示，人类的口腔内大约包含 10000 个味蕾，食物分子——着味剂刺激味觉感受器，激活神经元细胞获得神经信号，传送到味觉神经。

味觉神经通过周围神经中的面神经、舌咽神经和迷走神经将信号投射到延髓的味觉核团，然后投射到丘脑腹后内侧核，再传送到位于岛叶的初级味皮质，次级味皮质位于眶额皮质处，主要加工味觉得到复杂的味觉体验。味觉的神经通路如图 2-19 所示。

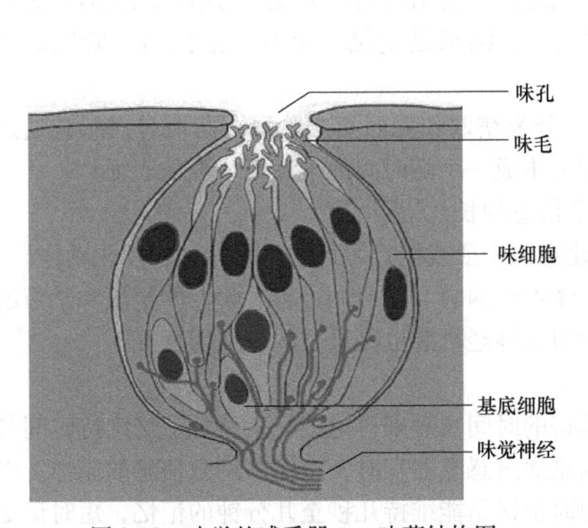

图 2-18　味觉的感受器——味蕾结构图

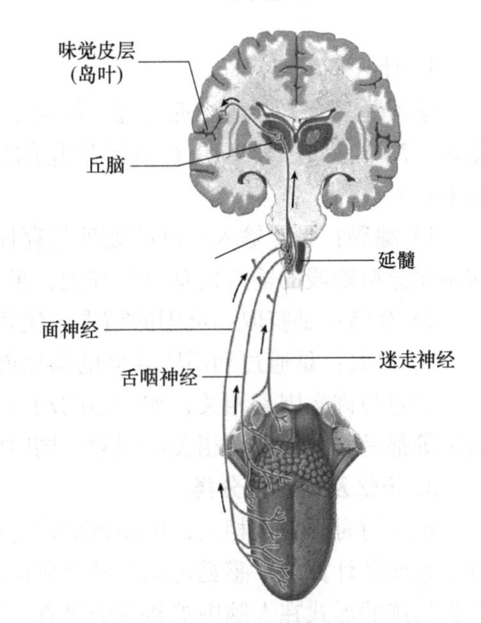

图 2-19　味觉的神经通路

人类复杂的味觉体验是由味觉细胞传递的信息经眶额皮质加工后整合得到的。味觉的主要功能是提供给大脑食物的种类信息，如酸是腐败物质的刺激结果，甜是碳水化合物刺激的结果，苦是有毒物质提出的警告信息，咸是矿物质、电解质和水之间的平衡情况的体现，鲜是蛋白质的响应。

2.2.3 知觉

每一种感觉都提供其独有的信息，不同的感觉并没有给人们带来杂乱无章，而是一种统一的多感觉体验。而且，当感觉多于一种时通常表现得更精确和高效，这主要因为大脑中有部分区域是两个或多个感觉信息汇合的区域。科学家通过单细胞记录的手段对麻醉状态的猴子的颞上沟的200个细胞进行记录（这一区域对视觉、听觉和躯体感觉有反应），得到的知觉整合的实验结果如图2-20所示，结果表明大脑确实有些区域是对不同感知信息进行整合处理，如在颞叶、额叶、顶叶和海马都表现出相似的整合作用。多通道整合知觉优于单通道的感觉，上丘单个细胞对联合了视觉、听觉和躯体感觉的刺激反应要大于这三种刺激分别单独出现时的反应，单刺激可能不能激活神经元、但多刺激可以激活神经元，但空间要求一致、时间要求同步。

前面谈到的感觉是人脑对客观事物的属性和特征的直接反映，是人类察觉和获取信息的一个重要的渠道。经过后期加工得到的知觉是人脑对客观事物的各种属性、各部分及其相互关系的综合、整体的反应，它是通过感觉器官把从环境得到的各种信息转化为对物体、事件等的经验的过程，知觉信息显然多于感觉，同时知觉与记忆密切交织在一起。

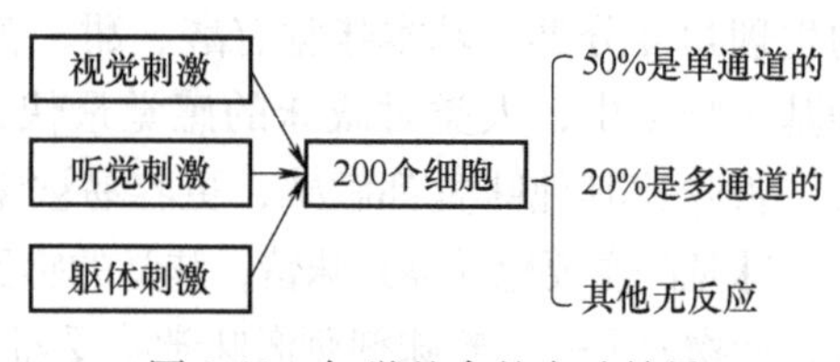

图2-20 知觉整合的实验结果

2.3 学习与记忆

1. 什么是学习

学习是一个复杂的心理过程，所谓学习就是由经验引起的行为或行为潜能的相对持久的变化。简单地说，学习是获取新信息的过程，其结果是记忆。学习与记忆的三阶段假设如下：

1）编码：是对输入信息的处理与存储，分为获取和巩固两个阶段。获取是对感觉通道和感觉分析阶段的输入信息进行登记；巩固是生成一个随时间的推移而增强的表征。

2）存储：是获取和巩固的结果，代表了信息的长久记录。

3）提取：是通过利用所存储的信息创建意识表征或执行习得的行为，如自动化动作。

学习与许多因素相关，如学习的动机、学习的内容、学习的过程、学习的情境和学习的结果等都是与学习直接相关的因素。同时学习的神经机制也是重要的研究因素。

2. 记忆及记忆的分类

记忆与时间直接相关，可以根据信息维持的时间长短来讨论记忆。感觉记忆维持时间是以毫秒或秒计算的，感觉记忆是外界刺激信息通过感觉器官时，按输入刺激信息的原样，以感觉痕迹的形式在人脑中被暂留的过程。短时记忆是能维持几秒至几分钟的记忆，短时记忆被视为是信息通往长时记忆的中间环节或过渡阶段，是记忆对信息加工的核心之一。长时记忆是按天或年来计量的，长时记忆是相对于短时记忆而言的，长时记忆是指信息在人脑中存储一分钟以上，如几天、几月、几年乃至终身的记忆。记忆的分类见表2-1。

表 2-1　记忆的分类

		记忆特征			
		时间历程	容　量	有意注意	丧失机制
记忆类型	感　觉	几毫秒至几秒	高	否	主要为衰退
	短时和工作	几秒至几分钟	有限	是	主要为衰退
	长时非陈述性	几天至几年	高	否	主要为干扰
	长时陈述性	几天至几年	高	是	主要为干扰

认知心理学家 Richard Atkinson 和 Richard Shiffrin 于 1968 年提出记忆的模块模型：感觉信息进入信息加工系统后，首先进行感觉登记；接下来，通过注意过程，被选择下来的项目被移入短时存储；通过复述，项目可以从短时存储转入长时储编码后才可以存储到长时记忆中。图 2-21 为记忆的模块模型。

工作记忆是短时记忆概念的扩展，这两个概念在大部分时间是相同的。工作记忆代表一种容量有限的、在短时间内保存信息并对这些信息进行心理操作的过程。工作记忆可以源于感觉记忆的感觉输入，也可以从长时记忆中提取获得。1974 年英国心理学家提出了一个具有三个成分的工作记忆系统，即一个中央执行系统和两个参与不同类型信息复述的子系统，如图 2-22 所示。

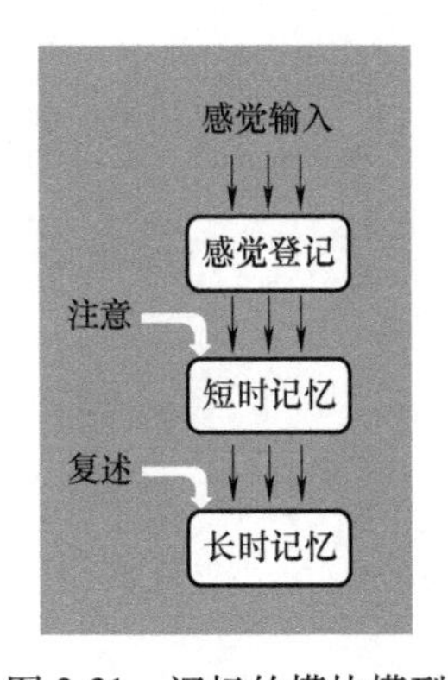

图 2-21　记忆的模块模型

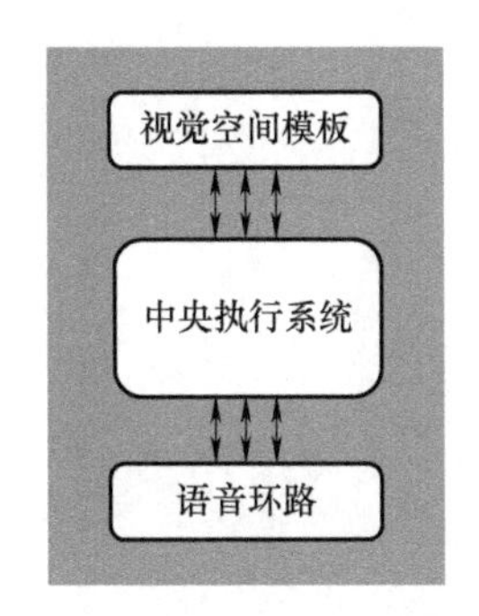

图 2-22　工作记忆的双通路模型

长时记忆按所存储信息的不同特征，可以分成陈述性记忆和非陈述性记忆两种。

1）陈述性记忆是人们可以通过有意识的过程而接触的知识，包括个人对世界的认识。进一步，陈述性记忆还可以分为事件-情节记忆和事实-语义记忆。

2）非陈述性记忆是在不需要有意回想先前经验，但先前的经验又确实促进了行为表现的情况下表现出来的。

2.4　本章小结

本章讲述了脑的基本构造、脑的分区及功能，脑的工作原理、神经系统的基本构造及工作原理以及高级脑功能的研究，如感觉信息加工、学习与记忆的机理。

思考题与习题

2-1　人的神经系统由几部分组成？每部分又有哪些组成部分？

2-2　大脑的每个半球以哪几条主要沟裂为界分为哪几个叶？各部分具有怎样的功能？

2-3　大脑新皮质分区的依据有哪些？在不同依据下新皮质分别分成哪些区域？

2-4　间脑由哪几部分组成？它们的作用分别是什么？

2-5　脑干由哪几部分组成？每部分与哪些外周神经中的哪些脑神经相连？

2-6　神经元由哪些部分构成？

2-7　神经细胞有哪些？其作用分别是什么？

2-8　听觉是如何将声波转换为电信号的？

2-9　躯体感受器有哪几种？它们分别接收哪些信息？

2-10　人的视觉信息从大脑的初级视皮质向后有哪两条通道？它们的作用分别是什么？

2-11　什么是感觉记忆？什么是短时记忆？什么是工作记忆？什么是长时记忆？

参考文献

[1] 王志良，李明，谷学静. 脑与认知科学概论[M]. 北京：北京邮电大学出版社，2011.

[2] MICHAEL S G，RICHARD B I，GEORGE R M. 认知神经科学：关于心智的生物学[M]. 周晓林，高定国，等译. 北京：中国轻工业出版社，2011.

第3章 机器感知

导读

人类和高等动物都具有丰富的感觉器官，能通过视觉、听觉、味觉、触觉、嗅觉来感受外界刺激，获取环境信息。机器感知是研究如何使用机器或计算机模拟、延伸和扩展人的感知或认知能力。作为人工智能的一项基本研究内容，机器感知具有无可替代的重要意义。机器可以通过传感器来获取周围的环境信息，并提取环境中有效的特征信息加以处理和理解，最终得到一些非基本感官能得到的结果。传感器对于机器感知有着必不可少的重要作用，传感器技术从根本上决定着机器对于环境感知技术的发展。

本章首先从传感器出发，介绍了传感器的基本特性和分类；然后阐述了对于传感器所获取数据的处理方法和多源信息融合技术，使读者能够从信息的获取、处理和融合三个方面对传感器技术有更加深刻的理解；最后介绍了具有智能获取、传输和处理信息功能的无线传感器网络，通过具体应用实例使读者对机器感知有更加直观的认知。

本章知识点

- 传感器基本特性与分类
- 信号的处理方法
- 多源信息融合技术
- 无线传感网络的概念与应用

3.1 传感器基本特性与分类

人类必须借助于感觉器官才能从外界获取信息，然而随着人类对世界的不断探索与研究，仅仅依靠人类自身的感觉器官去研究自然现象以及生产活动的规律已无法满足研究的需求。为解决此类问题，传感器应运而生。

国家标准 GB/T 7665—2005 对传感器的定义是：“能感受被测量并按照一定的规律转换成可用信号的器件或装置，通常由敏感元件和转换元件组成”。

本节将简单介绍传感器的基本特性与分类。传感器的基本特性是指传感器输入与输出之间的关系特性，是传感器的内部结构参数作用关系的外部特性表现。不同的传感器具有不同的基本特性，这是由于其内部结构参数不同所导致的。

传感器所测量的量一般有两种形式：静态（稳态或准静态）和动态（周期变化或瞬态）。前者的信号不随时间变化或变化很缓慢；后者的信号是随时间变化而变化的。因此，传感器所表现出来的基本特性可大致分为静态特性和动态特性。

3.1.1 传感器的静态特性

传感器的静态特性是指传感器在静态信号的作用下，描述其输入与输出之间的一种关系特性。

对于传感器的静态信号，希望其输入与输出之间能够呈现出唯一的对应关系，如线性关系。但是一般情况下，由于各方面因素的影响，输入与输出之间难以形成唯一的对应关系。外界影响与误差因素会对传感器造成一定影响，影响程度取决于传感器本身，如图 3-1 所示。

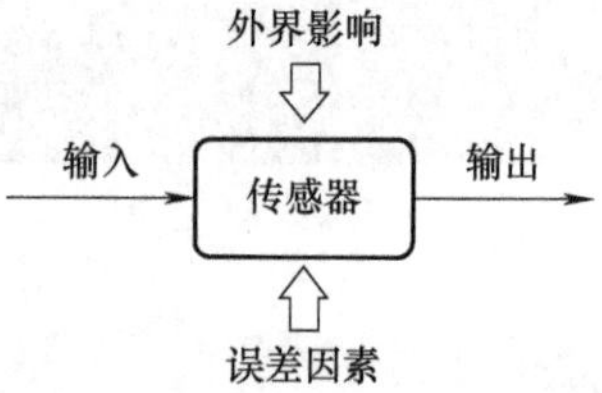

外界影响
输入　传感器　输出
误差因素

图 3-1　传感器输入与输出作用图

对于传感器的静态特性，通常使用多项式来表示，即

$$y=a_0+a_1x+a_2x^2+\cdots+a_nx^n \tag{3-1}$$

式中，x——输入量；y——输出量；a_0——零位输出；a_1——传感器的线性灵敏度；$a_2,\cdots,a_n$——非线性项待定常数。

通常，可以通过实际测试得到传感器的静态特性曲线。衡量静态特性的主要参数包括线性度、迟滞特性、灵敏度、重复性、分辨率、漂移、稳定性等。

1. 线性度

在规定条件下，传感器的校准曲线与拟合直线之间的最大偏差（$\Delta L_{\max}$）与满量程输出（Y_{FS}）的百分比，称为线性度（又称为非线性误差），线性度通常用相对误差 r_L 表示，即

$$r_L=\pm\frac{\Delta L_{\max}}{Y_{FS}}\times100\% \tag{3-2}$$

式中，$\Delta L_{\max}$——校准曲线与拟合直线的最大偏差；Y_{FS}——满量程输出。

该值越小，表明线性度特性越好。

传感器的校准曲线与拟合直线如图 3-2 所示。

2. 迟滞特性

传感器在正（输入量增大）、反（输入量减小）行程中特性曲线不重合的现象称为迟滞特性，如图 3-3 所示。因此，对于大小相同的输入信号，传感器对应的输出信号的大小不一定相同。

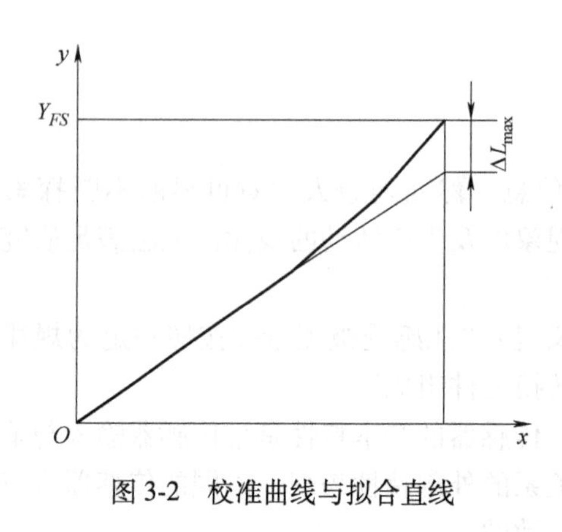

图 3-2　校准曲线与拟合直线

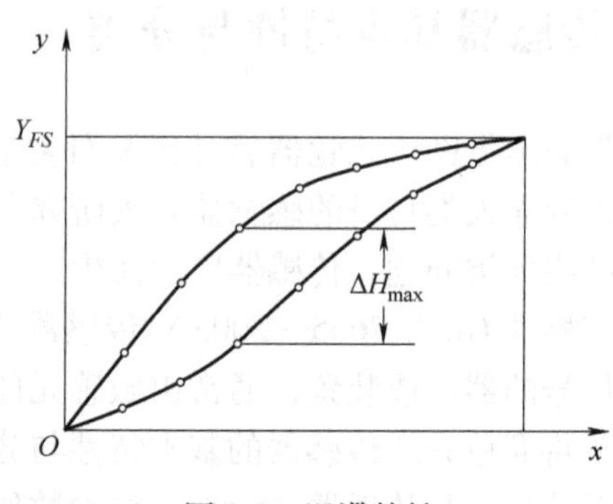

图 3-3　迟滞特性

一般情况下，可以通过实验方法测得迟滞的大小，并以其与满量程输出之比的百分数表示，通常用 e_H 表示，即

$$e_H = \pm \frac{\Delta H_{max}}{Y_{FS}} \times 100\% \tag{3-3}$$

式中，ΔH_{max}——正、反行程特性曲线输出的最大差值；Y_{FS}——满量程输出。

该特性反映的是传感器结构材料方面和机械部分无法避免的弱点，如轴承摩擦、间隙、积尘等。

3. 灵敏度

传感器在稳态信号的作用下，输出的变化量 Δy 与输入的变化量 Δx 之比，称为灵敏度 K，即

$$K = \frac{\Delta y}{\Delta x} \tag{3-4}$$

式中，Δy——输出变化量；Δx——输入变化量。由此可知，K 就是实际工作输出曲线的斜率。

说明：

1）灵敏度不是越大越好，灵敏度越大，表明系统的稳定性越差；灵敏度越小，表明系统的稳定性越好。

2）传感器的灵敏度会随着某些因素的改变而发生变化。例如，传感器的灵敏度可能随着被测量的增大而逐渐减小；对于同一变换原理的传感器，其工作点的变化也可能使灵敏度发生变化，从而会产生灵敏度误差。

4. 重复性

重复性表示传感器在输入信息按同一方向（单调增大或减小）连续做全量程多次重复测量时，所得的输入输出特性曲线不一致的程度。

如图 3-4 所示，正行程的最大重复性偏差为 ΔR_{max1}，反行程的最大重复性偏差为 ΔR_{max2}，取这两个偏差中的较大者为重复性偏差 ΔR_{max}，再用其与满量程输出 Y_{FS}之比的百分数表示，通常重复性用 e_R 表示，即

$$e_R = \pm \frac{\Delta R_{max}}{Y_{FS}} \times 100\% \tag{3-5}$$

式中，ΔR_{max}——重复性偏差的最大值；Y_{FS}——满量程输出。

按照相同的输入条件，多次重复测量的输入输出特性曲线的重合度越高，说明其重复性越好，误差也越小。

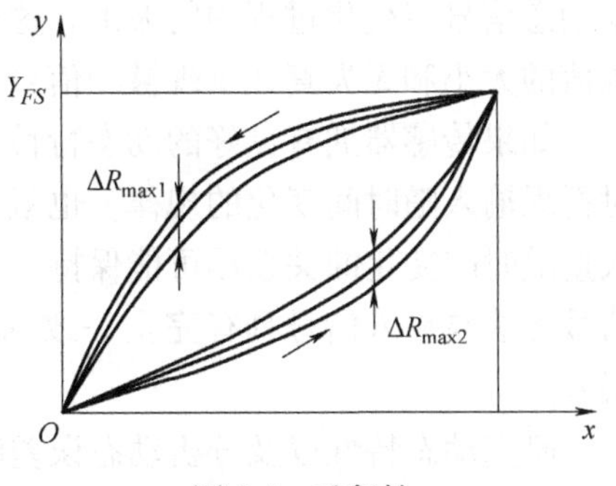

图 3-4 重复性

5. 分辨率

分辨率是指在规定的测量范围内，系统能感知或检测到被测量最小变化量的本领。如果控制输入量从任意一个非零值开始缓慢地变化，当输入量的变化值没有超过某一固定数值时，传感器的输出便不会发生变化，即传感器对当前情况输入量的变化无法分辨，只有当输入量的变化超过该固定数值时，输出量才会发生改变。

一般情况下，在满量程范围内，传感器对于各点的分辨率并不相同，因此通常使用在满量程中能够使输出量产生变化的输入量中的最大变化值 Δx_{max} 与满量程 x_m 之比的百分数作为衡量分辨率的指标，通常用 r_F 表示，即

$$r_F = \frac{\Delta x_{max}}{x_m} \times 100\% \tag{3-6}$$

式中，Δx_{max}——使输出量产生变化的输入量的最大变化值；x_m——输入的满量程。

6. 漂移

漂移指在一定时间间隔内，传感器输出量存在着与被测输入量无关的、不需要的变化。漂移包括零点漂移与灵敏度漂移。零点漂移或灵敏度漂移又可分为时间漂移(时漂)和温度漂移(温漂)。

时漂是指在规定条件下，零点或灵敏度随时间的缓慢变化，即

$$时漂 = \frac{\Delta Y_0}{Y_{FS}} \times 100\% \tag{3-7}$$

式中，ΔY_0——最大零点偏差；Y_{FS}——满量程输出。

温漂是指周围温度变化引起的零点或灵敏度漂移。

$$温漂 = \frac{\Delta_{max}}{Y_{FS}\Delta T} \times 100\% \tag{3-8}$$

式中，Δ_{max}——输出最大偏差；Y_{FS}——满量程输出；ΔT——温度变化范围。

7. 稳定性

稳定性是指传感器或系统在相当长时间内仍然能够保持其性能的能力，又称为长期工作稳定性。

测试时通常先将传感器的输出调至零点或某一特定值，在相隔 4h、8h 等固定时间或相隔一定的工作次数后，再读出此时的输出值，前后两次输出值的差值即为传感器的稳定性误差。

3.1.2 传感器的动态特性

传感器的动态特性是指传感器在动态信号的作用下，描述传感器输入与输出之间的关系特性。

对于传感器动态信号的测量，既要精确地测量每一时刻信号幅值的大小，又要测量和记录动态信号在变化过程中的波形，这就要求传感器具有能够高效、精准地测出每一时刻信号幅值的大小和无失真地重现被测信号随时间变化的波形的能力。

如果传感器拥有良好的动态特性，那么其输出随时间变化的规律(输出曲线)将能够同时再现输入随时间变化的规律，也就是说，希望传感器的输出量随时间变化的关系能够与输入量随时间变化的关系尽可能保持一致，但实际情况并非如此。一般情况下，传感器的输出信号无法与输入信号具有完全一致的时间函数，这种输出与输入之间存在的差异称为动态误差。

研究动态特性以及分析动态误差时，主要包括两方面的内容：①输出量达到稳定状态时与理想输出量之间的差别；②当输入量发生突变时，输出量从当前稳态变化到另一个稳态的过渡过程中的误差。

1. 动态特性的研究方法与数学模型

研究传感器动态特性的目的在于帮助大家从测量误差的角度分析产生动态误差的原因以及研究减小动态误差的措施。对于动态特性的研究，可以从时域和频域两个方面分别采用瞬态响应法和频率响应法来分析。

1）在时域内研究传感器的动态特性时，由于输入信号的时间函数是多样的，因此通常研究几种特定的输入时间函数，如阶跃函数、脉冲函数和斜波函数等函数的响应特性。通常取输入函数为阶跃信号的输出响应来进行研究，此时的响应称为传感器的阶跃响应或瞬态响应。

2）在频域内研究传感器的动态特性时，一般是研究采用正弦函数作为输入信号得到的频率输出响应特性，此时的响应称为频率响应或稳态响应。

在研究传感器的动态响应特性时，通常忽略掉传感器的非线性及随机变化等因素的影响，把传感器看作一个线性的定常系统来进行考虑，即用线性常系数微分方程来描述传感器输出量$y(t)$与输入量$x(t)$之间的动态关系，其通式为

$$a_n\frac{d^n y}{dt^n}+a_{n-1}\frac{d^{n-1}y}{dt^{n-1}}+\cdots+a_1\frac{dy}{dt}+a_0y=b_m\frac{d^m x}{dt^m}+b_{m-1}\frac{d^{m-1}x}{dt^{m-1}}+\cdots+b_1\frac{dx}{dt}+b_0x \tag{3-9}$$

式中，y——传感器的输出量$y(t)$；x——输入量$x(t)$；t——时间；$a_0,a_1,\cdots,a_n$，$b_0,b_1,\cdots,b_m$——仅取决于传感器本身特性的常数。

通常把常见传感器的动态模型用零阶、一阶或二阶的常微分方程来描述，它们分别称为零阶环节、一阶环节和二阶环节。

对于零阶环节(零阶传感器、比例环节、无惯性环节)，有

$$a_0y=b_0x \tag{3-10}$$

对于一阶环节(一阶传感器)，有

$$a_1\frac{dy}{dt}+a_0y=b_0x \tag{3-11}$$

对于二阶环节(二阶传感器)，有

$$a_2\frac{d^2y}{dt^2}+a_1\frac{dy}{dt}+a_0y=b_0x \tag{3-12}$$

在测量中，零阶环节又称为理想环节，即不论输入量$x(t)$随时间发生怎样的变化，传感器的输出总是与输入保持固定的比例关系，在时间上没有滞后发生，这时该环节与频率无关，所以又称为比例环节或无惯性环节。然而在实际情况下不可能存在零阶环节的传感器，只有在某些特殊情况下，比如传感器工作在特定范围内时，某些高阶传感器系统才可以近似地看成是零阶环节的传感器。一般情况下，一阶环节和二阶环节的传感器较为常见。

对于某些激励函数，当函数或其导数拥有不可去的间断点时，常需要借助拉普拉斯变换以简化其运算。

对于线性定常系统，在初始条件为零的情况下，输出量(响应函数)的拉普拉斯变换与输入量(激励函数)的拉普拉斯变换之比称为该系统的传递函数。

设$x(t)$和$y(t)$的拉普拉斯变换分别为$X(s)$和$Y(s)$，根据上述传递函数的定义，对微分方程通式两边取拉普拉斯变换，可得

$$Y(s)(a_ns^n+a_{n-1}s^{n-1}+\cdots+a_1s+a_0)=X(s)(b_ms^m+b_{m-1}s^{m-1}+\cdots+b_1s+b_0) \tag{3-13}$$

因此，系统的传递函数为

$$H(s)=\frac{Y(s)}{X(s)}=\frac{b_m s^m+b_{m-1}s^{m-1}+\cdots+b_1 s+b_0}{a_n s^n+a_{n-1}s^{n-1}+\cdots+a_1 s+a_0} \tag{3-14}$$

这样，就可以用传递函数 $H(s)$ 作为动态模型来描述传感器的动态响应特性。

当传感器的结构比较复杂或传感器的基本参数未知时，总是先分析每个单元环节，分析传递函数的响应特性，然后再分析出总的传递函数与总的响应特性。当总的响应特性无法满足总体要求时，要从对总的响应特性要求出发，改进对每个单元环节的要求，通过增减些许环节来满足设计要求的总体响应特性。

实际情况下的传感器要比数学描述复杂得多。动态响应特性通常无法直接给出其对应的微分方程，这就要求通过分析实验所得出的传感器与阶跃响应曲线或幅频特性曲线上的某些特征值来表示传感器的动态响应特性。

2. 阶跃响应和时域动态性能指标

传感器的时域动态特性常用以单位阶跃信号(初始条件为零)为输入信号时，输出 $y(t)$ 的变化曲线来表示。表征动态特性的主要参数有上升时间 t_r、响应时间 t_s(过程时间)、超调量 σ_F、衰减度 ψ 等，如图 3-5 所示。

上升时间 t_r 定义为传感器的响应输出从最终值的 $a\%$ 变化到 $b\%$ 所需的时间。$a\%$ 常采用 5%或 10%，而 $b\%$ 常采用 90%或 95%。

响应时间 t_s 是指输出量 y 从开始变化到示值进入最终值的规定范围内所需的最短时间。规定最终值的规定范围取系统的允许误差值，它通常与响应时间一起给出，如 $t_s=0.5s(\pm5\%)$。

超调量 σ_F 用输出最大值与最终稳定值之间的差值对最终稳定值之比的百分数来表示，即

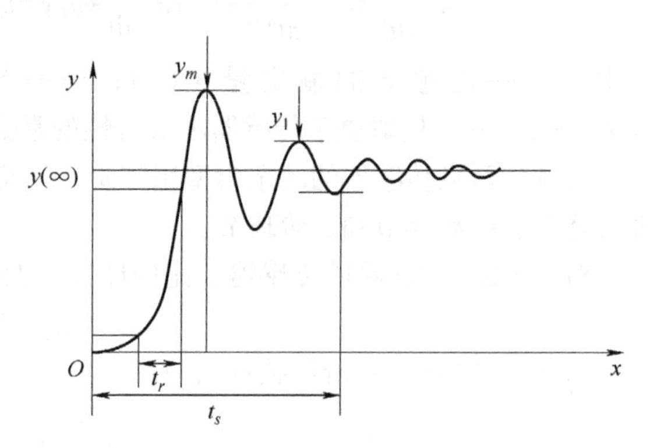

图 3-5　阶跃输入的时域动态性能指标

$$\sigma_F=\frac{y_m-y(\infty)}{y(\infty)}\times100\% \tag{3-15}$$

式中，y_m——输出量的最大值；$y(\infty)$——输出量稳定值。

衰减度 ψ 是描述瞬态过程中振荡幅值衰减过程中的速度，其定义为

$$\psi=\frac{y_m-y_1}{y_m} \tag{3-16}$$

式中，y_1——出现 y_m 一个周期后的 $y(t)$ 值。

如果 $y_1 \leqslant y_m$，则 $\psi\approx1$，说明系统衰减很快，该系统很稳定，振荡会很快停止。

总之，上升时间 t_r、响应时间 t_s 表征的是系统的响应速度性能；超调量 σ_F、衰减度 ψ 表征的是系统的稳定性能。通过这两个方面可以较为完整地描述系统的动态特性。

3. 正弦响应和频域动态性能指标

将 $s=j\omega$ 代入式(3-14)中可得传感器在正弦波输入时的动态特性，即传感器的频域特性：

$$H(j\omega)=\frac{Y(j\omega)}{X(j\omega)}=\frac{b_m(j\omega)^m+b_{m-1}(j\omega)^{m-1}+\cdots+b_1(j\omega)+b_0}{a_n(j\omega)^n+a_{n-1}(j\omega)^{n-1}+\cdots+a_1(j\omega)+a_0} \tag{3-17}$$

$$H(j\omega)=A(\omega)e^{j\varphi(\omega)}=A(\omega)\angle\varphi(\omega) \tag{3-18}$$

式中，$A(\omega)=|H(j\omega)|=\dfrac{|Y(\omega)|}{|X(\omega)|}$——传感器的幅频特性；$\varphi(\omega)=\arg H(j\omega)=\varphi_y(\omega)-\varphi_x(\omega)$——传感器的相频特性。

传感器的频域动态性能指标用传感器的幅频特性和相频特性来表示，如图 3-6 和图 3-7 所示。

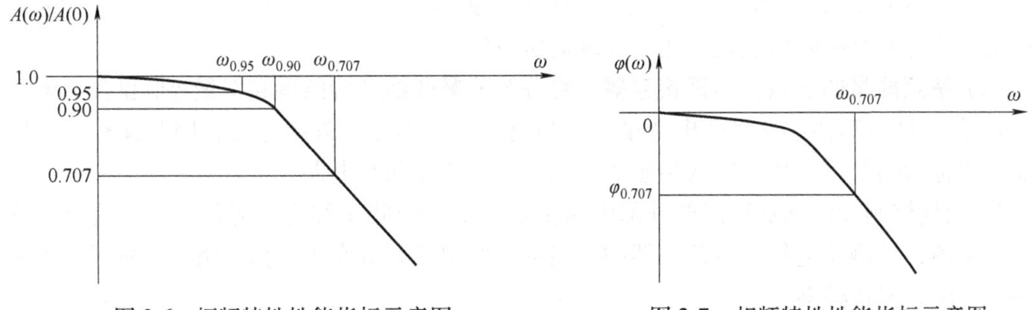

图 3-6 幅频特性性能指标示意图

图 3-7 相频特性性能指标示意图

(1) 带宽频率 $\omega_{0.707}$ 幅频特性 $A(\omega)$ 的值下降到频率为零时所对应的幅频特性值 $A(0)$ 的 0.707 倍所对应的频率称为带宽频率 $\omega_{0.707}$。

(2) 工作频带($0\sim\omega_{gi}$) 当给定传感器的幅值误差为±1%、±2%、±5%、±10%时所对应的频率称为截止频率 ω_{gi}。这就是说，当输入量的最高频率不超过截止频率 ω_{gi}时，幅值误差不会超过所给定的允许误差。因此，$0\sim\omega_{gi}$ 称为工作频带，它给出了幅频特性平直段的范围。

(3) 谐振频率 ω_r 当 $|H(j\omega)|=|H(j\omega)|_{max}$时所对应的频率称为谐振频率 ω_r。

(4) 跟随角 $\varphi_{0.707}$ 当 $\omega=\omega_{0.707}$时，对应于相频特性上的相角称为跟随角 $\varphi_{0.707}$。

3.1.3 传感器的分类

对于传感器的种类，主要的分类标准有如下几种：①按用途，可分为压力敏和力敏传感器、位置传感器、液位传感器、能耗传感器、速度传感器、加速度传感器、射线辐射传感器、热敏传感器；②按工作原理，可分为振动传感器、湿敏传感器、磁敏传感器、气敏传感器、真空度传感器、生物传感器等；③按输出信号，可分为模拟式传感器、数字式传感器；④按被测量类别，可分为物理传感器、化学传感器、生物传感器。

本节针对最后一种分类方法进行简单介绍。

1. 物理传感器

物理传感器是利用物理效应进行信号变换的传感器，它利用某些敏感元件的物理性质或某些功能材料的特殊物理性能进行被测非电量的变换。在人类的感觉中，视觉、听觉和触觉获取的是物理信息，与之对应的传感器便是物理传感器。

(1) 按照构成原理，物理传感器可以分为结构型传感器和物性型传感器

1) 结构型传感器是利用其结构参数的变化实现信号转换的，以结构(如形状、尺寸等)为基础，通过某些物理规律来感受被测量，进而将其转换为电信号。比如电容式压力传感器，装配严格按照规定参数设计而成的电容式敏感元件，当被测压力在电容式敏感元件的动极板上发生改变时，会引起电容间隙的变化，进而导致电容发生变化，从而完成对压力的测量。再如谐振式压力传感器，只有配合合适的感受被测压力的谐振敏感元件，才能在感受到被测压力发生变化时，改变谐振敏感结构的等效刚度，进而导致谐振敏感元件的固有频率产生变化，从而完成对压力的测量。

2）物性型传感器就是利用某些特定的功能材料本身所具有的内在特性或内在效应感受被测量，并将其转换为可用电信号的传感器。比如利用压电特性良好的石英晶体材料制成压电式压力传感器，通过石英晶体材料本身所具有的正压电效应来实现对压力的测量。再如利用半导体材料的压阻效应制成的压阻式传感器，通过半导体材料在被测压力作用下引起其内部应力变化导致其电阻值变化，进而实现对压力的测量。

（2）按照能量的观点，物理传感器又可分为能量转换型传感器和能量控制型传感器

1）能量转换型传感器将非电能量转换为电能量，不需要外接电源，因此又称为无源传感器，也称为换能器，如压电式传感器、磁电式传感器和热电偶。

2）能量控制型传感器则需要外部电源供给能量，因此又称为有源传感器。这类传感器不是换能器，被测非电量仅对传感器中的能量起控制或调节作用，如电阻式传感器、电感式传感器和电容式传感器。

物理传感器广泛应用于工业测控技术领域。

2. 化学传感器

化学传感器是能将各种物质的特性（如气体、离子、电解质浓度、空气湿度等）定性地或者定量地转变为电信号的仪器。化学传感器由化学敏感层和物理转换器结合而成，是能够提供化学组成的直接信息的传感器件。在人类的感觉中，嗅觉与味觉获取的是化学信息（化学物质的浓度、组成等），与之对应的传感器便是化学传感器。

人的感觉有很多局限性，它对很多物质的反应较为迟钝，能够有效辨别的化学对象的种类也十分有限。比如人的嗅觉无法识别有毒的一氧化碳，因而常常发生煤气中毒。种类丰富、反应灵敏的化学传感器的出现，突破了人类感官的局限性，为人们生活提供了越来越多的便利与保障。

按检测对象来分，化学传感器可分为湿度传感器、离子传感器与气体传感器。其中，湿度传感器包括电阻式、电容式等；离子传感器包括离子选择式、液膜离子式、固体膜式等；气体传感器包括半导体式、接触燃烧式、固体电解质式、电解式等。

化学传感器广泛应用于化学分析、化学工业的在线检测、环保检测、临床医学与基础医学、农业生态学研究以及军事应用中。化学传感器的未来发展前景非常明朗。环境保护和污染监控、疾病预防和治疗以及人们不断提高的生活质量和工农业发展水平三方面使化学传感器在相当长时间内处于重点发展的主要领域。当今时代，面临新的挑战与机遇，化学传感器的发展趋势有以下几点：

1）以环境保护和监控为主的各种气体传感器备受重视。高性能、小型化、集成化和低价格是各种气体传感器的发展方向。纳米薄膜集成气体传感器是今后几年内气体传感器发展的主体，它将与传统的厚膜混合集成气体传感器以及廉价的氧化物陶瓷化学传感器同步发展。

2）电化学传感器在当今化学传感器主流类别中位居第三。以离子选择电极为主体的电化学传感器将继续向高灵敏、低检测极限、快响应和长寿命方向发展。以金属卟啉等为代表的有机金属化合物与有机金属聚合物和大环化合物及其络合物等新型膜材料的出现，必将为全固态离子选择电极的日趋完善以及电化学发光和光电化学传感器奠定基础。纳米结构 LB 膜、分子印迹技术和纳米电极阵列等新技术以及扫描电化学显微镜和电化学阻抗谱仪等的出现，都有助于电化学传感器的发展。

3）嗅觉（电子鼻）和味觉（电子舌）等新一代仿生学传感器将是当前时期化学传感器的另一个重要研究方向。同时，这种模拟人体五官功能对周围物质和所处环境进行有效识别的研究，是目前人工智能研究的重要方面。

嗅觉与味觉传感器自 20 世纪 90 年代取得重大突破以来，利用多通道技术能够定量地检测被测样品的整体信息。电子鼻是一种多通道的气体传感器阵列，它能对有毒气体、爆炸性气体以及毒品、炸药掺放的气味以及食品的气味和新鲜程度进行有效的检测。电子舌是一种使用类似生物系统的材料制作的传感器的敏感膜，它能够检测出被测样品之间的相互关系。近几年，电子鼻与电子舌在国内外食品检测、医疗卫生、安全保障等方面已取得巨大的进展。

4）微型化学传感器及其阵列的研究是高性能化学传感器进入新世纪的重要标志。固态技术和微电子技术的不断进步，促进了以高精度、低驱动、低功耗、小尺寸和快响应为主要目标的微型电子机械系统传感器的出现。这些新兴传感器的出现使化学传感器进入了前所未有的"微观世界"，必将加速化学传感器的发展进程。

3. 生物传感器

生物传感器是近年来发展很快的一类传感器，它是一种对生物物质敏感并将其浓度转换为电信号进行检测的仪器。

生物传感器由两部分组成。第一部分是功能识别物质，其作用是对被测物质进行特定识别。这些功能识别物有酶、抗原、抗体、微生物及细胞等。用特殊方法把这些识别物固化在特制的有机膜上，从而形成具有对特定的从低分子到大分子化合物进行识别功能的功能膜。第二部分是电、光信号转换装置，此装置的作用是把在功能膜上进行的识别被测物所产生的化学反应转换成便于传输的电信号或光信号。其中最常应用的是电极，如氧电极和过氧化氢电极。

生物传感器的最大特点是在分子水平上识别被测物质。目前，生物传感器不仅在化学工业的监测上有所应用，而且在医学诊断、环境保护与监测等方面都有着广泛的应用前景。

3.2 特征工程

从通过测量仪器获得的原始数据之中很难直接发现其规律，所以需要对原始数据进行处理。在人工智能领域，目前主要是用机器学习的方法对原始数据进行处理。

特征工程是原始数据处理的第一步，它是对原始数据进行处理（主要是去除原始数据中的冗余信息），提炼出特征作为输入供算法和模型使用，以使机器学习算法取得更好的效果。

本节主要分为五个部分：第一部分是数据预处理，直接对原始数据进行操作；后面四个部分主要是在不改变原始数据的基础上进行处理。

3.2.1 数据预处理

特征工程需要对原始数据进行预处理，一般针对原始数据本身有问题的情况，包括数据的缺失、有异常值、不平衡等问题。但是数据的预处理要慎重，有时预处理会丢失一些关键信息或者后续造成模型训练的过拟合，所以要结合具体情况进行数据预处理。

常用的数据类型有两类：一类是结构化数据，这类数据可以用二维表结构来逻辑表达实现，如数字、符号等；另一类是非结构化数据，这类数据无法用数字或者统一的结构来表示，主要包括文本、图片、音频等数据。接下来主要介绍结构化数据和典型非结构化数据（图像数据）两种数据的数据预处理方法。

1. 处理结构化数据缺失值

在目前获取的数据中，数据缺失是极易发生的，缺失值产生的主要原因包括：信息暂时无法获取，或者获取信息的代价太大；信息被遗漏，人为的输入遗漏或者数据采集设备的遗漏；属性不存在，在某些情况下，缺失值并不意味着数据有错误，对一些对象来说某些属性值是不存在的，如未婚者的配偶名字就没法填写。

缺失值的影响有：数据挖掘建模将丢失大量的有用信息；数据挖掘模型所表现出的不确定性更加显著，模型中蕴含的规律更难把握；包含空值的数据会使建模过程陷入混乱，导致不可靠的输出。

缺失值的处理方法有如下三类：一是仍直接使用含有缺失值的特征，这种方法当仅有少量样本缺失该特征时可以尝试使用；二是删除含有缺失值的特征，这种方法一般适用于大多数样本都缺少该特征，且仅包含少量有效值；三是进行插值补全缺失值。

最常使用的还是第三类即插值补全缺失值的做法，这类做法又包含多种补全方法：

（1）均值/中位数/众数补全　对于样本有序属性（样本属性的距离可通过计算获得）使用其有效值的平均值来补全；对于样本无序属性（样本属性的距离不可通过计算获得）采用其众数或者中位数来补全。

（2）同类均值/中位数/众数补全　对样本进行分类后，根据同类其他样本该属性的均值补全缺失值，如果均值不可行，可以尝试众数或者中位数等统计数据来补全。

（3）固定值补全　直接用固定的数值补全缺失的属性值。

（4）建模预测　利用机器学习方法，将缺失属性作为预测目标进行预测。这种方法适用于缺失属性与其他属性有关且相关性不大的情况。

（5）高维映射　将属性映射到高维空间，采用独热码编码（One-hot Encoding）技术。将包含 k 个离散取值范围的属性值扩展为 k 个属性值，若该属性值缺失，则扩展后的第 $k+1$ 个属性值置为 1。

这种做法是最精确的做法，保留了所有的信息，也未添加任何额外信息，若预处理时把所有的变量都这样处理，会大大增加数据的维度。这样做的好处是完整保留了原始数据的全部信息、不用考虑缺失值；缺点是计算量大大提升，且只有在样本量非常大时效果才好。

（6）多重插补　多重插补认为待插补的值是随机的，实践上通常是估计出待插补的值，再加上不同的噪声，形成多组可选插补值，根据某种选择依据，选取最合适的插补值。

（7）压缩感知和矩阵补全　压缩感知通过利用信号本身所具有的稀疏性，从部分观测样本中恢复原信号。压缩感知分为感知测量和重构恢复两个阶段。感知测量：此阶段对原始信号进行处理以获得稀疏样本表示，常用的手段是傅里叶变换、小波变换、字典学习、稀疏编码等；重构恢复：此阶段基于稀疏性从少量观测中恢复原信号。

（8）手动补全　手动补全是基于经验手动补全缺失值，但这种方法需要对数据所在领域有很高的认识和理解，要求比较高，并且样本量也不能太大。

（9）最近邻补全　寻找与该样本最接近的样本，根据邻近样本对缺失值补全。

2. 图片数据扩充

对于图片数据，最常遇到的问题就是训练数据不足的问题。一个模型所能获取的信息一般来源于两个方面：一方面是训练数据包含的信息；另一方面就是模型的形成过程中(包括构造、学习、推理等)，人们提供的先验信息。

而如果训练数据不足，那么模型可以获取的信息就比较少，需要提供更多的先验信息保证模型的效果。先验信息一般作用有两个方面：一方面是模型，如采用特定的内在结构(比如深度学习的不同网络结构)、条件假设或添加其他约束条件(深度学习中体现在损失函数加入不同正则项)；另一方面是数据，即根据先验知识来调整、变换或者拓展训练数据，让其展现出更多的、更有用的信息。

对于图像数据，如果训练数据不足，导致的后果就是模型过拟合问题，即模型在训练样本上的效果较好，但在测试集上的泛化效果很差。过拟合的解决方法可以分为两类：

(1) 基于模型的方法 该方法主要采用降低过拟合风险的措施，如简化模型(从卷积神经网络变成逻辑回归算法)、添加约束项以缩小假设空间(如 L1、L2 等正则化方法)、集成学习、Dropout 方法(深度学习常用方法)等。

(2) 基于数据的方法 该方法主要就是数据扩充(Data Augmentation)，即根据一些先验知识，在保持特点信息的前提下，对原始数据进行适当变换以达到扩充数据集的效果。具体做法有多种，在保持图像类别不变的前提下，可以对每张图片做如下变换处理：一定程度内的随机旋转、平移、缩放、裁剪、填充、左右翻转等，这些变换对应着同一个目标在不同角度的观察结果；对图像中的元素添加噪声扰动，如椒盐噪声、高斯白噪声等；颜色变换；改变图像的亮度、清晰度、对比度、锐度等。

此外，最近几年一直比较热门的生成对抗网络(Generative Adversarial Network，GAN)，它的其中一个应用就是生成图片数据，也可以应用于数据扩充。

3. 异常值处理

异常值分析是检验数据是否有录入错误以及含有不合常理的数据。忽视异常值的存在是十分危险的，不加剔除地把异常值包括进数据的计算分析过程中，会对结果产生不良影响。

异常值是指样本中的个别值，其数值明显偏离其余的观测值。异常值也称为离群点，异常值分析也称为离群点分析。异常值检测方法如下：

(1) 简单统计 对于数据比较简单、异常值较少的情况，使用简单统计的方法便可以区分，比如画散点图直接区分。

(2) 3σ 原则 该原则有个条件，即数据需要服从正态分布。在 3σ 原则下，异常值如超过 3σ(σ 为正态分布标准差)，那么可以将其视为异常值。正负 3σ 的概率是 99.7%，那么距离平均值 3σ 之外的值出现的概率为 $P(|x-u|>3\sigma)\leqslant 0.003$，属于极个别的小概率事件。如果数据不服从正态分布，也可以用远离平均值的多少倍标准差来描述。

(3) 箱型图 这种方法是利用箱型图的四分位距(Inter Quartile Range，IQR)对异常值进行检测。

IQR 就是上四分位与下四分位的差值。而通过 IQR 的 1.5 倍为标准，规定：超过上四分位加 1.5 倍 IQR 距离或者下四分位减 1.5 倍 IQR 距离的点为异常值。

以上三种方法是比较简单的异常值检测方法，下面是一些较复杂的异常值检测方法，因此这里简单介绍这些方法的基本概念。

(4) 基于模型预测 该方法构建一个概率分布模型并计算对象符合该模型的概率，将低概率的对象视为异常点。如果模型是簇的组合，则异常点是不在任何簇的对象；如果模型是回归，异常点是远离预测值的对象。

该方法的优点是有坚实的统计学理论基础，当存在充分的数据和所用的检验类型的知识时，这些检验可能非常有效；缺点是对于多元数据，可用的选择少一些，并且对于高维数据，这些检测可能性很差。

（5）基于邻近度的离群点检测 一个对象的离群点得分由到它的K最近邻(K-Nearest Neighbor，KNN)的距离给定。这里需要注意k值的取值会影响离群点得分，如果k太小，则少量的邻近离群点可能会导致较低的离群点得分；如果k太大，则点数少于k的簇中所有的对象可能都成了离群点。为了增强鲁棒性，可以采用k个最近邻的平均距离。

该方法的优点是简单。缺点是：大数据集不适用；k值的取值导致该方法对参数的选择也是敏感的；不能处理具有不同密度区域的数据集，因为它使用全局阈值，不能考虑这种密度的变化。

（6）基于密度的离群点检测 一种常用的定义密度的方法是，定义密度为到k个最近邻的平均距离的倒数。如果该距离小，则密度高，反之亦然。另一种密度定义是使用DBSCAN聚类算法使用的密度定义，即一个对象周围的密度等于该对象指定距离d内对象的个数。

该方法的优点是：给出了对象是离群点的定量度量，并且即使数据具有不同的区域，也能很好地处理。缺点是：与基于距离的方法一样，这些方法必然具有$O(m^2)$的时间复杂度。对于低维数据使用特定的数据结构可以达到$O(m\log m)$；参数选择是困难的；虽然局部异常因子(Local Outlier Factor，LOF)算法通过观察不同的k值，然后取得最大离群点得分来处理该问题，但是仍然需要选择这些值的上下界。

（7）基于聚类的离群点检测 一个对象是基于聚类的离群点，如果该对象不强属于任何簇，那么该对象属于离群点。离群点对初始聚类的影响：如果通过聚类检测离群点，则由于离群点影响聚类，存在一个问题——结构是否有效。这也是K均值(K-Means)算法的缺点，即对离群点敏感。为了处理该问题，可以使用如下方法：对象聚类，删除离群点，对象再次聚类(不能保证产生最优结果)。

该方法的优点是：基于线性和接近线性复杂度(K均值)的聚类技术来发现离群点可能是高度有效的；簇的定义通常是离群点的补集，因此可能同时发现簇和离群点。缺点是：产生的离群点集和它们的得分可能非常依赖所用的簇的个数和数据中离群点的存在性；聚类算法产生的簇的质量对该算法产生的离群点的质量影响非常大。

（8）专门的离群点检测 除了以上提及的方法，还有两个比较常用的专门用于检测异常点的方法：一类支持向量机(One Class SVM)和孤立森林(Isolation Forest)。

异常值处理方法有：①删除含有异常值的记录：直接将含有异常值的记录删除；②视为缺失值：将异常值视为缺失值，利用缺失值处理的方法进行处理；③平均值修正：可用前后两个观测值的平均值修正该异常值；④不处理：直接在具有异常值的数据集上进行数据挖掘。

将含有异常值的记录直接删除的方法简单易行，但缺点也很明显，在观测值很少的情况下，这种删除会造成样本量不足，可能会改变变量的原有分布，从而造成分析结果的不准确。视为缺失值处理的好处是可以利用现有变量的信息，对异常值(缺失值)进行填补。

在很多情况下，要先分析异常值出现的可能原因，再判断异常值是否应该舍弃，如果是正确的数据，可以直接在具有异常值的数据集上进行挖掘建模。

4. 处理类别不平衡问题

类别不平衡是指分类任务中存在某个或者某些类别的样本数量远多于其他类别的样本数

量的情况。解决该问题的方法有以下几种：

（1）扩充数据集 首先应该考虑数据集的扩充，之前已经介绍过数据扩充的方法，在此不再赘述。

（2）尝试其他评价指标 一般分类任务最常使用的评价指标是准确度，但它在类别不平衡的分类任务中并不能反映实际情况，原因是即便分类器将所有类别都分为大类，准确度也不会差，因为大类包含的数量远远多于小类的数量，所以该评价指标会偏向于大类类别的数据。

除了准确度，常见的评价指标还有以下几种：

1）混淆矩阵（Confusion Matrix）：也称为误差矩阵，是表示精度评价的一种标准格式，用 n 行 n 列的矩阵形式来表示。混淆矩阵的每一列代表了预测类别，每一列的总数表示预测为该类别的数据的数目；每一行代表了数据的真实归属类别，每一行的数据总数表示该类别的数据实例的数目。对于常见的二元分类来说，它的混淆矩阵是2×2的，对应四种情况：真阳性（True Positive，TP），实际上是正，预测为正；假阳性（False Positive，FP），实际上是负，预测为正；假阴性（False Negative，FN），实际上是正，预测为负；真阴性（True Negative，TN），实际上是负，预测为负。

2）精确度（Precision）：表示实际预测正确的结果占所有被预测正确的结果的比例，$P=TP/(TP+FP)$。

3）召回率（Recall）：表示实际预测正确的结果占所有真正正确的结果的比，$R=TP/(TP+FN)$。

4）F1得分（F1 Score）：精确度和召回率的加权平均，$F1=2PR/(P+R)$。

（3）对数据集进行重采样 可以使用一些策略减轻数据的不平衡程度。该策略便是采样（Sampling），主要有两种采样方法来降低数据的不平衡性：对小类的数据样本进行采样来增加该类的数据样本个数，即过采样（Over-sampling），采样的个数大于该类样本的个数；对大类的数据样本进行采样来减少该类数据样本的个数，即欠采样（Under-sampling），采样的次数少于该类样本的个数。

采样算法往往很容易实现，并且其运行速度快、效果也好。一些经验法则：①考虑对大类下的样本（超过一万、十万甚至更多）进行欠采样，即删除部分样本；②考虑对小类下的样本（不足一万甚至更少）进行过采样，即添加部分样本的副本；③考虑尝试随机采样与非随机采样两种采样方法；④考虑对各类别尝试不同的采样比例，不一定是1∶1，有时1∶1反而不好，因为与现实情况相差甚远；⑤考虑同时使用过采样与欠采样。

（4）尝试人工生成数据样本 一种简单的人工样本数据产生的方法便是对该类下的所有样本每个属性特征的取值空间中随机选取一个组成新的样本，即属性值随机采样。

可以使用基于经验对属性值进行随机采样而构造新的人工样本，或者使用类似朴素贝叶斯方法假设各属性之间互相独立进行采样，这样便可得到更多的数据，但是无法保证属性之间的线性关系（如果本身是存在的）。

有一种系统地构造人工数据样本的方法——合成少数类过采样技术（Synthetic Minority Over-sampling Technique，SMOTE）。SMOTE是一种过采样算法，它构造新的小类样本而不是产生小类中已有的样本的副本，即该算法构造的数据是新样本，原数据集中是不存在的。它基于距离度量选择小类别下两个或者更多的相似样本，然后选择其中一个样本，并随机选择一定数量的邻居样本，然后对选择的样本的一个属性增加噪声，每次处理一个属性，这样就构造了更多的新生数据。

(5) 尝试不同分类算法 尽量不要对每一个分类都使用自己喜欢而熟悉的分类算法，而应使用不同的算法对其进行比较，因为不同的算法适用于不同的任务与数据。决策树往往在类别不均衡数据上表现较好，它使用基于类变量的划分规则去创建分类树，因此可以强制地将不同类别的样本分开。目前流行的决策树算法有：C4.5、C5.0、分类与回归树(Classification And Regression Free，CART)和随机森林(Random Forest，RF)等。

(6) 尝试对模型进行惩罚 可以使用相同的分类算法但须使用一个不同的角度，比如分类任务是识别那些小类，那么可以对分类器的小类样本数据增加权值，降低大类样本的权值(这种方法其实是产生了新的数据分布，即产生了新的数据集)，从而使得分类器将重点集中在小类样本上。

一个具体做法是：在训练分类器时，若分类器将小类样本分错时额外增加分类器一个小类样本分错代价，这个额外的代价可以使得分类器更加“关心”小类样本，如 penalized-SVM 和 penalized-LDA 算法。

如果锁定一个具体的算法时，并且无法通过使用重采样来解决因为不均衡性问题而得到较差的分类结果，这时便可以使用惩罚模型来解决不平衡性问题。但是，设置惩罚矩阵是比较复杂的，因此需要根据具体任务尝试不同的惩罚矩阵并选取一个较好的惩罚矩阵。

(7) 尝试从一个新的角度理解问题 从一个新的角度来理解问题，比如可以将小类的样本作为异常点，那么问题就变成异常点检测与变化趋势检测问题。异常点检测：即是对那些罕见事件进行识别，如通过机器部件的振动识别机器故障，又如通过系统调用序列识别恶意程序，这些事件相对于正常情况是很少见的。变化趋势检测：类似于异常点检测，不同之处在于其通过检测不寻常的变化趋势来识别，如通过观察用户模式或银行交易来检测用户行为的不寻常改变。

将小类样本作为异常点这种思维的转变，可以帮助考虑新的方法去分离或分类样本。

(8) 尝试创新 仔细对问题进行分析和挖掘，观察是否可以将问题划分为多个更小的问题，可以尝试如下方法：将大类压缩成小类；使用 One Class 分类器(将小类作为异常点)；使用集成方式训练多个分类器，然后联合这些分类器进行分类。

总之，对于类别不平衡问题，需要具体问题具体分析，如果有先验知识，可以快速挑选合适的方法来解决，否则就是逐一测试每一种方法，然后挑选最好的算法。最重要的还是要多做项目、多积累经验，这样当遇到一个新的问题时，可以快速找到合适的解决方法。

3.2.2 特征缩放

特征缩放主要分为两种方法：归一化和正则化。

1. 归一化

(1) 归一化概念 归一化(Normalization)也称为标准化，这里不仅仅是对特征，实际上对于原始数据也可以进行归一化处理，它是将特征(或者数据)都缩放到一个指定的大致相同的数值区间内。

(2) 归一化原因 某些算法要求样本数据或特征的数值具有零均值和单位方差，目的是为了消除样本数据或者特征之间的量纲影响，即消除数量级的影响。如图 3-8 所示是包含两个属性的目标函数的等高线。

数量级的影响有以下几方面：

1) 数量级的差异将导致量级较大的属性占据主导地位。从图 3-8a 看到量级较大的属性会让椭圆的等高线压缩为直线，使得目标函数仅依赖于该属性。

2）数量级的差异会导致迭代收敛速度减慢。原始的特征进行梯度下降时，每一步梯度的方向会偏离最小值（等高线中心点）的方向，迭代次数较多，且学习率必须非常小，否则非常容易引起宽幅振荡。但经过标准化后，如图 3-8b 所示，每一步梯度的方向都几乎指向最小值（等高线中心点）的方向，迭代次数较少。

3）所有依赖于样本距离的算法对于数据的数量级都非常敏感，比如 KNN 算法需要计算距离当前样本最近的 k 个样本，当属性的量级不同，选择的最近的 k 个样本也会不同。

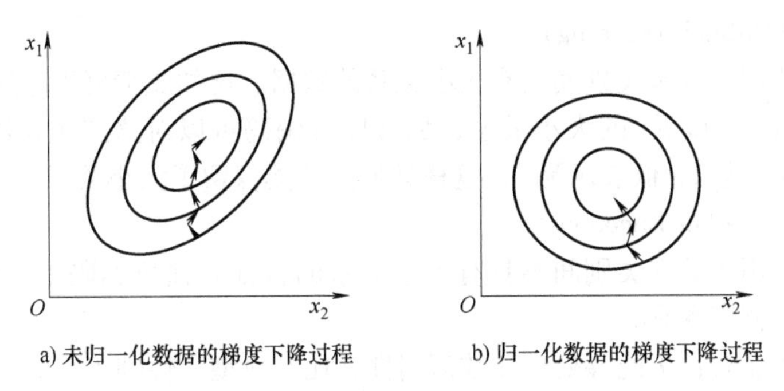

a) 未归一化数据的梯度下降过程　　b) 归一化数据的梯度下降过程

图 3-8　数据归一化对梯度下降收敛速度产生的影响

（3）常用的两种归一化方法

1）线性函数归一化（Min-Max Scaling）：对原始数据进行线性变换，使得结果映射到[0，1]的范围，实现对原始数据的等比缩放，公式如下：

$$X_{\text{norm}}=\frac{X-X_{\min}}{X_{\max}-X_{\min}} \tag{3-19}$$

式中，X——原始数据；$X_{\max}$——数据最大值；$X_{\min}$——数据最小值。

2）零均值归一化（Z-Score Normalization）：将原始数据映射到均值为 0、标准差为 1 的分布上。公式如下：

$$Z=\frac{x-\mu}{\sigma} \tag{3-20}$$

式中，μ——均值；σ——标准差。

如果数据分为训练集、验证集、测试集，那么三个数据集都采用相同的归一化参数，数值都是通过训练集计算得到的，即上述两种方法中分别需要的数据最大值、最小值以及方差和均值都是通过训练集计算得到的。

归一化不是万能的，在实际应用中，通过梯度下降法求解的模型是需要归一化的，这包括线性回归、逻辑回归、支持向量机、神经网络等模型，但决策树模型不需要。

2. 正则化

正则化是将样本或者特征的某个范数（如 L1、L2 范数）缩放到单位 1。

假设数据集为

$$D=\{(\vec{x}_1,y_1),(\vec{x}_2,y_2),\cdots,(\vec{x}_N,y_N)\} \tag{3-21}$$

$$\vec{\boldsymbol{x}}_1=(\vec{x}_1^{(1)},\vec{x}_1^{(2)},\cdots,\vec{x}_1^{(m)})^{\mathrm{T}} \tag{3-22}$$

对样本首先计算 L_p 范数，得到

$$L_p(\vec{\boldsymbol{x}}_i)=(|x_i^{(1)}|^p+|x_i^{(2)}|^p+\cdots+|x_i^{(m)}|^p)^{\frac{1}{p}} \tag{3-23}$$

正则化后的结果是：每个属性值除以其 L_p 范数，即

$$\vec{x}_i=\left(\frac{x_i^{(1)}}{L_p(\vec{x}_i)},\frac{x_i^{(2)}}{L_p(\vec{x}_i)},\cdots,\frac{x_i^{(m)}}{L_p(\vec{x}_i)}\right)^{\mathrm{T}} \tag{3-24}$$

正则化的过程是针对单个样本的，对每个样本将它缩放到单位范数；归一化是针对单个属性的，需要用到所有样本在该属性上的值。

3.2.3 特征编码

1. 序号编码(Ordinal Encoding)

序号编码一般用于处理类别间具有大小关系的数据。比如成绩可以分为高、中、低三个档次，并且存在“高>中>低”的大小关系，那么序号编码可以对这三个档次进行如下编码：高表示为3、中表示为2、低表示为1，这样转换后依然保留了大小关系。

2. 独热编码(One-hot Encoding)

独热编码通常用于处理类别间不具有大小关系的特征。独热编码是采用 N 位状态位来对 N 个可能的取值进行编码。

独热编码的优点有：①能够处理非数值属性，比如血型、性别等；②一定程度上扩充了特征；③编码后的向量是稀疏向量，只有一位是1、其他都是0，可以利用向量的稀疏来节省存储空间；④能够处理缺失值，当所有位都是0，表示发生了缺失，此时可以采用处理缺失值提到的高维映射方法，用第 $N+1$ 位来表示缺失值。

当然，独热编码也存在一些缺点。高维度特征会带来以下几个方面问题：①KNN 算法中，高维空间下两点之间的距离很难得到有效的衡量；②逻辑回归模型中，参数的数量会随着维度的增高而增加，导致模型复杂，出现过拟合问题；③通常只有部分维度对分类、预测有帮助，需要借助特征选择来降低维度。

决策树模型不推荐对离散特征进行独热编码，有以下两个主要原因：一方面是产生样本切分不平衡问题，此时切分增益会非常小；另一方面则是影响决策树的学习。决策树依赖的是数据的统计信息，而独热编码会把数据切分到零散的小空间上，在这些零散的小空间上，统计信息是不准确的，学习效果变差。本质是因为独热编码之后的特征的表达能力较差，该特征的预测能力被人为地拆分成多份，每一份与其他特征竞争最优划分点都失败，最终该特征得到的重要性会比实际值低。

3. 二进制编码(Binary Encoding)

二进制编码主要分为两步：先采用序号编码给每个类别赋予一个类别号；接着将类别号对应的二进制编码作为结果。

4. 二元化

特征二元化就是将数值型的属性转换为布尔型的属性，通常用于假设属性取值分布是伯努利分布的情形。特征二元化的算法比较简单：对属性 j 指定一个阈值 m，如果样本在属性 j 上的值大于等于 m，则二元化后为1；如果样本在属性 j 上的值小于 m，则二元化为0。

根据上述定义，m 是一个关键的超参数，它的取值需要结合模型和具体的任务来选择。

5. 离散化

离散化就是将连续的数值属性转换为离散的数值属性。那么何时需要采用特征离散化呢？对于线性模型，通常使用“海量离散特征+简单模型”。它的优点是模型简单；缺点是特征工程比较困难，但一旦有成功的经验就可以推广，并且可以很多人并行研究。对于非线性

模型(比如深度学习)，通常使用“少量连续特征+复杂模型”。它的优点是不需要复杂的特征工程；缺点是模型复杂。

离散化的常用方法是分桶。即将所有样本在连续的数值属性 j 的取值从小到大排列，然后从小到大依次选择分桶边界。其中分桶的数量以及每个桶的大小都是超参数，需要人工指定。每个桶的编号为 0，1，…，M，即总共有 M 个桶。给定属性 j 的取值 a，判断 a 在哪个分桶的取值范围内，将其划分到对应编号 k 的分桶内，并且属性取值变为 k。

分桶的数量和边界通常需要人工指定，一般有两种方法：一种是根据经验来指定；另一种是根据模型来指定。根据具体任务来训练分桶之后的数据集，通过超参数搜索来确定最优的分桶数量和分桶边界。

选择分桶大小时可参考以下经验：分桶大小必须足够小，使得桶内的属性取值变化对样本标记的影响基本在一个不大的范围。即不能出现这样的情况：单个分桶的内部，样本标记输出变化很大；分桶大小必须足够大，使每个桶内都有足够的样本。如果桶内样本太少，则随机性太大，不具有统计意义上的说服力，因此每个桶内的样本尽量分布均匀。

离散化的特性有以下两点：

1）在工业界很少直接将连续值作为逻辑回归模型的特征输入，而是将连续特征离散化为一系列 0 或 1 的离散特征。其优势有：①离散化之后得到的稀疏向量，内积乘法运算速度更快，计算结果方便存储；②离散化之后的特征对于异常数据具有很强的鲁棒性；③逻辑回归属于广义线性模型，表达能力受限，只能描述线性关系。特征离散化之后，相当于引入了非线性，提升模型的表达能力，增强拟合能力；离散化之后可以进行特征交叉，这会进一步引入非线性，提高模型表达能力；离散化之后，模型会更稳定。

2）特征离散化简化了逻辑回归模型，同时降低模型过拟合的风险。能够对抗过拟合的原因：经过特征离散化之后，模型不再拟合特征的具体值，而是拟合特征的某个概念，因此能够对抗数据的扰动，更具有鲁棒性。另外它使得模型要拟合的值大幅度降低，也降低了模型的复杂度。

综上，特征缩放是非常常用的方法，特别是归一化处理特征数据，对于利用梯度下降来训练学习模型参数的算法，有助于提高训练收敛的速度；而特征编码尤其是独热编码，也常用于对结构化数据的数据预处理。

3.2.4 特征选择

从给定的特征集合中选出相关特征子集的过程称为特征选择(Feature Selection)。对于一个学习任务，给定了属性集，其中某些属性可能对于学习来说很关键，但有些属性意义就不大：对当前学习任务有用的属性或者特征，称为相关特征(Relevant Feature)；对当前学习任务没用的属性或者特征，称为无关特征(Irrelevant Feature)。

特征选择可能会降低模型的预测能力，因为被剔除的特征中可能包含了有效的信息，抛弃这部分信息一定程度上会降低模型的性能。但这也是计算复杂度和模型性能之间的取舍：如果保留尽可能多的特征，模型的性能会提升，但同时模型就变复杂，计算复杂度也同样提升；如果剔除尽可能多的特征，模型的性能会有所下降，但模型就变简单，也就降低了计算复杂度。

常见的特征选择分为三类方法：过滤式(Filter)、包裹式(Wrapper)、嵌入式(Embedding)。

1. 特征选择原理

维数灾难问题是采用特征选择的原因。若是因为属性或者特征过多造成的问题，如果可以选择重要的特征，使得仅需要一部分特征就可以构建模型，可以大大减轻维数灾难问题。从这个意义上讲，特征选择和降维技术有相似的动机，事实上它们也是处理高维数据的两大主流技术。去除无关特征可以降低学习任务的难度，也同样让模型变得简单，降低计算复杂度。

特征选择最重要的是确保不丢失重要的特征，否则就会因为缺少重要的信息而无法得到一个性能很好的模型。给定数据集，学习任务不同，相关的特征很可能也不相同，因此特征选择中的不相关特征指的是与当前学习任务无关的特征。有一类特征称作冗余特征(Redundant Feature)，它们所包含的信息可以从其他特征中推演出来。冗余特征通常都不起作用，将其去除可以减轻模型训练的负担。但如果冗余特征恰好对应了完成学习任务所需要的某个中间概念，则它是有益的，将其保留可以降低学习任务的难度。

在没有任何先验知识(即领域知识)的前提下，要想从初始特征集合中选择一个包含所有重要信息的特征子集，唯一做法就是遍历所有可能的特征组合。但这种做法并不实际，也不可行，因为会遭遇组合爆炸，特征数量稍多就无法进行。

一个可选的方案是产生一个候选特征子集，评价出它的好坏。基于评价结果产生下一个候选特征子集，再评价其好坏。这个过程持续进行下去，直至无法找到更好的后续子集为止。这里有两个问题：如何根据评价结果获取下一个候选特征子集？如何评价候选特征子集的好坏？

(1) 子集搜索　子集搜索方法步骤如下：

给定特征集合 $A=\{A_1,A_2,\cdots,A_d\}$，首先将每个特征看作一个候选子集(即每个子集中只有一个元素)，然后对这 d 个候选子集进行评价。

假设 A_2 最优，于是将 A_2 作为第一轮的选定子集。

然后在上一轮的选定子集中加入一个特征，构成了包含两个特征的候选子集。

假定 A_2、A_5 最优，且优于 A_2，于是将 A_2、A_5 作为第二轮的选定子集。

…

假定在第 $k+1$ 轮时，本轮最优的特征子集不如上一轮最优的特征子集，则停止生成候选子集，并将上一轮选定的特征子集作为特征选择的结果。

这种逐渐增加相关特征的策略称作前向(Forward)搜索；类似地，如果从完整的特征集合开始，每次尝试去掉一个无关特征，这种逐渐减小特征的策略称作后向(Backward)搜索；也可以将前向搜索和后向搜索结合起来，每一轮逐渐增加选定的相关特征(这些特征在后续迭代中确定不会被去除)，同时减少无关特征，这样的策略称作双向(Bidirectional)搜索。

该策略是贪心的，因为它们仅仅考虑了使本轮选定集最优。但是除非进行穷举搜索，否则这样的问题无法避免。

(2) 子集评价　子集评价的做法如下：

给定数据集 D，假设所有属性均为离散型。对属性子集 A，假定根据其取值将 D 分成了 V 个子集：$D_1,D_2,\cdots,D_V$，可以计算属性子集 A 的信息增益：

$$g(D,A)=H(D)-H(D|A)=H(D)-\sum_{v=1}^{V}\frac{|D_v|}{|D|}H(D_v) \tag{3-25}$$

式中，$|\cdot|$——集合大小；$H(\cdot)$——熵。

信息增益越大，表明特征子集 A 包含的有助于分类的信息越多。所以对于每个候选特征子集，可以基于训练集 D 来计算其信息增益作为评价准则。

更一般地，特征子集 A 实际上确定了对数据集 D 的一个划分规则。每个划分区域对应着 A 上的一个取值，而样本标记信息 y 则对应着 D 的真实划分。通过估算这两种划分之间的差异，就能对 A 进行评价：与 y 对应的划分的差异越小，则说明 A 越好。

信息熵仅仅是判断这个差异的一种方法，其他能判断这两个划分差异的机制都能够用于特征子集的评价。

将特征子集搜索机制与子集评价机制结合就能得到特征选择方法。事实上，决策树可以用于特征选择，所有树节点的划分属性所组成的集合就是选择出来的特征子集。其他特征选择方法本质上都是显式或者隐式地结合了某些子集搜索机制和子集评价机制。

常见的特征选择方法分为以下三种，其主要区别在于特征选择部分是否使用后续的学习器。①过滤式(Filter)：先对数据集进行特征选择，其过程与后续学习器无关，即设计一些统计量来过滤特征，并不考虑后续学习器问题；②包裹式(Wrapper)：实际上就是一个分类器，它是将后续的学习器的性能作为特征子集的评价标准；③嵌入式(Embedding)：实际上是学习器自主选择特征。

最简单的特征选择方法是去掉取值变化小的特征。假如某特征只有 0 和 1 的两种取值，并且所有输入样本中，95%的样本的该特征取值都是 1，那就可以认为该特征作用不大。当然，该方法的一个前提是特征值都是离散型；如果是连续型，需要离散化后再使用，并且实际上一般不会出现 95% 以上都取某个值的特征的存在。所以，这个方法简单但不太好用，可以作为特征选择的一个预处理，先去掉变化小的特征，然后再开始选择上述三种类型的特征选择方法。

2. 过滤式选择

过滤式选择先对数据集进行特征选择，然后再训练学习器，特征选择过程与后续学习器无关。也就是先采用特征选择对初始特征进行过滤，然后用过滤后的特征训练模型。该方法的优点是计算效率高、省时间，而且对过拟合问题有较高的鲁棒性；缺点是倾向于选择冗余特征，即没有考虑到特征之间的相关性。

(1) Relief 方法 Relief 是一种著名的过滤式特征选择方法。该方法设计了一个相关统计量来度量特征的重要性，该统计量是一个向量，其中每个分量都对应于一个初始特征。特征子集的重要性则是由该子集中每个特征所对应的相关统计量分量之和来决定的。最终只需要指定一个阈值 k，然后选择比 k 大的相关统计量分量所对应的特征即可。也可以指定特征个数 m，然后选择相关统计量分量最大的 m 个特征。Relief 是为二分类问题设计的，其拓展变体 Relief-F 可以处理多分类问题。

(2) 方差选择法 使用方差选择法，先要计算各个特征的方差，然后根据阈值选择方差大于阈值的特征。

(3) 相关系数法 使用相关系数法，先要计算各个特征对目标值的相关系数以及相关系数的 P 值。

(4) 卡方检验 经典的卡方检验是检验定性自变量对定性因变量的相关性。假设自变量有 N 种取值，因变量有 M 种取值，考虑自变量等于 i 且因变量等于 j 的样本频数的观察值与期望值的差距，构建统计量。这个统计量的含义简而言之就是自变量对因变量的相关性。

(5) 互信息法 经典的互信息也是评价定性自变量对定性因变量的相关性。

3. 包裹式选择

相比于过滤式选择不考虑后续学习器，包裹式选择直接把最终将要使用的学习器的性能作为特征子集的评价原则，其目的就是为给定学习器选择最有利于发挥其性能，量身定做特征子集。

该方法的优点是直接针对特定学习器进行优化，考虑到特征之间的关联性，因此通常包裹式选择比过滤式选择能训练得到一个更好性能的学习器；缺点是由于特征选择过程需要多次训练学习器，故计算开销要比过滤式选择大得多。

拉斯维加斯包裹(Las Vegas Wrapper，LVW)是一个典型的包裹式选择方法，它是拉斯维加斯方法(Las Vegas Method)框架下使用随机策略来进行子集搜索，并以最终分类器的误差作为特征子集的评价标准。由于LVW算法中每次特征子集评价都需要训练学习器，计算开销很大，因此它会设计一个停止条件控制参数 T。但是如果初始特征数量很多、T 设置较大、每一轮训练的时间较长，则很可能算法运行很长时间都不会停止，即如果有运行时间限制，则有可能给不出解。递归特征消除法是使用一个基模型来进行多轮训练，每轮训练后，消除若干权值系数的特征，再基于新的特征集进行下一轮训练。

4. 嵌入式选择

在过滤式和包裹式选择方法中，特征选择过程与学习器训练过程有明显的分别。而嵌入式选择是将特征选择与学习器训练过程融为一体，两者是在同一个优化过程中完成的，即学习器训练过程中自动进行了特征选择。

嵌入式选择常用的方法包括：利用正则化，如L1、L2范数，主要应用于如线性回归、逻辑回归以及支持向量机(Support Vector Machine，SVM)等算法；使用决策树思想，包括决策树、随机森林、梯度提升(Gradient Boosting)等。引入L1范数除了降低过拟合风险之外，还有一个优点：它求得的 w 会有较多的分量为零，即它更容易获得稀疏解。于是基于L1正则化的学习方法就是一种嵌入式选择方法，其特征选择过程与学习器训练过程融为一体，两者同时完成。

常见的嵌入式选择模型有：

1）在Lasso中，λ 参数控制了稀疏性：如果 λ 越小，则稀疏性越小，被选择的特征越多；相反 λ 越大，则稀疏性越大，被选择的特征越少。

2）在SVM和逻辑回归中，参数 C 控制了稀疏性：如果 C 越小，则稀疏性越大，被选择的特征越少；如果 C 越大，则稀疏性越小，被选择的特征越多。

3.2.5 特征提取

特征提取一般是在特征选择之前对原始数据进行提取，目的就是自动地构建新的特征，将原始数据转换为一组具有明显物理意义(比如Gabor、几何特征、纹理特征)或者统计意义的特征。

一般常用的方法包括降维、图像特征提取、文本特征提取等，这里简单介绍这几种方法的一些基本概念。

1. 降维

(1) 主成分分析(Principal Component Analysis，PCA)　PCA是降维中最经典的方法，它旨在找到数据中的主成分，并利用这些主成分来表征原始数据，从而达到降维的目的。PCA的思想是通过坐标轴转换，寻找数据分布的最优子空间。

PCA的解法一般分为以下几个步骤：①对样本数据进行中心化处理；②求样本协方差矩阵；③对协方差矩阵进行特征值分解，将特征值从大到小排列；④取特征值前 n 个最大的对应的特征向量 $W_1,W_2,\cdots,W_n$，这样将原来 m 维的样本降低到 n 维。

通过PCA，就可以将方差较小的特征抛弃，这里，特征向量可以理解为坐标转换中新坐标轴的方向，特征值表示在对应特征向量上的方差，特征值越大，方差越大，信息量也就越大。这也是为何选择前 n 个最大的特征值对应的特征向量，因为这些特征包含更多重要的信息。

PCA 是一种线性降维方法，这也是它的一个局限性。不过也有很多解决方法，比如采用核映射对 PCA 进行拓展得到核主成分分析（KPCA），或者是采用流形映射的降维方法比如等距映射、局部线性嵌入、拉普拉斯特征映射等，对一些 PCA 效果不好的复杂数据集进行非线性降维操作。

（2）线性判别分析（Linear Discriminant Analysis，LDA） LDA 是一种有监督学习算法，相比较 PCA，它考虑到数据的类别信息，而 PCA 没有考虑数据的类别信息，只是将数据映射到方差比较大的方向上而已。因为考虑了数据类别信息，所以 LDA 的目的不仅仅是降维，还需要找到一个投影方向，使得投影后的样本尽可能按照原始类别分开，即寻找一个可以最大化类间距离以及最小化类内距离的方向。

LDA 的优点有：①相比较 PCA，LDA 更加擅长处理带有类别信息的数据；②线性模型对噪声的鲁棒性比较好，LDA 是一种有效的降维方法。相应地，LDA 的缺点有：①LDA 对数据的分布做出了很强的假设，比如每个类别数据都是高斯分布、各个类别的协方差相等，这些假设在实际中不一定完全满足；②LDA 模型简单，表达能力有一定局限性，但这可以通过引入核函数拓展 LDA 来处理分布比较复杂的数据。

（3）独立成分分析（Independent Component Analysis，ICA） PCA 特征转换降维，提取的是不相关的部分；而 ICA 获得的是相互独立的属性。ICA 算法的本质是寻找一个线性变换 $z=Wx$，使得 z 的各个特征分量之间的独立性最大。

通常先采用 PCA 对数据进行降维，然后再用 ICA 从多个维度分离出有用数据。PCA 是 ICA 的数据预处理方法。

2. 图像特征提取

在深度学习成熟起来之前，图像特征提取有很多传统的特征提取方法，比较常见的包括以下几种：

（1）尺度不变特征变换（Scale Invariant Feature Transform，SIFT） SIFT 是图像特征提取中应用非常广泛的特征。它具有以下几种优点：①具有旋转、尺度、平移、视角及亮度不变性，有利于对目标特征信息进行有效表达；②SIFT 对参数调整鲁棒性好，可以根据场景需要调整适宜的特征点数量进行特征描述，以便进行特征分析。

SIFT 对图像局部特征点的提取主要包括四个步骤：①疑似特征点检测；②去除伪特征点；③特征点梯度与方向匹配；④特征描述向量的生成。

SIFT 的缺点是如果不借助硬件加速或者专门的图像处理器就很难实现。

（2）加速稳健特征（Speeded Up Robust Features，SURF） SURF 是对 SIFT 算法的改进，降低了时间复杂度，并且提高了鲁棒性。它主要是简化了 SIFT 的一些运算，如将 SIFT 中的高斯二阶微分的模型进行了简化，使得卷积平滑操作仅需要转换成加减运算。并且最终生成的特征向量维度从 128 维减少为 64 维。

（3）方向梯度直方图（Histogram of Oriented Gradient，HOG） HOG 特征是 2005 年针对行人检测问题提出的直方图特征，它通过计算和统计图像局部区域的梯度方向直方图来实现特征描述。

HOG 特征提取步骤如下：①先将图像转为灰度图像，再利用伽马校正实现，这一步骤是为了提高图像特征描述对光照及环境变化的鲁棒性，降低图像局部的阴影、局部曝光过多和纹理失真，尽可能抵制噪声干扰；②计算图像梯度；③统计梯度方向；④特征向量归一化，为克服光照不均匀变化及前景与背景的对比差异，需要对块内的特征向量进行归一化处理；⑤最后生成特征向量。

（4）局部二值模式（Local Binary Pattern，LBP） LBP 是一种描述图像局部纹理的特征算子，它具有旋转不变性和灰度不变性的优点。

LBP 特征描述的是一种灰度范围内的图像处理操作技术，针对的是输入为 8 位或者 16 位的灰度图像。LBP 特征通过对窗口中心点与邻域点的关系进行比较，重新编码形成新特征以消除外界场景对图像的影响，因此一定程度上解决了复杂场景下（光照变换）特征描述问题。

根据窗口领域的不同分为两种，LBP 可以分为两种：经典 LBP 和圆形 LBP。前者的窗口是 3×3 的正方形窗口，后者将窗口由正方形拓展为任意圆形领域。

上述特征都是比较传统的图像特征提取方法，现在图像基本都直接利用卷积神经网络（Convolutional Neural Network，CNN）来进行特征提取以及分类。

3. 文本特征提取

（1）词袋模型 最基础的文本表示模型是词袋模型。具体地说，就是将整段文本以词为单位切分开，然后每篇文章可以表示成一个长向量，向量的每一个维度代表一个单词，而该维度的权重反映了该单词在原来文章中的重要程度。

通常采用词频-逆向文件频率（Term Frequency-Inverse Document Frequency，TF-IDF）计算权重，公式为

$$TF\text{-}IDF(t,d)=TF(t,d)\times IDF(t) \tag{3-26}$$

$$IDF(t)=\log\frac{\text{文章总数}}{\text{包含单词 t 的文章总数}+1} \tag{3-27}$$

式中，$TF(t,d)$——单词 t 在文档 d 中出现的频率；$IDF(t)$——逆文档频率，用来衡量单词 t 对表达语义所起的重要性。

直观的解释就是：如果这个单词在多篇文章都出现过，那么它很可能是比较通用的词汇，对于区分文章的贡献比较小，自然其权重也就比较小，即 $IDF(t)$ 会比较小。

（2）N-gram 模型 词袋模型是以单词为单位进行划分，但有时进行单词级别划分并不是很好的做法，毕竟有的单词组合起来才是其要表达的含义，比如自然语言处理（Natural Language Processing）、计算机视觉（Computer Vision）等。

因此可以将连续出现的 n 个词（$n\leqslant N$）组成的词组（N-gram）作为一个单独的特征放到向量表示中，构成了 N-gram 模型。

另外，同一个词可能会有多种词性变化，但却具有相同含义，所以实际应用中还会对单词进行词干抽取（Word Stemming）处理，即将不同词性的单词统一为同一词干的形式。

（3）词嵌入模型 词嵌入是一类将词向量化的模型的统称，核心思想是将每个词都映射成低维空间（通常 K=50~300 维）上的一个稠密向量（Dense Vector）。

常用的词嵌入模型是 Word2Vec。它是一种底层的神经网络模型，有两种网络结构，分别是连续词袋模型（Continues Bag of Words，CBoW）和 Skip-gram 模型。CBoW 是根据上下文出现的词语预测当前词的生成概率；Skip-gram 是根据当前词来预测上下文中各个词的生成概率。

词嵌入模型是将每个词都映射成一个 K 维的向量，如果一篇文档有 N 个单词，那么每篇文档就可以用一个 $N \times K$ 的矩阵进行表示，但这种表示过于底层。实际应用中，如果直接将该矩阵作为原文本的特征表示输入到模型中训练，通常很难得到满意的结果，一般还需要对该矩阵进行处理，提取和构造更高层的特征。

深度学习模型的出现正好提供了一种自动进行特征工程的方法，它的每个隐含层都相当于不同抽象层次的特征。卷积神经网络（CNN）和循环神经网络（Recurrent Neural Network，RNN）在文本表示中都取得了很好的效果，这是因为它们可以很好地对文本进行建模，抽取出一些高层的语义特征。

特征提取与特征选择都是为了从原始特征中找出最有效的特征。它们之间的区别是特征提取强调通过特征转换的方式得到一组具有明显物理或统计意义的特征；而特征选择是从特征集合中挑选一组具有明显物理或统计意义的特征子集。两者的共同点是都能帮助减少特征的维度、数据冗余，特征提取有时能发现更有意义的特征属性，特征选择的过程经常能表示出每个特征对于模型构建的重要性。

3.3 多源信息融合技术

多源信息融合是处理复杂测量问题的一种重要方法。至今，人们已经探索出多种关于多源信息融合的模型与算法，很好地克服了单传感器测量的诸多缺点。目前，多源信息融合技术已在军事领域和民用领域获得了广泛应用。

3.3.1 多源信息融合概述

随着人们对多目标检测需求的增多，为了更加全面地获取目标的信息，仅仅依靠单一传感器已逐渐无法满足人们的需求，多源检测技术已经被越来越多地应用于人们的日常生活中。如果对不同传感器测得的信号进行单一、独立的加工，这不但会大大增加数据处理的工作量，而且还无法将各个传感器测得的信息有机地联系起来，从而丢失了数据有机组合后所包含的特征，导致数据资源无法被充分利用。所以，如何正确、有效地综合处理由多源检测带来的复杂、庞大的信息量已成为机器感知领域的一大热点问题。

多源信息融合技术作为一种有效的综合信息处理方法逐步应运而生。多源信息融合也可称为多源数据融合，简单来说就是指将来自多个传感器的测量数据进行综合处理，从而获得对被测目标更加全面且准确的信息。在多传感器系统中，由多传感器输送过来的信息可能具有不同的特性，如时变或非时变、精确或模糊、确定或随机等。多源信息融合充分利用多个传感器获取的数据，并合理分配和使用信息，在时间和空间上把互补的或冗余的信息依据适当的准则加以结合，进而得到对被测事物的一致性描述。多源信息融合技术研究的关键所在就是探究出一些方法和理论，能够对具有相似或不同特征的多源信息进行有效处理，以此获得对应的融合信息。

数据融合起源于 20 世纪 70 年代，最初是为了满足军事领域中的需要，随后逐渐发展成为一项技术。美国是数据融合技术起步最早的国家，在随后的十几年的时间里，各国的研究开始逐步展开，并相继取得了一些具有重要影响的研究成果。与国外相比，我国在数据融合领域的研究起步较晚。海湾战争结束后，数据融合技术引起国内有关单位和专家的高度重视，一些高校和科研院所相继对数据融合的理论、系统框架和融合算法展开研究，但基本上处于理论研究的层次，在工程化、实用化方面尚未取得有成效的突破，许多关键技术问题尚待解决。多源信息融合技术在计算机、电子信息和自动化等领域中均有着大量应用。下面对多源信息融合的优点进行简要的介绍：

1）测量得到的信息更加丰富。在多源信息融合的过程中，经多个传感器采集得到的数据有机地组合了起来，有效地实现了传感器之间数据信息的互补。例如，当多个传感器对某事物进行测量时，其中一个传感器无法测量得到的数据可由其他的传感器测量得到，不同传感器之间的数据做到信息互补，从而很大程度上提升了对被测事物信息采集的丰富性，降低了测得数据信息的模糊程度。

2）提高空间分辨率。多源信息融合可以获得比单一传感器更高的分辨率。

3）测量的快速性。当进行某一复杂的测量任务时，多个传感器各司其职地完成最适合自身的那部分测量任务，可有效提升测量系统的反应速度，在更短的时间内提供更多的信息量。

4）测量系统成本的降低。使用多个相对廉价的不同传感器对被测目标进行联合测量，可在满足测量要求的前提下尽可能地降低成本。

5）提高测量系统的鲁棒性。在进行多源测量任务时，所测得的数据信息是具有冗余性的。当某些传感器受到扰动或出现失效的情况时，可根据测量所得到数据的有机融合来相对准确地提取出被测事物的信息。

在人类或其他生物系统中普遍可以看到多源信息融合技术的影子。比如人类可综合自身多种感官所感受到的信息，并结合先验知识来对某一事物做出分析。多源数据融合的基本原理与人脑对数据的综合处理相类似，即合理地综合多源采集获得的数据，将各类传感器进行多层次、多空间的信息互补和优化组合处理，从而获得对被测目标较为全面的描述。多源信息融合的基本原理可进行如下总结：

1）多个不同类型的传感器获取目标的数据。

2）对来自传感器的数据进行特征提取，从而获得特征矢量。

3）对特征矢量进行模式识别，完成各传感器关于目标的属性说明。

4）将各传感器关于目标的属性说明数据按照统一目标进行分组，即关联。

5）利用融合算法对每一个目标各个传感器数据进行合成，得到该目标的一致性解释与描述。

3.3.2 信息融合模型

1. 信息融合功能模型

信息融合的功能模型依从融合的过程，对信息融合的主要功能、数据库和各组成之间的作用关系进行了描述。历史上信息融合的功能模型曾出现过多种版本，其中，由美国实验室理事会数据融合小组率先提出的，之后经多次修改的面向数据融合结果的模型（图 3-9）正被越来越多的实际系统所采用。图 3-9 中的雷达、传感器和人工等作为信息的来源，该模型包含四个处理过程，值得注意的是：这四个过程虽然分为一至四级，但并不意味着各级之间具有时序性，它们通常是并行处理的。接下来简要介绍这四个处理过程。

一级处理：包含信息的配准、关联、跟踪和识别。信息配准的作用是把时间上不同步、空间上属于不同坐标系的多源信息进行校准，从而使多源信息具有相同的时间基准和坐标系；信息关联是把来源于不同信息源的数据进行分类处理，将来源于同一信息源的信息组合在一起；信息跟踪是指对目标运动的预测与运动参数的估计，以此达到对目标进行跟踪的目

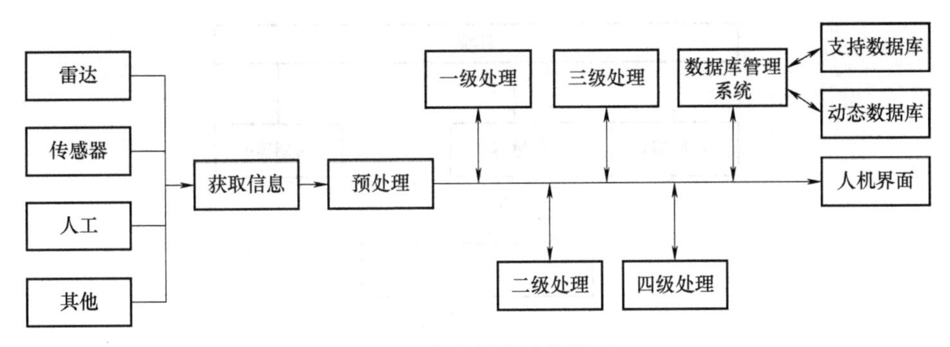

图 3-9 信息融合功能模型

的；信息识别是指对目标特征的描述。

二级处理：指的是态势评估，包括对态势的提取、分析与评定。态势的提取指的是从众多不完整的数据集中抽象出对态势的一般表示，构造出对实体之间的一种相互关联的描述；态势的分析与评定指的是对事件态势的理解与预测，通过对实体的合并与协同推理，由事件检测、状态估计和为评定态势所生成的假设得到所考虑的各种假设的条件概率。

三级处理：指的是影响评估。在军事领域中，影响评估指威胁评估，能够估计出敌方对我方的杀伤能力及威胁程度。

四级处理：指的是优化过程。在这一级中，通过建立适当的优化指标，实时监控信息融合的整体过程，实现对传感器管理的优化，使传感器可以自适应地获取和处理信息，并优化资源的配给，以支持特定的任务目标，最终实现对信息融合过程的整体优化与性能的提升。

2. 信息融合结构

信息融合的结构可分为串联结构、并联结构和混合型结构。接下来对这三种结构分别进行简要介绍。

图 3-10 为信息融合串联结构示意图。从图中可以直观地得出串联结构的信息融合过程：融合中心 1 接收到来自传感器 1 采集到的信息之后，生成判断信息 1，并将判断信息 1 传递给融合中心 2；接下来，融合中心 2 综合来自传感器 2 采集得到的信息与判断信息 1，生成判断信息 2；以此类推，直到最后一个融合中心生成最终的判断信息为止。信息融合的串联结构具有很好的性能，但其对线路的故障有较强的敏感性，极易受到故障的影响。

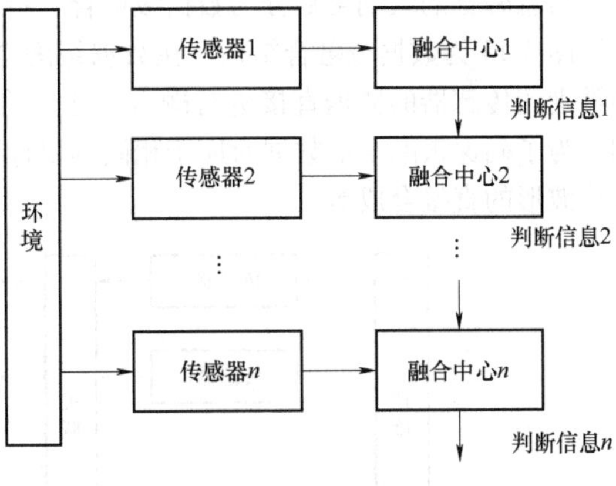

图 3-10 信息融合串联结构

图 3-11 为信息融合并联结构示意图。当信息融合为并联结构时，只有当接收到来自全部传感器输送过来的信息之后，融合中心才会进行信息融合并输出最终的判断信息。与信息融合的串联结构相比，并联结构很大程度上解决了对线路故障的敏感问题，但通常来说，并联结构的信息处理速度要慢于串联结构。

图 3-12 为信息融合混合型结构。由传感器 1 至传感器 n 获取的信息分别送入融合中心 1 至融合中心 n 进行信息融合，之后各个融合中心输出的判断信息输入至高级融合中心做进一

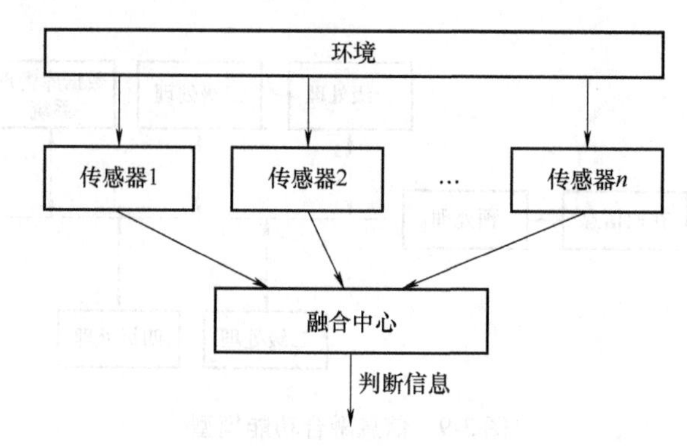

图 3-11　信息融合并联结构

步的信息融合处理，并得到最终的判断信息。

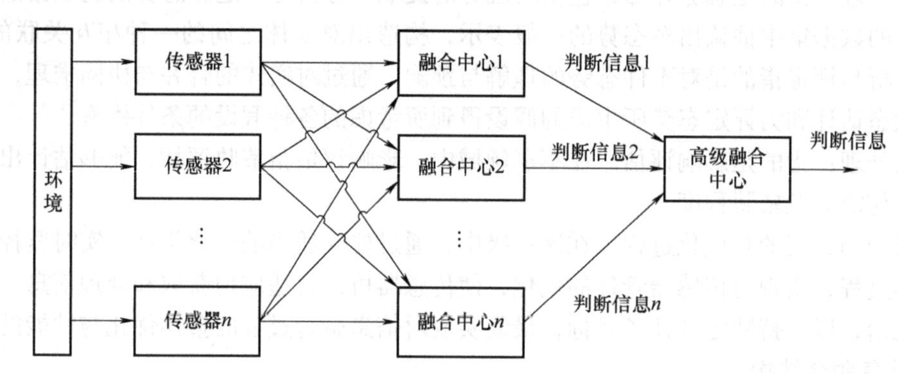

图 3-12　信息融合混合型结构

3. 信息融合级别

信息融合的级别可划分为数据级融合、特征级融合和决策级融合。

图 3-13 为数据级融合结构。在数据级融合中，要求传感器必须是同类别的。对来源于同类别的传感器的数据直接进行融合，之后将融合处理得到的数据进行特征提取和属性识别。为了确保被融合的数据对应于相同的目标或客体，要基于原始数据来完成关联，如同类雷达波形的直接合成等。

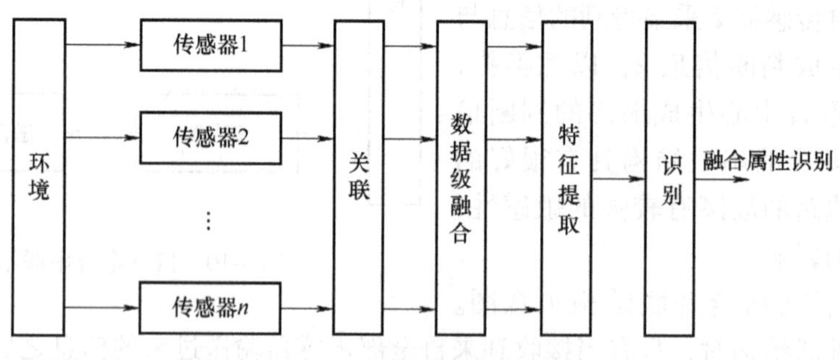

图 3-13　数据级融合结构

数据级融合的优点为其数据量损失非常少，可以提供更多的细微信息，从而具有很高的精度；其缺点是需要处理的数据量较大，导致处理代价高，实时性差。由于该融合是在信息的最底层进行的，所以传感器信息的不确定性要求数据级融合过程要具备较好的错误纠正能力。此外，数据级融合只能用于同类观测的传感器，并且由于其数据通信量大，使该融合方法的鲁棒性较差。

图 3-14 所示为特征级融合结构。从图 3-14 中可以直观地看出特征级融合是将每个传感器测得的数据先进行特征提取，之后将这些提取到的特征信息进行融合处理和属性识别。

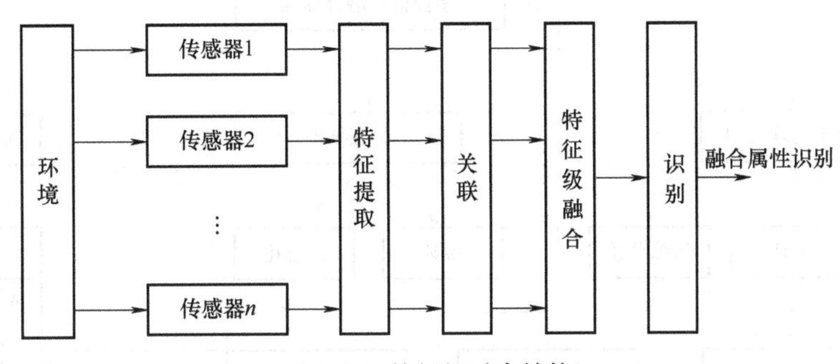

图 3-14 特征级融合结构

通常来说，数据的特征可充分描述原始数据，所以特征级融合有效地压缩了数据量，提升了处理速度，具有很好的实时性；但另一方面，该方法也损失了一定的有用信息，导致性能有所下降。

特征级融合可以分为目标状态信息融合与目标特征信息融合两大类。目标状态信息融合主要应用于多传感器的目标跟踪领域，首先对多传感器传输过来的信息进行数据配准，随后进行数据关联和状态估计，具体的数学理论方法有卡尔曼滤波理论、联合概率数据关联和多假设法等；目标特征信息融合本质上属于模式识别问题，具体的数学理论方法有人工神经网络、特征压缩和聚类方法以及 K 近邻法等。

图 3-15 所示为决策级融合结构。该结构中的每个传感器测得的数据先进行特征提取，之后分别进行属性识别来得出各自的决策，最后在融合中心将这些决策进行融合处理，得到最终结果。

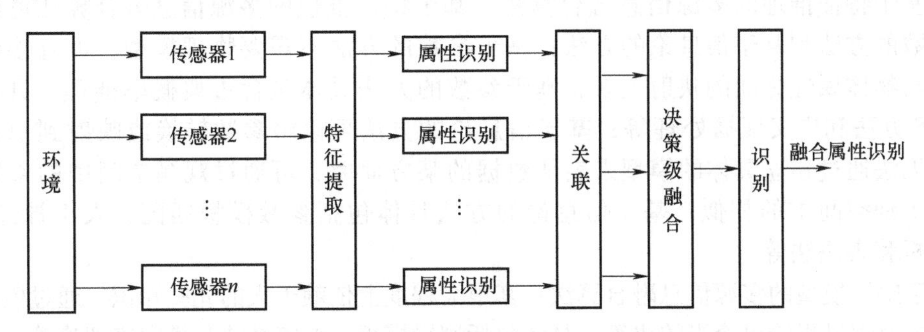

图 3-15 决策级融合结构

决策级融合具有通信量小、抗干扰能力强和对传感器依赖程度小等优点。但是由于其数据损失量较大，所以精确度较低。

3.3.3 多源信息融合算法

1. 多源信息融合算法概述

多源信息融合作为处理复杂检测任务的有效方法，其本身也较为复杂。高效、适用的算法对信息融合的结果有着至关重要的影响。随着人工智能、信息论、统计推断等理论的发展，多源信息融合技术也逐渐朝着更先进的层次迈进。

多源信息融合算法基本可以分为基于物理模型的算法、基于特征推理的算法和基于感知模型的算法。图 3-16 为多源信息融合算法框图，接下来基于该框图进行简要概述。

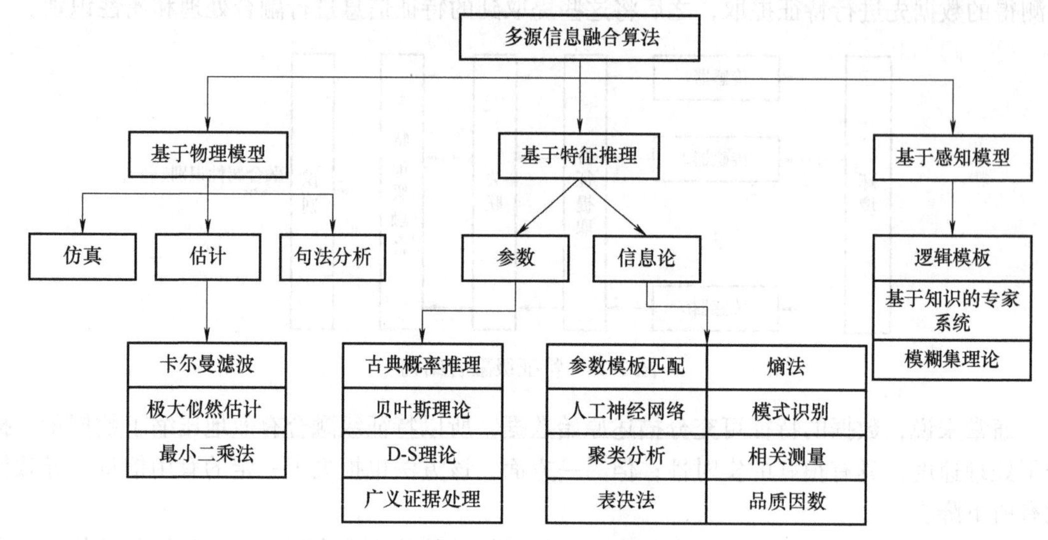

图 3-16　多源信息融合算法框图

基于物理模型的多源信息融合算法：当物体的某属性是可测量或是可计算获得时，物理模型能够对该属性进行仿真模拟。模拟得到的特征或预先存储的对象特征与观测数据特征进行对比，进而实现基于物理模型的多源信息融合算法。这类方法中涉及的技术有仿真、估计和句法分析，估计中的具体方法包括卡尔曼滤波、极大似然估计和最小二乘法，其中卡尔曼滤波法使用较为广泛。

基于特征推理的多源信息融合算法：通过建立参数数据与物体属性之间的映射关系，可实现基于特征推理的多源信息融合算法。基于特征推理的多源信息融合算法可细分为基于参数的方法和基于信息论的方法：基于参数的方法不需要物理模型，可直接建立参数数据与物体属性之间的映射关系，基于参数的方法具体包含古典概率推理、贝叶斯理论、D-S 方法和广义证据处理等；基于信息论的方法可以将参数转换或映射到识别空间中，当无法通过建立具体的模型来表征数据的某方面时，可通过观测空间中的参数相似来反映识别空间中的相似，基于信息论的方法具体包括参数模板匹配、人工神经网络、聚类分析和表决法等。

基于感知模型的多源信息融合算法：其很大程度上依赖于人的先验知识，通过模仿人对某事件的处理过程给出恰当的决策，具体包括逻辑模板、专家系统与模糊集理论等。基于感知模型的多源信息融合算法虽然对事物的具体物理模型不做明确要求，但对事物的组成与结构是要求有深层次的认识的。

2. 贝叶斯估计

贝叶斯估计是多源信息融合中的一种常用方法。假设通过传感器对某事物进行测量得到 n 个互不相容的结果 $A_1, A_2, \cdots, A_n$，并且这些结果发生的概率相加为 1，用 $P(A_i)$ 表示结果 A_i 发生的概率，则

$$\sum_{i=1}^{n} P(A_i) = 1 \tag{3-28}$$

假设$E_1, E_2, \cdots, E_m$为传感器输出数据的m个特征值，人们对n个事件结果$A_1, A_2, \cdots, A_n$的认知会随着传感器一次测量的特征值的出现而改变。基于贝叶斯估计的信息融合就是通过传感器的输出特征值来推导出事件结果。

条件概率$P(A_1 \mid E), P(A_2 \mid E), \cdots, P(A_n \mid E)$为在特征E的前提下，事件$A_1, A_2, \cdots, A_n$发生的概率，有

$$\sum_{i=1}^{n} P(A_i \mid E) = 1 \tag{3-29}$$

对于互不相容的事件结果$A_1, A_2, \cdots, A_n$，当传感器的输出特征值为E时，A_i发生的概率可表示为

$$P(A_i \mid E) = \frac{P(A_i \mid E)}{P(E)} = \frac{P(E \mid A_i)P(A_i)}{P(E \mid A_1)+P(E \mid A_2)+\cdots+P(E \mid A_n)}, \quad i=1,2,\cdots,n \tag{3-30}$$

值得注意的是：分母$P(E)$为传感器输出特征的总体概率，则$P(E)=1$。所以当一次测量输出为E时，A_i发生的概率为

$$P(A_i \mid E) = P(E \mid A_i)P(A_i), \quad i=1,2,\cdots,n \tag{3-31}$$

这就是贝叶斯决策，通过贝叶斯决策可以获得n个事件结果的后验概率，并将这n个后验概率进行对比，取出最大后验概率对应的事件结果作为最终的判断。即

$$P(A_i \mid E) = \max P(A_i \mid E) = \max P(E \mid A_i)P(A_i), \quad i=1,2,\cdots,n \tag{3-32}$$

当事件结果A_i符合均匀分布时，事件结果A_i的概率$P(A_i)$为一个恒定值，则最大后验概率为

$$P(A_i \mid E) = \max P(E \mid A_i), \quad i=1,2,\cdots,n \tag{3-33}$$

图3-17所示为基于贝叶斯估计的信息融合过程，图中的$E_1, E_2, \cdots, E_n$为n个传感器输出的特征值集合，融合过程的一般步骤如下：

1）获取传感器输出数据的特征值$E_1, E_2, \cdots, E_m$。

2）计算出在一次测量中，当A_i发生时传感器输出特征发生的概率即$P(E_j \mid A_i)$，$j=1,2,\cdots,m$。

3）通过贝叶斯公式计算融合概率

$$P(A_i \mid E_1, E_2, \cdots, E_m) = \frac{P(E_1, E_2, \cdots, E_m \mid A_i)P(A_i)}{P(E)} \tag{3-34}$$

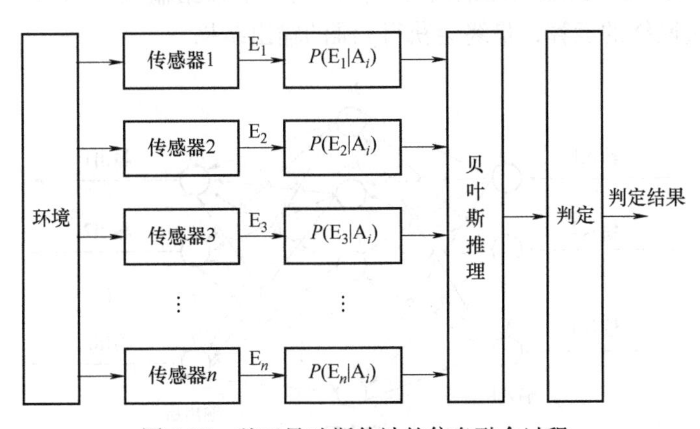

图3-17 基于贝叶斯估计的信息融合过程

4）选取步骤3）中计算出的融合概率的最大值作为输出，当 $E_1, E_2, \cdots, E_m$ 互相独立时，最终输出结果的决策准则为

$$P(A_i \mid E_1, E_2, \cdots, E_m) = \max \prod_{j=1}^{m} P(E_j \mid A_i) P(A_i), \quad i=1,2,\cdots,n \tag{3-35}$$

贝叶斯估计的优点是可结合事件结果的先验概率，根据传感器输出数据的特征来得出在此特征前提下事件结果的条件概率；贝叶斯估计的缺点是需要传感器输出数据的特征之间是相互独立的，如果存在多个可能假设时，计算会变得非常复杂。

3. 人工神经网络

人工神经网络是一种类似于生物神经突触连接结构，通过模拟生物神经系统的功能来对信息进行处理的数学模型，其在多源信息融合领域中已得到了非常广泛的应用。工程与学术界常将人工神经网络简称为神经网络或类神经网络。神经网络发展至今已有许多种类，如BP神经网络(Back Propagation Neural Network，BPNN)、径向基神经网络(Radial Basis Function Neural Network，RBFNN)和卷积神经网络(Convolutional Neural Network，CNN)等。

图3-18所示为神经网络中神经元的模型。图中 x_1 至 x_n 为神经元的 n 个输入，w_1 至 w_n 为各个输入所对应的权值，权值描述了神经元接收到的各个输入所占比重的大小，F( )为神经元的激活函数，常用的激活函数有Sigmoid函数和阶跃函数等，y 为神经元输出。有

$$S = \sum_{i=1}^{n} x_i w_i - \theta \tag{3-36}$$

式中，θ——神经元阈值。

神经元处理信息的过程可做如下简述：当神经元接收到输入之后，先将输入分别与各自的权值进行加权求和，并与神经元的阈值做差，得到的结果输入给神经元激活函数进而得到神经元的最终输出 y。

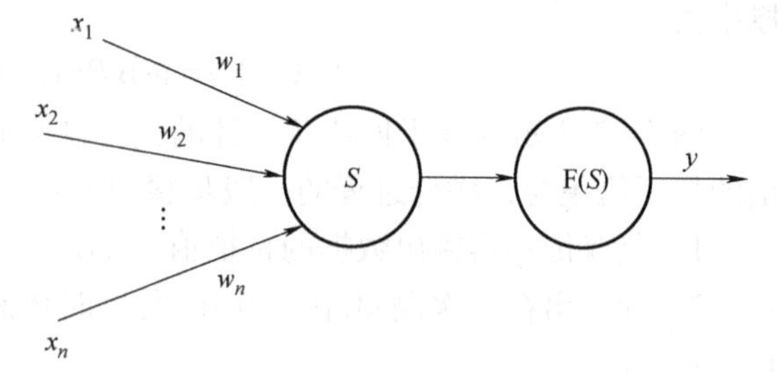

图3-18　神经元模型

当多个神经元互相连接之后便组成了一个神经网络。图3-19所示为一个神经网络结构的典型示例，该网络由一个输入层、一个隐含层和一个输出层组成，其中输入层有 n 个神经元，隐含层有 k 个神经元，输出层有 j 个神经元(各神经元的输入权值未在图中画出)。当 n 维数据输入到如图3-19所示的神经网络结构之后，经过网络的运算，最终会获得 j 维的输出结果。

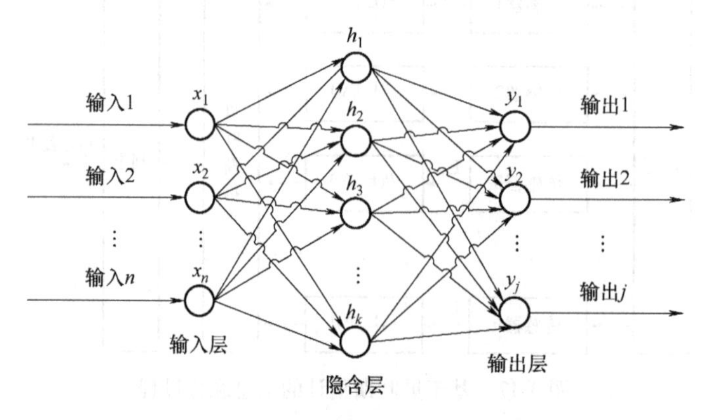

图3-19　神经网络结构的典型示例

神经网络多源数据融合的应用步骤如下：

1）根据系统的要求以及传感器数据融合形式，对神经网络的结构进行合理设计，包括确定神经网络的层数、神经元激活函数和算法等。

2）对神经网络中的权值和阈值进行初始化，分别给出合理的初始值。

3）进行相应的实验，获取神经网络的训练数据和测试数据，注意数据要能够充分包含对象特征。

4）采用步骤3）中得到的训练数据和测试数据，分别对神经网络进行训练和测试。

5）当神经网络经过训练和测试满足要求之后，则可以输入新的数据来获取信息。

人工神经网络是由大量处理单元互连组成的非线性、自适应信息处理系统，接下来对决定神经网络性能的几个因素做如下总结：

1）神经网络的网络结构包括的层数、每层拥有的神经元数量，目前尚没有一种通用的确定神经网络层数与神经元数的方法。

2）每层神经元的激活函数。

3）神经网络训练的损失函数和学习算法。

4）神经网络权值和阈值的初始值。

5）神经网络的训练数据，如果神经元的训练数据无法全面表征对象的特征，将会给训练结果带来负面影响。

3.3.4 多源信息融合的应用

多源信息融合技术最初是为了满足军事领域的需要得以发展，并在军事领域中得到了广泛的应用。随着时间的推移，如今的多源信息融合已经被大量应用于其他众多领域中，如林业生产领域、工业机器人领域和医疗领域等。

1. 多源信息融合在军事领域中的应用

多源信息融合在军事中得到了广泛的应用，如对运动的或静止的军事目标进行识别、定位和跟踪等。美国的ROME实验室设计了一个大型的先进传感器实验装置系统 C^3I，可以应用于对战场状况的研究与估计，图3-20所示为军事指挥系统的信息融合模型。其中 C^3I 作为指挥自动化技术系统，通过计算机将指挥、控制、通信和情报各系统紧密地联系在一起。采用二阶数据融合算法，可以完成景象产生、传感器仿真、C^3I 仿真、数据融合评估和控制等。

图3-21为 C^3I 功能模型示意图，其主要功能包括：

1）预处理器：对同类传感器的数据进行融合。

2）配准：包括时间和空间的配准，为多传感器提供统一参照。

3）信息融合处理器：将测量参数进行合并，提高目标的分类及态势估计的准确性。

4）态势数据库：存储实时或历史的态势数据。

5）控制计算机：对目标分类进行态势估计，并对信息源的使用进行协调。

6）显示与控制：显示融合与评估的结果。

2. 多源信息融合在林业生产领域中的应用

在林业生产领域中，传统的人工生产方式由于生产效率偏低，已经无法满足人们的需求。除此之外，人工繁育林场需要在对应的季节完成对应的任务，如除草、病虫害防治和采伐等，如果错过了完成这些任务的最佳时期，那么将会对人工林场整体的产量带来负面影响。因此必须通过使用高效、安全的机械化设备来应对这一问题。

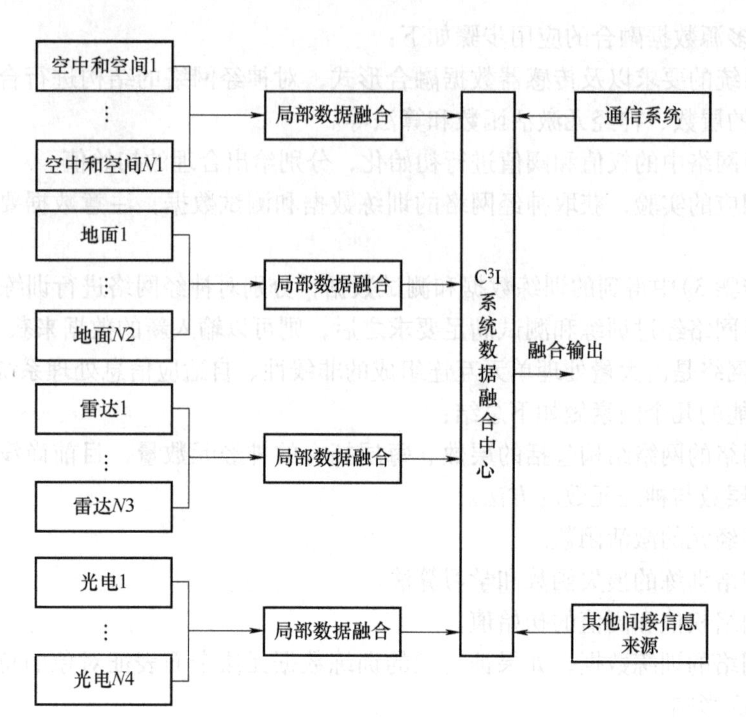

图 3-20　军事指挥系统的信息融合模型

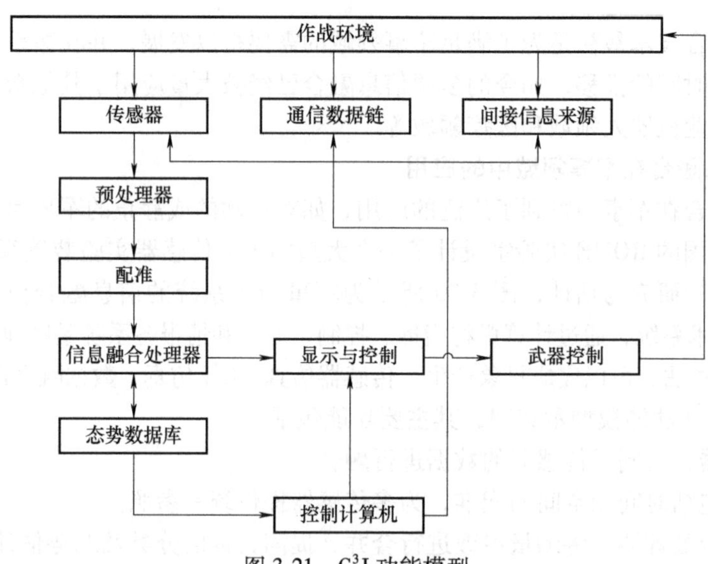

图 3-21　C^3I 功能模型

现代化的林业生产自动化设备已经具备了复杂的末端执行器(如机械手)，这些末端执行器之所以能够按照要求顺利完成各项任务离不开对接收到的传感器信息的正确理解，这其中多源信息融合技术起到了重要的支撑作用。

在林场中行驶的机械设备为了适应周围复杂道路环境的变化，需要借助分布式多传感器和信息融合技术来辅助驾驶员。多个测距装置对周围环境进行监测，如超声波传感器和远红外传感器等，可有效测得设备与设定目标之间的距离。使用电荷耦合器件(Charge Coupled Device，CCD)传感器得到周围环境的信息，并结合全球定位系统等技术，通过信息融合技术对来自多传感器的信息进行融合处理，得出综合决策，形成对环境某一方面特征的综合描述，进而计算出设备自身的位姿形态，实现行走机构的半自主导航。

机械设备的视觉系统对适应林场复杂多变的环境来说至关重要。为了获取目标尽可能精确的空间位置，需要通过多源信息融合技术将多传感器视觉与结构光法结合起来以达到避障和路径规划的目的。具体过程如下：先通过多传感器视觉系统对目标进行测量，得到目标的平面图像与形心坐标；之后再选择合适的光源(如激光)，并采用光栅法等方法获取目标的距离图像和反射图像，进而得出目标的深度信息。

在林业生产作业过程中，对目标的抓取是很常见的。根据不同作业对象的物理特性，应采用不同的抓取专用机构。这些机构主要包括判断模块、状态识别模块、控制模块和反馈控制模块。在判断模块和状态识别模块中，目标定位主要依据分布式视觉传感器和接近觉传感器的信息融合；抓取状态的判断是通过将分布式触觉传感器、关节力矩传感器和关节角度传感器的输出融合起来，得到腕部力矩的变化量、抓取力的变化量和滑动量、抓取位置的变化量，进而实现对目标的稳定抓取。

3. 多源信息融合在工业机器人领域中的应用

应用于工业领域的机器人通常需要具备灵巧、准确的抓取和触碰能力，以完成搬运、制造和装配等任务。完成这些任务与图像、声音等信息的融合是分不开的，如果仅仅依靠一个传感器来采集数据，将很难满足现代工业生产的要求。例如，当工业机械手完成对物料的抓取任务时，为了准确、快速地完成指定的操作，需要结合视觉传感器、触觉传感器和接近觉传感器等多个传感器采集得到的数据，通过将这些数据进行融合处理以实现有效操控机械手的目的。目前，世界上已有多种有效的机器人多传感器手爪系统，如德国的舱内机器人 ROTEX 的智能手爪等。除此之外，如果将 CCD 彩色摄像机获取的 2D 彩色图像和由激光测距等获取的 3D 距离图像进行信息融合，将会在很大程度上提升机器人对周围环境的认知能力，从而让机器人可以快速、有效地实现避障和路径选择等操作，使其可以更加高效地工作。

4. 多源信息融合在医疗领域中的应用

在对日常疾病的诊断中，医生通常根据望、闻、问、切来对病患的病症做出判断。而当面对比较复杂的疾病时，只通过一些简单的诊断方法已经无法准确判断出病人所患的病症，这时就需要借助多种传感器的测量信息来辅助医生进行病症的诊断，如 X 光图像、核磁共振图像与超声波图像等。通过各式各样的成像机制，人体器官和细胞的医学图像可以呈现出各种不同类别的特征和细节，医生通过综合这些信息来诊断病症，可以在很大程度上避免误诊的发生。

与单模式成像相比，多图像的使用可以揭示出更多的有用信息。但是每次使用一种成像方式来进行细节检查的方式将会耗费大量的时间，而且需要多层次的专业技能，这对医生和病人来说时间成本更高。多模和多传感器成像系统通过信息融合技术降低了医疗时间成本，大大提高了效率。目前，世界上已存在基于信息融合技术开发出的医疗软件，如美国斯坦福大学开发的用于诊断血液疾病的 MYCIN 软件系统。

3.4 无线传感器网络

无线传感器网络(Wireless Sensor Networks，WSN)是集信息采集、信息处理、信息融合、信息传输于一体的智能网络信息系统，它能够实时地感知和收集各种环境数据和目标信息，实现人与自然世界的交流和信息交互。无线传感器网络涉及微电子、网络通信和嵌入式计算等主要技术，是目前国际上备受关注的多学科高度交叉、知识高度集成的前沿热点研究领域。无线传感器网络技术是最终实现物联网的关键，在军事国防、环境监测、医疗健康、智能家居、危险区域远程控制等许多领域都具有广泛的应用前景。本节将主要介绍无线传感器网络的概念、拓扑结构、特征、关键技术、应用领域以及物联网环境下的发展情况。

3.4.1 无线传感器网络基础

传统的无线网络可以分为两种，如图 3-22 所示。一种是有基础设施的网络，这种网络一般需要固定的基站和高大的天线支持，比如人们日常手机上网采用的无线蜂窝网和无线网卡上网采用的无线局域网；另一种是无基础设施的网络，又称为无线 Ad Hoc 网络，其节点是分布式的，没有专门的固定基站。

无基础设施网络又可分为两类。一类是移动 Ad Hoc 网络，它的终端是快速移动的。军事无线通信网络就是一种典型的移动 Ad Hoc 网络，在现代化战场中，各种军事车辆之间、士兵之间、士兵与军事车辆之间在高速移动的状态下都需要保持密切的联系，而无须借助外部设施的支援。另一类就是无线传感器网络，它的节点往往是静止的或者移动很慢。在移动自组织网络(Mobile Ad Hoc Network，MANET)出现之初，它指的是一种小型无线局域网，这种局域网的节点之间不需要经过基站或其他管理控制设备就可以直接实现点对点的无线通信。即使当通信环境或者其他因素发生变化，导致传感器网络的某个或部分节点失效时，其他节点也可以借助它们传输的数据自动重新选择路由，保证在网络出现故障时能够实现自动恢复。

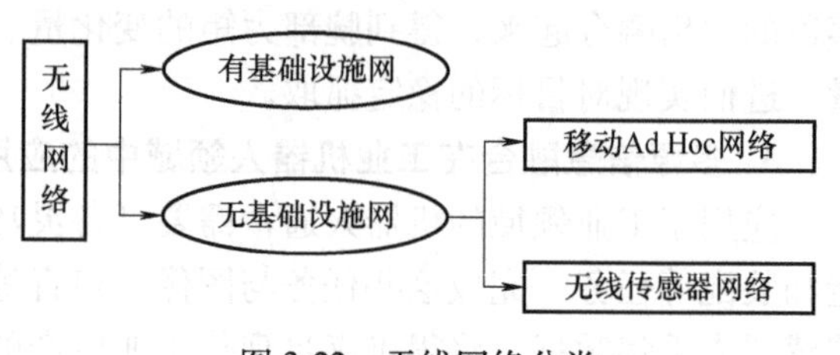

图 3-22　无线网络分类

1. 无线传感器网络的概念

无线传感器网络的标准定义是指由大量静止或移动的传感器以自组织和多跳的方式构成的无线网络，通过相互协作采集、处理和传输网络覆盖区域内感知对象的监测信息，并报告给用户。

无线传感器网络由分布在监测区域内的大量无线传感器节点、具有接收和发射功能的汇聚节点(又称基站、网关节点、Sink 节点)、因特网或通信卫星和任务管理节点构成，如图 3-23 所示。

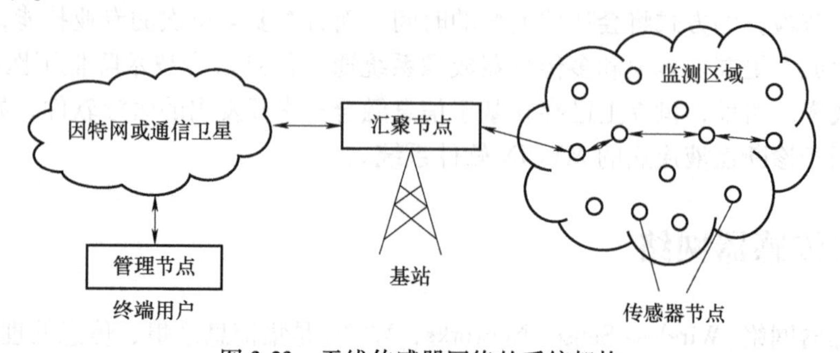

图 3-23　无线传感器网络的系统架构

（1）传感器节点 传感器节点兼作传统网络的终端和路由器双重功能，除了进行本地信息的采集和处理外，还要对其他节点转发的数据进行存储、管理和融合，与其他节点协作完成一些特定的任务。

（2）汇聚节点 汇聚节点实现两个通信网络之间数据的交换，实现两种协议栈之间的通信协议转换，它分布管理节点的监测任务，并把收集到的数据转发到外部网络上。其既可以是一个增强的传感器节点，也可以是没有监测功能仅带无线通信接口的特殊网关设备。

（3）管理节点 管理节点直接面向用户，对整个网络进行监测和管理，它通常为运行有网络管理软件的 PC 或手持终端设备。

2. 无线传感器网络的拓扑结构

无线传感器网络的拓扑结构是指组织无线传感器节点的组网技术，按照节点功能及结构层次，通常可以分为平面网络结构、分级网络结构、混合网络结构和 Mesh 网络结构。

（1）平面网络结构 平面网络结构是无线传感器网络中最简单的一种拓扑结构，其网络结构如图 3-24 所示。在该网络结构中，所有节点的地位都是平等的，每个节点都可以和无线通信半径范围内的所有节点进行通信，因此平面网络结构也被称作对等式结构。这种网络拓扑结构简单、易维护，具有较好的健壮性。但是随着传感器节点数目和密度的增大，各个传感器节点之间的路由建立将会占用很大的带宽，影响网络的数据传输速率，严重情况下甚至会造成整个网络的崩溃。同时，由于没有中心管理节点，其组网算法比较复杂，可扩充性较差。一般当网络规模较小时，可以采用这种平面网络结构，如一些小型的家用传感器网络。

（2）分级网络结构 分级网络结构是平面网络结构的一种扩展结构。如图 3-25 所示，该网络结构分为上层和下层两个部分：上层为中心骨干节点；下层为一般传感器节点。具有汇聚功能的骨干节点之间采用的是平面网络结构，通常网络可能存在一个或多个骨干节点；骨干节点和一般传感器节点之间采用的是分级网络结构。分级网络结构扩展性较好，便于集中管理，可以降低系统建设成本，提高网络覆盖率和可靠性。但是集中管理开销较大，硬件成本较高，一般传感器节点之间可能无法直接通信。

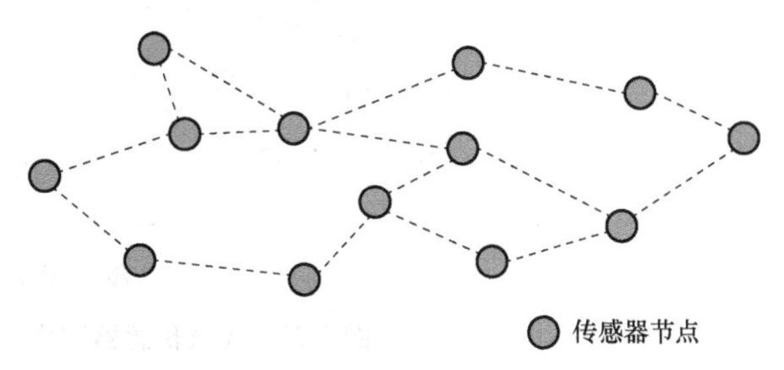

图 3-24 无线传感器网络的平面结构示意图

（3）混合网络结构 混合网络结构是平面网络结构和分级网络结构的一种混合结构。如图 3-26 所示，骨干节点之间以及一般传感器节点之间都采用平面网络结构，而骨干节点和一般传感器节点之间采用分级网络结构。混合网络结构和分级网络结构的不同之处在于一般传感器节点之间可以直接通信，不需要通过汇聚骨干节点来转发数据，支持的功能更加强大，但所需硬件成本更高。

（4）Mesh 网络结构 Mesh 网络结构是一种新型的无线传感器网络结构。从结构上来看，Mesh 网络结构各节点之间并不是完全连接的，而是呈规则分布，如图 3-27 所示。它通常只允许节点和最近的邻节点进行通信，网络内部的节点一般都是相同的，因此 Mesh 网络也称为对等网。Mesh 网络结构最大的优点就是尽管所有节点都是对等的地位，且具有相同的计算和通信传输功能，但是可以指定任意一个节点作为簇首节点执行额外的功能。一旦该簇首节点失效，另外一个节点可以立刻补充并接管原簇首拥有的额外执行功能。

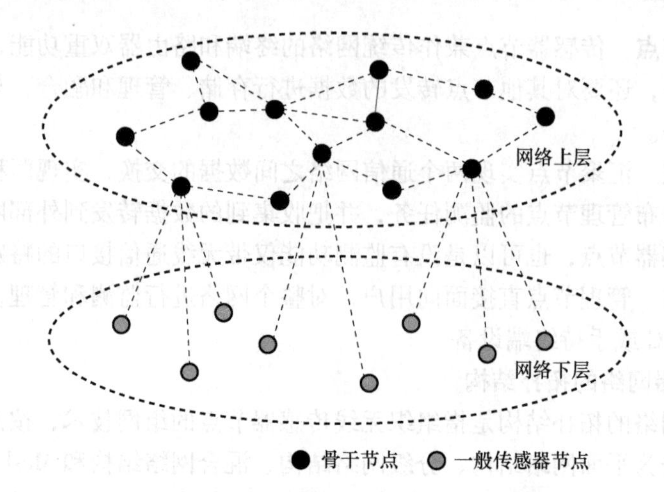

图 3-25　无线传感器网络的分级结构示意图

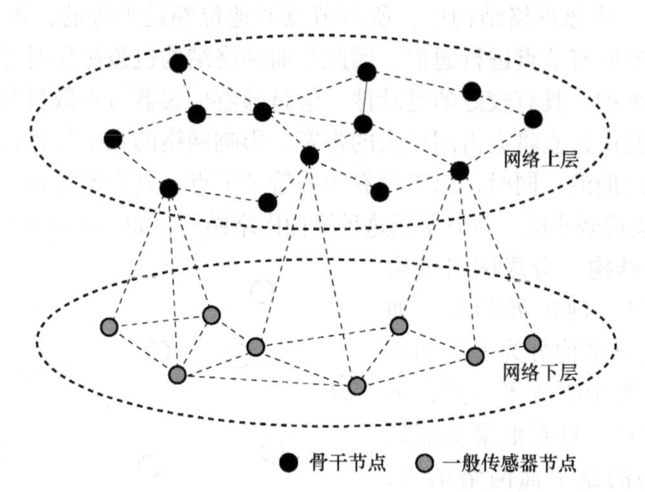

图 3-26　无线传感器网络的混合结构示意图

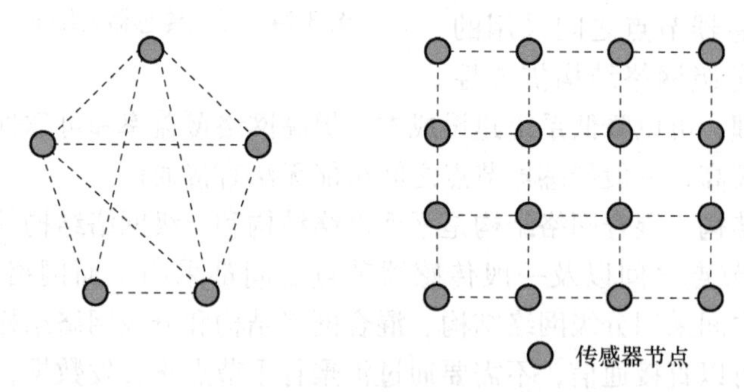

图 3-27　无线传感器网络的 Mesh 结构示意图

无线传感器网络的拓扑结构多种多样，每种结构都具有各自的特点，适合的场合也有所不同，因此在无线传感器网络的实际应用中，设计者需要根据具体的应用环境，选择合适的拓扑结构来规划和布置所需的传感器网络。

3. 无线传感器网络的特征

无线传感器网络作为一种面向任务的无线自组织网络系统，与其他传统网络相比，具有以下特点：

（1）大规模的网络 为了获得更为精确的信息，往往需要在监测区域内部署大量的传感器节点，节点的数量可能成百上千甚至更多。无线传感器网络的大规模性包括两方面的含义：一方面，传感器节点分布在很大的地理区域内，比如基于无线传感器网络的森林防火系统，通过在原始森林中部署大量的传感器节点，起到环境监测的作用；另一方面，传感器节点的部署十分密集，在一个相对较小的空间内可以部署大量的传感器节点。

无线传感器网络的大规模性使得网络具有较高的节点冗余、网络链路冗余以及采集数据冗余，使整个系统具有很强的容错能力和抗毁能力。此外，通过传感器节点的密集部署，可以有效地消除探测区域内的阴影和盲点，降低环境噪声，提高信噪比，从而进一步提高探测的准确性。

（2）自组织的网络 在无线传感器网络应用中，传感器节点通常都是被随机放置在没有基础结构的地方，很难提前获取节点的具体位置以及节点之间的相邻关系，比如通过飞机将大量的传感器节点播撒到广阔的原始森林中。这就要求无线传感器网络具有自组织的能力，能够在节点开机后，自动地进行配置和管理，通过自我协调、自动布置，快速、自发地组成一个独立的网络。并且当网络的拓扑结构因部分传感器节点的能量耗尽或功能失效而发生变化时，传感器网络的自组织性要求网络能够适应这种动态变化，自动调整以重新构建可靠的网络结构。

（3）以数据为中心的网络 无线传感器网络是一种面向任务的网络，脱离整体的传感器网络讨论单独的传感器节点没有任何意义。在无线传感器网络中，传感器节点一般根据网络通信协议，采用编号进行标识。由于传感器节点的随机部署，构成的传感器网络与节点编号之间的关系是完全动态的，节点的编号与节点的位置往往没有必然的联系。

用户在使用传感器网络查询任务时，只需要告知网络所关心的具体任务，而不需要确定所涉及的节点编号。网络通过不同节点之间的相互协作获得具体任务的信息，再汇报给用户。这种以数据本身作为查询或传输线索的思想更接近于自然语言交流的习惯，因此传感器网络是一个以数据为中心的网络。例如，在目标追踪任务中，跟踪的目标可能出现在任何一个地方，但是用户只关心目标出现的位置和时间，并不关心是由哪个节点监测到的目标。

（4）可靠的网络 无线传感器网络常被部署在人类不宜到达的区域中，因此传感器节点可能工作在十分恶劣的环境条件下，遭受太阳的暴晒或风吹雨淋，甚至遭到自然灾害的破坏。由于检测区域的环境限制以及传感器节点数目十分巨大，不可能人工“照顾”每个传感器节点，网络的维护十分困难(甚至不可维护)。同时在无线通信过程中，传感器网络的保密性和安全性也十分重要，要防止关键数据被盗取。因此，这就要求无线传感器网络足够可靠，其软硬件必须具有鲁棒性和容错性。

（5）强动态性的网络 由于各种因素，无线传感器网络的拓扑结构可能会频繁地发生变化。例如，恶劣环境或电能耗尽引起的传感器节点故障或失效；环境条件变化导致的无线通信质量的下降；感知对象和观察者的移动；新节点的加入。

以上这些情况都会导致网络拓扑结构的不断变化，而这种变化方式是无法准确预测出来的。这就要求传感器网络具有一定的系统可重构性，能够适应这种动态的变化。

3.4.2 无线传感器网络的关键技术

无线传感器网络作为一个全新的研究领域，在基础理论和工程技术两个研究层面上向科技工作者带来了大量具有挑战性的研究课题。无线传感器网络的关键技术包括时间同步机制、定位技术、能量管理和安全机制等。

1. 时间同步机制

在无线传感器网络应用中，每个传感器节点都有自己的本地时钟。即使在某个时间点使得所有节点都达到时间同步，由于不同节点间晶振频率的偏差以及温度变化和电磁波干扰等因素，它们的时间也会逐渐产生偏差。而无线传感器网络本质上是一个分布式协同工作的网络系统，很多应用都要求网络节点之间相互协同配合，因此时间同步机制是无线传感器网络中的一项关键技术。分布式时间同步涉及两个不同的概念：一个是物理时间，表示人类社会使用的绝对时间；另一个是逻辑时间，表示事件发生的顺序关系，是一个相对概念。分布式系统通常需要一个表示整个系统时间的全局时间，根据需要全局时间可以是物理时间或者逻辑时间。

时间同步问题在局域网和互联网范围内都有所研究，像全球定位系统(Global Positioning System，GPS)和无线测距等技术已经用于提供网络的全局同步，能够保证互联网时钟协调的复杂协议如网络时间协议(Network Time Protocol，NTP)也已经被提出来。但是，对于无线传感器网络来说，由于网络结构庞大、节点密度较高，需要提出能够适应大规模网络的时间同步算法。同时，由于节点能量的限制，节能也是一个主要的考虑因素。

目前主要采用的无线传感器网络时间同步方案是由 Jeremy Elson 提出的参考广播同步(Reference Broadcast Synchronization，RBS)策略。其主要思想是：各个节点以自己的本地时钟记录事件，参考节点以广播的方式向相邻节点发送一个参考帧，随后各个相邻节点彼此交换收到的参考帧到达时间来计算彼此之间的时间偏移，以此来实现节点之间的同步。这种时间同步方法消除了除传感器自身处理延时以外的各种源错误。目前伯克利大学专门为传感器设计的操作系统 TinyOS 采用的就是这种方法，以保持节点之间的同步。

2. 定位技术

由于传感器节点在部署时往往不可控制(如通过飞机播撒)，网络中大多数节点的位置无法事先确定。而在无线传感器网络的应用中，需要通过节点的地理位置信息来获知信息来源的准确位置，尤其是在环境监测、桥梁结构变化监测、管道泄漏检测等领域。此外，节点的地理位置信息还可以用于目标追踪、目标轨迹预测、协助路由以及网络拓扑管理等。因此，节点定位技术是无线传感器网络的一个重要的研究方向。

根据在定位过程中是否测量实际节点之间的距离，可以把定位算法分为：基于距离(Range-based)的定位算法和距离无关(Range-free)的定位算法。

1）基于距离的定位算法是通过测量相邻节点间的绝对距离或方位，并利用节点间的实际距离来计算未知节点的位置。根据测量节点间距离或方位时采用方法的不同，可以将基于距离的定位进一步分为基于到达时间(Time of Arrival，ToA)的定位、基于到达时间差(Time Difference of Arrival，TDoA)的定位、基于到达角度(Angel of Arrival，AoA)的定位和基于接收信号强度指示(Received Signal Strength Indicator，RSSI)的定位。

2）距离无关的定位算法不需要测量节点间的绝对距离或方位，而是利用节点间的估计距离计算节点位置。典型的距离无关的定位算法有质心定位算法、凸规划定位算法、APS 定位算法、Amorphous 定位算法、APIT 算法、SeRLOC 算法等。

对于无线传感器网络，若要提高定位精度，必然需要融合较多节点的数据，这就会带来较高的能量开销。而若要节省能量，就只能在有限范围进行通信和计算，那么定位精度就会受到影响。实际应用中，需要从结果精确度要求和能量消耗等方面综合考虑，以选择合适的定位策略。

3. 能量管理

在无线传感器网络中，传感器节点采用电池供电，但是由于工作环境通常比较恶劣，更换电池比较困难，许多节点都是一次部署、终生使用。因此如何节省电源、最大化网络生命周期和低功耗设计是传感器网络的关键技术之一。

传感器节点中消耗能量的模块有传感器模块、处理器模块和通信模块。目前的节能策略应用于处理器模块和通信模块的各个环节，主要有如下四个机制：

(1) 休眠机制　通常无线传感器网络的介质访问控制(Medium Access Control，MAC)协议都采用休眠机制解决能耗问题，即当节点周围没有感兴趣的事件发生时，处理器模块与无线通信模块处于空闲状态，把它们关掉或调到较低能耗的状态，让传感节点处于休眠状态以尽可能减少能耗，此机制对于延长传感器节点的生存周期非常重要。

(2) 数据融合机制　无线传感器网络产生的原始数据量非常大，同一区域内的节点所收集的信息有显著的冗余性，因此可以利用数据融合来提高能量和带宽的利用率。经过本地计算和融合，原始数据可以在多跳数据的传输过程中得到一定程度的处理，通过仅发送有用信息有效减少通信量。

(3) 冲突避免和纠错机制　若多节点同时发送数据，会导致数据传送错误，利用冲突避免算法可以防止数据通信冲突，降低数据碰撞的概率。采用纠错机制可以在给定比特错误率条件下有效减少数据包的重传，从而降低通信能耗。

(4) 多跳短距离通信机制　无线传感器网络的通信带宽经常变化，通信覆盖范围只有几十到几百米。传感器之间的通信断接频繁，经常导致通信失败。同时由于网络受到高山、建筑物、障碍物等地势地貌以及自然气候变化的影响，传感器可能会长时间脱离网络或处于离线工作状态。采用多跳短距离通信机制可以防止节点丢失并降低通信能耗。

4. 安全机制

同其他无线网络一样，安全问题是无线传感器网络必须考虑的重点问题，在无线传感器网络的某些应用当中如智能家居系统、军事上对敌区的监视系统等，安全问题显得尤为重要。由于采用的是无线传输通道，无线传感器网络面临着信息泄露、信息篡改、重放攻击、拒绝服务等多种威胁。同时由于无线传感器网络节点受限于存储器容量、电源能量以及通信带宽等因素，现有的通信安全成熟的解决方案不能直接使用。下面介绍几种针对无线传感器网络中不同的攻击类别的防御方法或机制。

(1) 物理攻击的防护　无线传感器网络常部署于条件恶劣的环境当中，可能会长时间处于无人照看的状态，这使得每一个传感器节点都可能成为潜在的攻击点。入侵者可以通过捕获传感器节点中的密钥、代码等机密信息，伪装成合法节点加入到无线传感器网络中。一旦控制了无线传感器网络中的一部分节点后，入侵者就可以发动多种攻击，比如监听网络中传输的信息、发布虚假的路由和传感信息、进行拒绝服务攻击等。

传感器节点容易被物理操纵是无线传感器网络不可回避的安全问题，常用的对抗物理攻击的方法包括在通信前进行节点与节点的身份认证和设计新的密钥协商方案。甚至是采用当传感器节点感受到一个可能的攻击时，实施自销毁(包括破坏所有的数据和密钥)的策略，这在拥有足够冗余信息的无线传感器网络中是一个切实可行的解决方案。

(2) 阻止拒绝服务攻击　拒绝服务(Denial of Service，DoS)攻击，主要在于破坏网络的可用性，降低网络或系统功能的执行能力，如试图中断、颠覆或破坏无线传感器网络。针对不同的拒绝服务攻击，对应的防御手段概括见表3-1。

表 3-1　拒绝服务攻击方法及其防御手段

攻击方法	防御手段
拥塞攻击(Jamming)	调频、优先级消息、低占空比、区域映射、模式转换
物理篡改(Tampering)	物理防篡改、隐藏
碰撞攻击(Collision)	纠错编码
耗尽攻击(Exhaustion)	MAC 设置竞争门限
非公平竞争(Unfairness)	适用短帧、非优先级
丢弃和贪婪破坏(Neglect and Greed)	使用冗余路径、探测机制
汇集节点攻击(Homing)	加密和逐跳认证机制
黑洞攻击(Blackholes)	认证、监视、冗余机制
泛洪攻击(Flooding)	客户端认证
失步攻击(Desynchronization)	认证

(3) 对抗假冒的节点和恶意的数据　入侵者在获取系统中的一个节点后，可以向系统输入伪造的数据或阻止真实数据的传递，使用插入恶意代码的方式消耗节点的能量，潜在地破坏整个网络，甚至控制整个网络。

认证是解决这类问题的有效办法。例如，安全体系结构 TinySec 能发现注入网络的非授权的数据包，并提供消息认证和完整性、消息机密性、语义安全和重放保护等基本安全属性。TinySec 支持认证加密和唯认证，前者加密数据载荷并用 MAC 认证数据包，对加密数据和数据包头一起计算 MAC；后者仅基于 MAC 认证数据包，并不加密数据载荷。

(4) 对抗 Sybil 攻击的方法　Sybil 攻击是指恶意的节点向网络中其他节点非法地提供多个身份。Sybil 攻击利用多身份的特点，威胁路由算法、数据融合、投票、公平资源分配和阻止不当行为的发现，比如利用恶意节点的多身份产生多个路径，对位置敏感的路由协议进行攻击。

要对付 Sybil 攻击，网络必须保证一个给定的物理节点只能有一个有效地址，可以通过无线资源检测来发现 Sybil 攻击，并使用身份注册和随机密钥预分配方案建立节点间安全连接来防止。认证和加密是阻止源自无线传感器网络外部的 Sybil 攻击的有效办法；对于源自内部的攻击，可以使每一个节点都和可信基站间共享一个不同的对称密钥，两个节点间可以基于它实现身份认证并建立其他的共享密钥。

3.4.3　无线传感器网络的应用

近年来，随着计算成本的下降以及微处理器体积的减小，越来越多的无线传感器网络被投入使用。无线传感器网络的应用领域十分广泛，逐渐扩展到人类生活的各个领域。

1. 军事应用

无线传感器网络具有可快速部署、可自组织、隐蔽性强和高容错性的特点，非常适合在军事上应用，比如对敌军兵力和装备的监控、战场的实时监视、目标定位、战场评估、核攻击以及生物化学攻击的监测和搜索等。

智能尘埃(Smart Dust)是无线传感器网络在军事上的一个典型应用。它是一个由具有计算机功能的低成本、低功率的超微型传感器所组成的网络，该网络可以监测周边环境的温度、光亮度和振动程度，甚至可以察觉到周围环境是否存在辐射或有毒的化学物质。近年来，随着硅片技术和生产工艺的飞速发展，集成有传感器、计算电路、双向无线通信模块和供电模块的微尘器件的体积已经缩小到了沙粒般大小。它能够仅依靠微型电池工作多年，收集、处理和发射信息，形成严密的监视网络，敌国的军事力量和人员、物资的流动自然一清二楚。图 3-28 所示为一个用于坦克位置探测的无线传感器网络，由密集型、随机分布的节点组成，运动中的士兵可以利用战场节点探测到移动坦克的所在位置，并且不需要卫星等复杂通信设备的帮助。

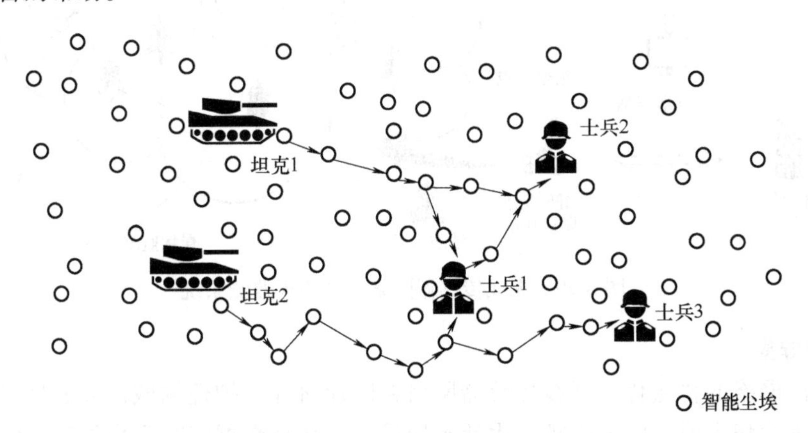

图 3-28 无线传感器网络坦克位置探测系统

2. 工业应用

建筑物状态监控是利用无线传感器网络来监控建筑物的安全状态。由于建筑物经历不断修补，可能会存在一些安全隐患。此外，由于地壳偶尔的小震动可能会在建筑物支柱上产生潜在的裂缝，这给建筑物安全造成很大的威胁。对此，若用传统方法对建筑物状态进行检查，往往要将大楼关闭数月。

美国加州大学伯克利分校的环境工程和计算机科学家们采用无线传感器网络，让建筑物能够自我感觉并意识到自身的状况，自动告诉管理部门建筑物的状态信息，并且能够自动按照优先级来进行一系列自我修复工作。将来的各种摩天大楼可能就会装备这种无线传感器网络，从而建筑物可以自动告知人们它当前是否安全、稳固程度如何等信息。该技术也可以被应用于桥梁、铁路、高速公路等大型重要基础设施的健康监测。

3. 环境应用

将无线传感器网络应用于检测和监视平原、森林、海洋、洪水、精密农艺等环境变化，可以跟踪鸟类飞行、小动物爬行和昆虫飞行，监视冰河的变化（可能由全球变暖引起）以及影响农作物和家畜的环境条件，探测行星、生物、森林大火，测绘环境的生物复杂性及研究污染等。

图 3-29 所示为基于无线传感器网络的森林防火监测系统体系结构，由传感器探测节点、汇聚节点、数据库服务器、Web 服务器和监控中心组成。将数百万个传感器节点有策略地、任意地、密集地布置在森林中，采用无线/光系统，并给节点设置有效的功率提取法如太阳能电池，使节点可以工作数个月甚至几年时间。各个节点相互协作，共同执行分布式感知任务，能够在野火蔓延之前将准确的火源信息中继传输给端监控中心。它是由大量具有温度、湿度、光亮度和大气压力采集功能、无线通信与计算能力的微小传感器节点构成的自组织分布网络系统，每个探测节点具有数据采集与路由功能，能把数据发送到汇聚节点，由汇聚节

点负责融合、存储数据，并把数据通过 Internet 传送到数据库服务器，中心 Web 服务器分析数据库服务器的数据并实现多种方式的数据显示，对森林火险进行监测预报。

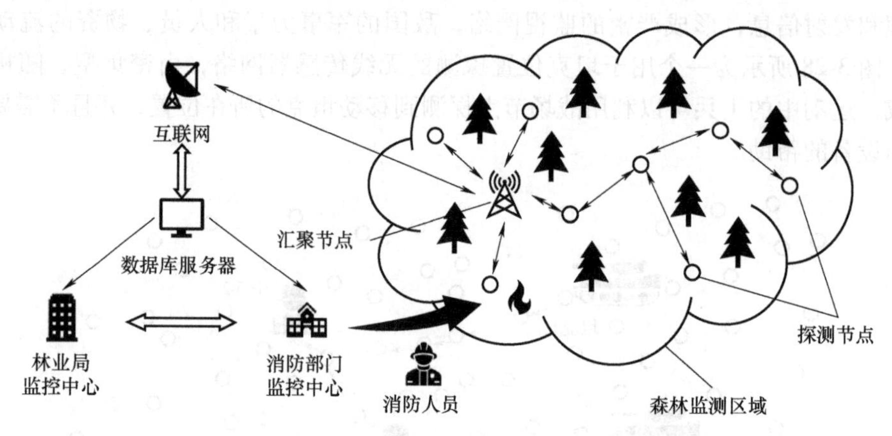

图 3-29　无线传感器网络森林防火监测系统

4. 医疗健康

随着室内网络的普遍化，无线传感器网络在医疗研究、护理领域也大展身手，包括远程健康管理、重症病人或老龄人看护、生活支持设备、病理数据实时采集与管理以及紧急救护等。借助于各种医疗传感器网络，人们可以享受到更方便、更舒适的医疗服务。比如远程健康监测，通过在老年人身上佩戴一些监控血压、脉搏、体温等的微型无线传感器并通过住宅内的传感器网关，医生就可以在医院里远程了解这些老年人的健康状况。

在病变器官观察方面，通过在人体器官内植入一些微型传感器，可以随时观测器官的生理状态，及时发现器官的功能是否恶化，尽快采取治疗措施从而挽救病人生命。但是在推广这种想法前还需要突破许多技术“瓶颈”：如这些医疗传感器必须非常安全；工作能源要从人体自动获取；系统稳定、基本不需维护。

3.4.4　物联网与无线传感器网络

“物联网”的概念最早出现于比尔·盖茨 1995 年所著的《未来之路》一书中，在书中，比尔·盖茨已经提及物联网概念，只是当时受限于无线网络、硬件及传感设备的发展，并未引起世人的重视。近年来，随着传感器技术、射频识别(Radio Frequency IDentification，RFID)技术以及嵌入式系统技术的不断发展，物联网技术蓬勃发展，成为继计算机、互联网之后，世界信息产业的第三次浪潮。

1. 物联网的定义

物联网(Internet of Things，IoT)是新一代信息技术的重要组成部分。它是通过射频识别(RFID)、红外感应器、全球定位系统、激光扫描器等信息传感设备，按约定的协议把任何物体与互联网相连接，进行信息交换和通信，以实现对物体的智能化识别、定位、跟踪、监控和管理的一种网络。

广义地讲，物联网是一个未来发展的愿景，等同于“未来的互联网”或“泛在网络”，能够实现人在任何时间、地点，使用任何网络与任何人与物的信息交换以及物与物之间的信息交换的网络。

狭义地讲，物联网是物品之间通过传感器连接起来的局域网，不论接入互联网与否，都属于物联网的范畴。

2. 射频识别技术与无线传感器网络

（1）射频识别技术的定义 射频识别技术是一种非接触的自动识别技术，其基本原理是利用射频信号和空间耦合（电感或电磁耦合）或雷达反射的传输特性，实现对被识别物体的自动识别，它通常用来分类和追踪市场和制造厂中的产品。简单地说，RFID系统有两个主要的成分：标签和阅读器。一个标签有一个确定（身份证）号码和记忆单元，这些记忆单元用来存储数据。

（2）无线传感器网络与RFID的差异 无线传感器网络的主要成分是传感节点。除传感节点之外，无线传感器网络还包含中继器、汇聚器和一些其他的节点，节点间的通信是多跳的。另一方面，传统的RFID系统由RFID标签和阅读器组成，标签和阅读器之间的通信是单跳的。无线传感器网络与RFID系统的差异见表3-2。

表3-2 无线传感器网络与RFID系统的差异

	无线传感器网络	RFID系统
目的	侦测环境及其中物体的参数	侦测标注物体的出现与位置
成分	传感器节点、汇聚节点、管理节点	标签、阅读器
记录	ZigBee标准、Wi-Fi标准	RFID标准
通信	多跳	单跳
移动性	静态传感节点	标签随物体
可编程性	可编程	封装性系统
价格	中等价格	便宜
配置	随机或固定	固定

（3）无线传感器网络与RFID的整合 由于无线传感器网络和RFID在技术上的不同，整合可能会把它们的优点组合起来。一方面，无线传感器网络有许多优于传统的RFID的优点，如多单跳通信、侦测能力和可编程的传感节点。另一方面，无线传感器网络也需要与RFID整合：首先，RFID标签很便宜，考虑到经济方面，在一些无线传感器网络应用中可以用RFID标签来取代无线传感节点，而当人们只关注物体的出现和位置时这种方法是可取的；其次，RFID设备传感节点与标签身份证整合，一种可能是把传感节点的MAC地址当作身份证来利用。

通过结合RFID标签（识别和定位）和无线传感器网络（测知、识别以及定位）的属性，能概括出四个不同的应用：整合RFID的识别和无线传感器网络的测知、整合RFID标签与传感器来识别物体与人、整合RFID标签识别物体/人和无线传感器网络的定位、在整合系统中用RFID标签协助传感器定位。

3. 物联网环境下的无线传感器网络技术

在物联网概念广泛普及的今天，无线传感器网络和RFID常常被人们与物联网等同起来，无线传感器网络似乎成为物联网的别名。实际上，无线传感器网络仅仅是物联网推广和应用的关键技术之一，早在物联网概念提出之前，无线传感器网络已经得以应用。无线传感器网络与物联网在网络架构、通信协议、应用领域上都存在着不同。在物联网这样特殊的大环境下，无线传感器网络必须与物联网中的其他关键技术相结合，多技术的融合研究发展才能推动物联网的快速应用。

目前，面向物联网的传感器网络技术的研究包括：

1）先进测试技术及网络化测控。

2）智能化传感器网络节点的研究。

3）传感器网络组织结构及底层协议的研究。

4）对传感器网络自身的检测与控制。

5）传感器网络的安全以及 RFID 与无线传感器网络融合技术。

无线智能家居系统其实是在物联网环境下无线传感器网络应用的一个具体领域，只要将特定物体嵌入射频标签、传感器等设备，与互联网相连后，就能形成一个庞大的物联网。在这个网上，即使远在千里之外，人们也能轻松获知和掌握物体的信息。

图 3-30 为智能家居应用示意图，各类家用设备通过有线或无线的方式与控制中心或家庭网络相连接，将家庭中的照明、视听、安全、通信、调温等各种设备连接起来，协同工作，从而将家庭从一个被动的结构转变成一个主动的伙伴。要实现家居智能化，必须能够实时监控住宅内部的各种信息，从而采取相应的控制。因此，智能家居中必须有足够的不同类型的传感器来采集信息——如温度、湿度、空气质量或环境噪声，这些传感器就构成家庭神经系统的神经末梢。传感器采集的信息都可以通过无线链路传递到控制中心，屋主可以利用手机、计算机等任何家庭网络的任何终端查看信息，并根据情况做出相应的处理。

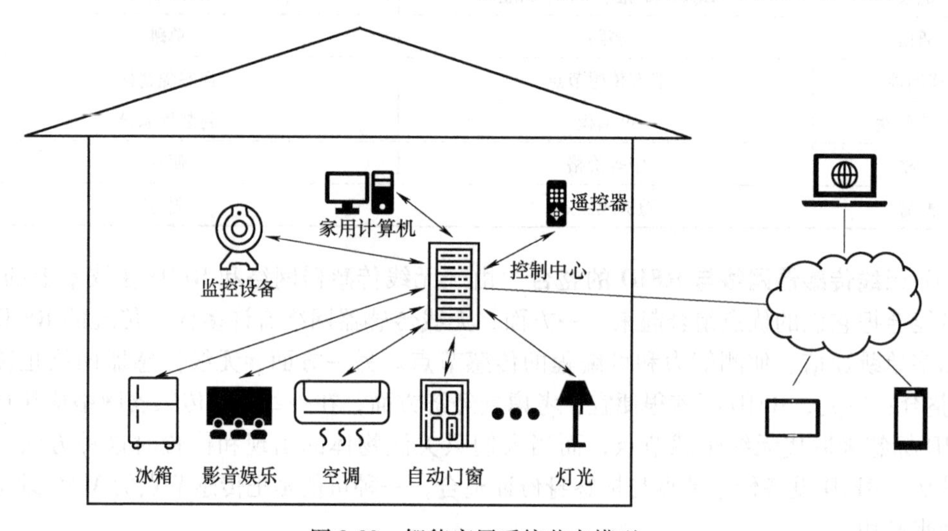

图 3-30　智能家居系统节点模型

3.5　本章小结

传感器作为机器感知中的关键部分，其基本特性可以分为静态特性和动态特性。静态特性包括线性度、迟滞特性、灵敏度、重复性、分辨率、漂移、稳定性；动态特性包括时域动态性能指标和频域动态性能指标。传感器按照被测量类别可以分为物理传感器、化学传感器和生物传感器。

特征工程旨在从传感器获取的原始数据中挖掘出关键信息，包含数据预处理、特征缩放、特征编码、特征选择和特征提取。

多源信息融合技术克服了单传感器测量的诸多缺点，是处理复杂测量问题的一种重要方法。多源信息融合的优点有：测量得到的信息更加丰富、提高空间分辨率、测量的快速性、测量系统成本的降低、提高测量系统的鲁棒性。多源信息融合算法主要包括基于物理模型的算法、基于特征推理技术的算法和基于感知模型的算法三大类。

无线传感器网络指由大量静止或移动的传感器以自组织和多跳的方式构成的无线网络，是一种集信息获取、信息处理、信息融合和信息传输于一体的智能网络信息系统。其在军事国防、环境监测、医疗健康、智能家居、危险区域远程控制等许多领域都具有广泛的应用前景。

思考题与习题

3-1　简述传感器静态特性含义、静态特性性能指标及其公式表示。

3-2　简述传感器动态特性含义及其分析方法。

3-3　求出图 3-31 中的电位器式传感器的数学模型。已知：L 为可变电阻的总长度，x 为实际测量位置处可变电阻的长度。

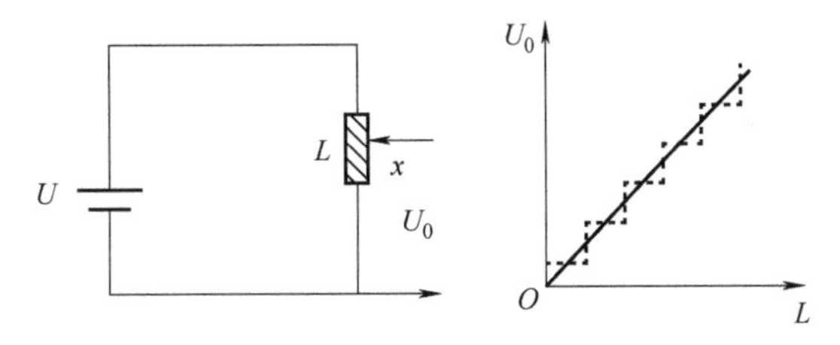

图 3-31　零阶传感器和响应特性

3-4　举例说明生产、生活中的传感器应用。

3-5　尝试使用主成分分析法(PCA)对公开数据集鸢尾花数据进行降维。

3-6　简述多源信息融合研究的必要性。

3-7　简述多源信息融合的原理。

3-8　结合身边的例子，简述神经网络在信息融合中的应用。

3-9　什么是无线传感器网络？无线传感器网络的系统架构是什么？

3-10　无线传感器网络的拓扑结构分为哪几种？请简要阐述。

3-11　时钟同步的含义是什么？为什么要进行时钟同步？

3-12　物联网的定义是什么？请举例说明物联网环境下无线传感器网络的应用。

参考文献

[1] 韩裕生，乔志花，张金. 传感器技术及应用[M]. 北京：电子工业出版社，2013.
[2] 李永霞. 传感器检测技术与仪表[M]. 北京：中国铁道出版社，2016.
[3] 曾华鹏，王莉，曹宝文. 传感器应用技术[M]. 北京：清华大学出版社，2018.
[4] 赵勇，胡涛. 传感器与检测技术[M]. 北京：机械工业出版社，2010.
[5] 姚守拙. 化学与生物传感器[M]. 北京：化学工业出版社，2006.
[6] 周志华. 机器学习[M]. 北京：清华大学出版社，2016.
[7] 郭艳艳，贾鹤萍，李倩. 传感器与检测技术[M]. 北京：科学出版社，2019.
[8] 何友，王国宏，陆大绘等. 多传感器信息融合及应用[M]. 2 版. 北京：电子工业出版社，2007.
[9] 韩崇昭，朱洪艳，段战胜，等. 多源信息融合[M]. 2 版. 北京：清华大学出版社，2010.
[10] 杨万海. 多传感器数据融合及其应用[M]. 西安：西安电子科技大学出版社，2004.
[11] KLEIN L A. 多传感器数据融合理论及应用[M]. 2 版. 戴亚平，刘征，郁光辉，译. 北京：北京理工

大学出版社，2004.
[12] FOURATI H. 多传感器数据融合——算法、结构设计与应用[M]. 孙合敏，周焰，吴卫华，等译. 北京：国防工业出版社，2019.
[13] 李善仓，张克旺. 无线传感器网络原理与应用[M]. 北京：机械工业出版社，2008.
[14] 陈小平，陈红仙，檀永. 无线传感器网络原理与应用[M]. 南京：东南大学出版社，2017.
[15] 唐宏，谢静，鲁玉芳，等. 无线传感器网络原理及应用[M]. 北京：人民邮电出版社，2010.
[16] 李外云. CC2530与无线传感器网络操作系统TinyOS应用实践[M]. 北京：北京航空航天大学出版社，2013.
[17] 张志勇，王雪文，翟春雪，等. 现代传感器原理及应用[M]. 北京：电子工业出版社，2014.

第 4 章

知识表示与推理

导读

本章介绍传统人工智能的主要内容，分为三部分：确定性知识表示与推理、不确定性知识表示方法与推理、问题求解。第一部分首先介绍常用确定性知识表示方法，如命题、谓词、产生式、语义网络等方法，然后介绍一般演绎推理和归结演绎推理两种确定性推理方法。第二部分主要介绍概率表示及推理方法、证据理论。第三部分主要介绍推理和问题求解中常用的搜索技术，包括一般图搜索、盲目搜索、启发式搜索和对抗搜索。

本章知识点

- 确定性知识表示：命题、一阶谓词、语义网络、框架
- 确定性推理方法：一般演绎推理、归结演绎推理
- 不确定知识表示方法与推理：概率、贝叶斯推理、概率分配函数
- 问题求解：广度优先、深度优先、A^*算法

人工智能的任务是用机器模拟人类的智能，推理与问题求解是人类智能的两个主要功能，本章将结合实例介绍人工智能是如何利用计算机来实现这两个功能的。

下面来看几个简单问题，并介绍使用计算机解决这些问题需要的方法和技术。

问题 4-1：若厂方拒绝增加工资，则罢工不会停止，除非罢工超过一年且工厂经理辞职。问：如果厂方拒绝增加工资，而罢工刚刚开始，罢工能否停止?

问题 4-2：“快乐学生”问题。假设任何通过计算机考试并获奖的人都是快乐的，任何肯学习或幸运的人都可以通过所有考试，李不肯学习但他是幸运的，任何幸运的人都能获奖。求证：李是快乐的。

针对上面的两个问题，需要用符号将问题表示成计算机能够理解的问题，还需要有运算体系，在符号表示下能够推算出问题的结论。

问题 4-3：八数码问题。在 3×3 的方格棋盘上，分别放置了标有数字 1、2、3、4、5、6、7、8 的八张牌，初始状态为 S_0、目标状态为 S_g，如图 4-1 所示，通过数码牌的移动找到一条从初始状态 S_0 到目标状态 S_g 的路径。

S_0

2		3
1	8	4
7	6	5

S_g

1	2	3
8		4
7	6	5

图 4-1 八数码问题的初始状态和目标状态

计算机解决这个问题同样要通过一组符号将问题表示给计算机，然后计算机通过求解策略完成解路径的搜索。

上面的示例表明计算机要像人一样解决问题，首先需要将问题表示给计算机，即知识表示；然后计算机要有推理和问题求解的能力，即推理和问题求解，下面将介绍相关的知识。

4.1 确定性知识表示

知识表示是人工智能最基本的技术之一，它的基本任务就是用一组符号将知识编码成计算机可以接受的数据结构，即通过知识表示可以让计算机存储知识，并在解决问题时使用知识。所谓知识表示过程就是把知识编码成某种数据结构的过程。一般来说，同一知识可以有多种不同的表示形式，而不同表示形式所产生的效果又可能不一样。

确定性知识，是其结果只能为“真”或“假”的知识，这些知识是可以精确表示的。本节主要从命题与谓词、知识的产生式表示和知识的结构化表示这三个方面进行介绍。

4.1.1 命题与谓词

1. 命题

对确定的对象做出判断的陈述句称为命题，一般用大写字母 P、Q 等表示。例如：

① 雪是白的；

② 齐次线性方程组无解；

③ 20 是 5 和 10 的最小公倍数。

命题的判断结果称为命题的真值，一般使用 T(真)、F(假)表示。

命题的真值有以下特点：

① 只能有一个取值，要么为 T(真)、要么为 F(假)，不能同时既为真又为假；

② 在一定条件下命题为真，而在另一条件下命题为假。

不能再分解的陈述句称为简单命题，又称为原子命题；可以分解为几个原子命题的命题称为复合命题。例如，“2 是偶数而且 3 是奇数”是两个原子命题“2 是偶数”和“3 是奇数”组合而成的复合命题，该复合命题是由一个连接词“而且”连接而成的。那么在逻辑中有哪些连接词？可以通过以下几个例子来看看：

命题“雪不是白的”是命题“雪是白的”的否定形式，可以定义一个连接词“¬”；“今晚我去看书或者看网剧”是由命题“今晚我去看书”和命题“看网剧”通过“或者”连接起来的，可以定义一个连接词“∨”；“2 是偶数而且 3 是奇数”是由命题“2 是偶数”和“3 是奇数”组合而成的，这里可以定义一个连接词“∧”；“如果今天网络不卡，那么我们上网课”则可以通过定义一个连接词“→”将“今天网络不卡”和“我们上网课”这两个命题连接起来。在命题中可以使用逻辑连接词将原子命题连接组成复合命题(命题公式)。连接词有如下五个：

① ¬：称为“非”，表示对后面的命题的否定，使该命题的真值与原命题相反；

② ∨：称为“析取”，P∨Q 读作 P 与 Q 的析取，表示“或”的关系；

③ ∧：称为“合取”，P∧Q 读作 P 与 Q 的合取，表示“与”的关系；

④ →：称为“蕴含”，表示“若…则…”的语义，P→Q 读作 P 蕴含 Q，一般称 P 为前件，Q 为后件；

⑤ $\leftrightarrow$：称为“等价”，表示“当且仅当”的语义，$P\leftrightarrow Q$ 读作 P 等价 Q。

由原子命题和逻辑连接词组成的命题称为命题公式或复合命题，其语法如下：

① 单个原子命题是命题公式；

② 若 A 是命题公式，则 $\neg A$ 也是命题公式；

③ 若 A、B 都是命题公式，则 $A\wedge B$、$A\vee B$、$A\rightarrow B$、$A\leftrightarrow B$ 也都是命题公式。

复合命题的真值是通过表 4-1 进行运算的。

表 4-1 复合命题的真值表

P	Q	¬P	P∨Q	P∧Q	P→Q	P↔Q
F	F	T	F	F	T	T
F	T	T	T	F	T	F
T	F	F	T	F	F	F
T	T	F	T	T	T	T

通过前面介绍的命题的知识，可以将问题 4-1 用符号表示出来。

例 4-1 （将问题 4-1 用命题逻辑表示）若厂方拒绝增加工资，则罢工不会停止，除非罢工超过一年且工厂经理辞职。问：如果厂方拒绝增加工资，而罢工刚刚开始，罢工能否停止？

第一步：定义命题。

设 P：厂方拒绝增加工资；

Q：罢工停止；

R：工厂经理辞职；

S：罢工超过一年。

第二步：用以上定义的命题和逻辑连接符表示出例 4-1 文字中的逻辑语义和已知条件。

已知条件：P，¬S

逻辑语义：$P\wedge\neg(S\wedge R)\rightarrow\neg Q$

第三步：用已定义的命题给出问题的结论：即求命题 Q 的真值，若命题 Q 的真值为“真”，则罢工停止；若命题 Q 的真值为“假”，则罢工没有停止。

这样通过命题逻辑给出了例 4-1 一个用计算机推理的框架，通过程序计算机可以完成这个问题的推理过程。

但命题逻辑推理有以下缺陷：

① 使用命题讨论问题时，原子命题是最小单元，即原子命题是一个不可分的整体；

② 命题无法表示不同事物的共性。

一个陈述句用一个符号表示，无法细分，即知识的颗粒太大，有些问题在命题逻辑的表示下推理困难，如：

P：小李是老李的儿子；

Q：张三是学生；

R：李四是学生。

用符号 P 表示命题“小李是老李的儿子”，那么命题“小张是老张的儿子”则需要用另一个符号表示，而两个命题都表示两个人(小李，老李；小张，老张)之间的关系是“父子”，那么是否可以用一个符号表示出“父子”关系？另外，还有一些问题用命题逻辑推理比较困难如：

所有科学都是有用的；

数理逻辑是科学；

数理逻辑是有用的。

人类进行以上问题推理时非常简单，但用命题表示问题时，三个命题间的关系无法显现，给计算机推理带来困难。由此引出下一部分的内容——一阶谓词。

2. 一阶谓词

谓词逻辑是在命题逻辑的基础上发展起来的，其基本想法是把命题分解为两部分：

① 谓词名：表示个体的属性、状态、动作或个体间的关系；

② 个体：命题的主语，用来表示客观世界存在的事物或者某个抽象概念。

下面给出谓词、函数两个概念：

① 谓词：如果 D 是个体域，P：$D^n \to \{T,F\}$ 是一个映射，其中 $D^n = \{(x_1,x_2,\cdots,x_n) \mid x_1,x_2,\cdots,x_n \in D\}$，则称 P 是一个 n 元谓词，记为 $P(x_1,x_2,\cdots,x_n)$；

② 函数：设 D 是个体域，f：$D^n \to D$ 是一个映射，其中 $D^n = \{(x_1,x_2,\cdots,x_n) \mid x_1,x_2,\cdots,x_n \in D\}$，则称 f 是一个 n 元函数，记为 $f(x_1,x_2,\cdots,x_n)$。

前面定义的谓词一般称为一阶谓词。当谓词中的某个变元 x_i 也是谓词时则称之为二阶谓词。

项满足如下规则：①单独的一个个体是项；②$t_1,t_2,\cdots,t_n$ 是项，f 是 n 元函数，则 $f(t_1,t_2,\cdots,t_n)$ 是项。即项是个体常量、个体变量和函数的统称。

原子谓词：若 $t_1,t_2,\cdots,t_n$ 是项，P 是谓词名，称 $P(t_1,t_2,\cdots,t_n)$ 为原子谓词。

谓词的连接词与命题中的连接词相同，在此不做介绍。但与命题逻辑相比，由于谓词带有变元，其需要量词的约束。量词是由量词符号和被其量化的变元所组成的表达式，用来对谓词中的个体做出量的规定。

① 全程量词符号 $\forall$：语义是“个体域中的所有或任意一个 x”，谓词公式 $(\forall x)P(x)$ 为真的含义是对个体域中所有的 x，$P(x)$ 都为真；

② 存在量词符号 $\exists$：语义是“个体域中至少存在一个 x”，谓词公式 $(\exists x)P(x)$ 为真的含义是个体域至少有一个 x，使 $P(x)$ 为真。

有了前面的准备，下面给出谓词公式的概念：满足如下规则的谓词演算可得到谓词公式：

① 单个原子谓词公式是谓词公式；

② 若 A 是谓词公式，则 $\neg$A 也是谓词公式；

③ 若 A、B 都是谓词公式，则 A $\wedge$ B、A $\vee$ B、A$\to$B、A$\leftrightarrow$B 也都是谓词公式；

④ 若 A 是谓词公式，x 是项，则 $(\forall x)$A、$(\exists x)$A 也都是谓词公式。

谓词逻辑是一种形式语言，也是能够表达人类思维活动规律的一种精确语言。其适合表示事物的状态、属性、概念等事实性知识，同时也可以用来表示事物间的因果关系。

3. 基于谓词逻辑的知识表示

使用谓词逻辑表示知识的一般步骤为：

① 根据所表示的知识定义谓词；

② 使用连接词和量词依据表达的知识把谓词连接起来。

例 4-2 （将问题 4-2 用一阶谓词表示）“快乐学生”问题：假设任何通过计算机考试并获

奖的人都是快乐的，任何肯学习或幸运的人都可以通过所有考试，李不肯学习但他是幸运的，任何幸运的人都能获奖。求证：李是快乐的。

第一步：定义谓词。

Happy(x)：x 快乐；Study(x)：x 肯学习；Lucky(x)：x 幸运；Win(x)：x 获奖；Pass(x,y)：x 通过考试 y。

第二步：用谓词表示问题。

任何通过计算机考试并获奖的人都是快乐的：

$(\forall x)(\text{Pass}(x,\text{Computer}) \wedge \text{Win}(x) \rightarrow \text{Happy}(x))$

任何肯学习或幸运的人都可以通过所有考试：

$(\forall x)(\forall y)(\text{Study}(x) \vee \text{Lucky}(x) \rightarrow \text{Pass}(x,y))$

李不肯学习但他是幸运的：$\neg \text{Study}(\text{Li}) \wedge \text{Lucky}(\text{Li})$

任何幸运的人都能获奖：$(\forall x)(\text{Lucky}(x) \rightarrow \text{Win}(x))$

结论“李是快乐的”：Happy(Li)

例 4-3　机器人移盒子问题：设在一个房间里，c 处有一个机器人，a 处和 b 处各有一张桌子，a 桌上有一个盒子，要求机器人从 c 处出发把盒子从 a 桌移到 b 桌上，然后回到 c 处。用谓词逻辑描述机器人的行动过程，问题描述如图 4-2 所示。

第一步：定义谓词。

① 描述状态：

TABLE(x)：x 是桌子。

EMPTY(y)：y 手中是空的。

AT(y,z)：y 在 z 处。

HOLDS(y,w)：y 拿着 w。

ON(w,x)：w 在 x 上。

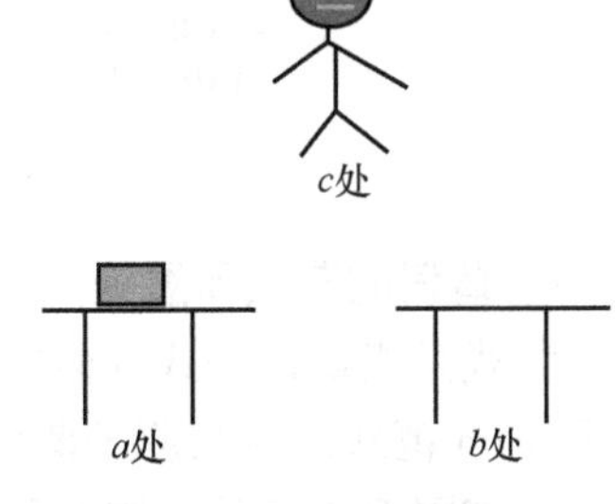

图 4-2　机器人移盒子问题

② 描述操作：

GOTO(x,y)：从 x 处走到 y 处。

PICKUP(y)：在 y 处拿起盒子。

SETDOWN(y)：在 y 处放下盒子。

③ 其中操作：

GOTO(x,y)条件：AT(robot,x)：机器人在 x 处。

　　　　　结果：AT(robot,y)：机器人在 y 处。

PICKUP(x)条件：ON(box,x)、TABLE(x)、AT(robot,x)、EMPTY(robot)：箱子在 x 上，x 是桌子，机器人在 x 处，机器人手中是空的。

　　　　　结果：HOLDS(robot,box)：机器人拿着箱子。

SETDOWN(x)条件：AT(robot,x)、TABLE(x)、HOLDS(robot,box)：机器人在 x 处，x 是桌子，机器人拿着箱子。

　　　　　结果：EMPTY(robot)、ON(box,x)：机器人手中是空的，箱子在 x 上。

第二步：问题描述。

① 初始状态：

AT(robot,c)：机器人在 c 处。

EMPTY(robot)：机器人手中是空的。

ON(box,a)：箱子在 a 上。

TABLE(a)：a 是桌子。

TABLE(b)：b 是桌子。

② 目标状态：

AT(robot,c)：机器人在 c 处。

EMPTY(robot)：机器人手中是空的。

ON(box,b)：箱子在 b 上。

TABLE(a)：a 是桌子。

TABLE(b)：b 是桌子。

具体求解过程如图 4-3 所示。

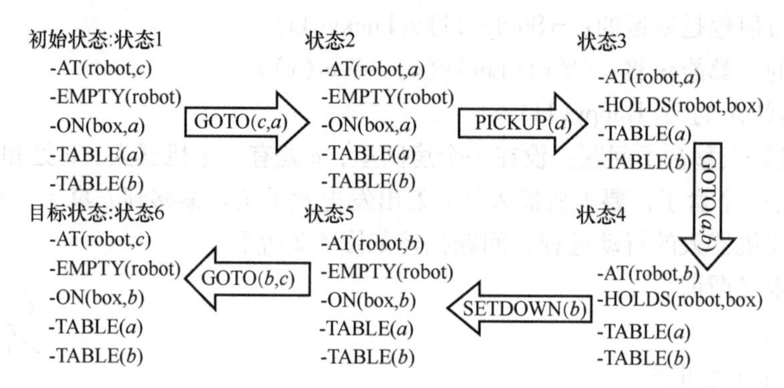

图 4-3　机器人移盒子问题求解过程

4. 谓词的范式和置换

范式是指谓词公式的标准形式，常用的谓词公式范式有析取范式、合取范式、前束范式和 Skolem 范式。定义原子谓词或原子谓词的否定称为文字，有限个文字的析取式称为一个子句，有限个文字的合取式称为短语。有限个短语的析取式称为析取范式，有限个子句的合取式称为合取范式。有这样的结论：对于任意谓词公式，都存在与之等价的析取范式和合取范式。

谓词公式 G 称为前束范式，如果 G 有如下形状：$(Q_1x_1)(Q_2x_2)\cdots(Q_nx_n)M$，其中 (Q_ix_i) 是 $(\forall x_i)$ 或 $(\exists x_i)$，$i=1,2,\cdots,n$，M 是不含量词的谓词公式，$(Q_1x_1)(Q_2x_2)\cdots(Q_nx_n)$ 称为首标，M 称为母式。可以证明如下的结论：任意谓词公式 G，都存在与其等价的前束范式。谓词公式 G 的前束范式为 $(Q_1x_1)(Q_2x_2)\cdots(Q_nx_n)M$，其中 M 为母式，如果 $(Q_1x_1)(Q_2x_2)\cdots(Q_nx_n)$ 是全称量词，称谓词公式 $(Q_1x_1)(Q_2x_2)\cdots(Q_nx_n)M$ 为 Skolem 范式。对 Skolem 范式有如下结论：任意谓词公式 G，S 是与之相应 Skolem 范式，则 G 与 S 的不可满足性是等价的。

设 $\{t_1/x_1,t_2/x_2,\cdots,t_n/x_n\}$ 的有限集合，其中 $t_1,t_2,\cdots,t_n$ 是项，$x_1,x_2,\cdots,x_n$ 是互不相同的变元，t_i/x_i 表示用 t_i 置换 x_i。并且要求 t_i 与 x_i 不能相同，x_i 不能循环出现在另一个 t_i 中。一般用希腊字母 θ、λ 表示，称这样的集合是谓词公式的置换。F 是一个谓词公式，把公式中的所有 x_i 换成 t_i，$i=1,2,\cdots,n$，得到一个新公式 G，称 G 为 F 在置换 θ 下的例示，记作 $G=F\theta$。可以证明任何一个谓词公式的任何例示都是该谓词公式的逻辑结论，即有：$F\Rightarrow G$。设公式集 $F=\{F_1,F_2,\cdots,F_m\}$，若存在一个置换 θ，可使 $F_1\theta=F_2\theta=\cdots=F_m\theta$，则称 θ 是 F 的一个合一，称 $F_1,F_2,\cdots,F_m$ 是可合一的。

5. 一阶谓词逻辑表示的特性

一阶谓词逻辑表示的优点有以下几方面：

① 自然：接近于自然语言；

② 明确：由原子谓词构造合式公式有明确的规定；

③ 精确：谓词的真值只能有真假两种，所以描述精确；

④ 灵活：把知识与处理知识的程序分开，表示知识时可以不考虑处理知识的程序；

⑤ 模块化：知识相对独立，利于知识库的维护。

一阶谓词逻辑表示的缺点有以下几方面：

① 知识表示能力差；

② 知识库管理困难；

③ 存在组合爆炸；

④ 系统效率低。

4.1.2　知识的产生式表示

“产生式”是由美国数学家波斯特(E. POST)于1934年首先提出的，它是根据串代替规则提出的一种称为波斯特机的计算模型，模型中的每条规则称为产生式。1972年，纽厄尔和西蒙在研究人类的认知模型中开发了基于规则的产生式系统。产生式表示法已经成为人工智能中应用最多的一种知识表示模式，尤其是在专家系统方面，许多成功的专家系统都采用产生式知识表示方法。

1. 事实表示

事实表示是指把事实看作是断言一个语言变量的值或多个语言变量间的关系的陈述句。

对确定性知识的表示为一个三元组：

(对象，属性，值)或(关系，对象1，对象2)

例如：① 雪是白的；② 王峰热爱祖国。

(雪，颜色，白)；(热爱，王峰，祖国)

2. 规则的表示

规则一般描述事物间的因果关系，规则的产生式表示形式称为产生式规则，简称为产生式。

P→Q 或 IF P THEN Q [置信度]

P是产生式的前提或前件，一般由事实的逻辑组合构成；Q是产生式的后件或结论，一般是结论或操作。

产生式的含义：如果前件P满足，则可推出结论Q，或执行Q所规定的操作。

3. 产生式与蕴含式的区别

蕴含式只能表示确定性知识，产生式不仅可以表示确定性知识，也可表示不确定性知识。使用过程中对前件的匹配，蕴含式要精确匹配，而产生式可以相似匹配，产生式规则的不确定性也可以有规则的置信度表示。

4. 产生式语法

<产生式>::=<前提>→<结论>

<前提>::=<简单条件>|<复合条件>

<结论>::=<事实>|<操作>

<复合条件>:: =<简单条件>and<简单条件>

<操作>:: =<操作名>[<变元>,…]

5. 产生式系统

通常将使用产生式表示方法构造的系统称为产生式系统，其是专家系统的基础框架，产生式系统的基本结构如图 4-4 所示。

综合数据库：又称为事实库、工作内存，用来存放问题求解过程中信息的数据结构，包含初始状态、原始证据、推理得到的中间结论以及最终结论。

规则库：用于存放系统相关领域的所有知识的产生式。其对知识进行合理的组织与管理，如将规则分成无关联的子集。

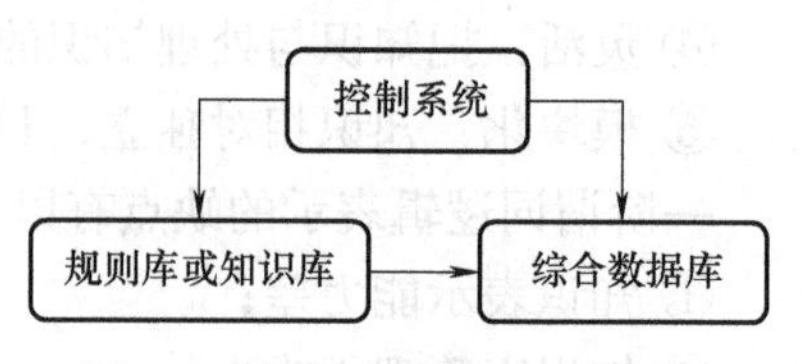

图 4-4　产生式系统的基本结构

控制系统：由一组程序组成的推理机，主要任务包括：①按一定的策略从规则库中选择规则，与综合数据库中的已知事实进行匹配，若匹配成功则启用规则，否则不使用此规则；②当匹配成功的规则多于一条时，使用冲突消解机制，选出一条规则执行；③执行规则后，将结果添加到综合数据库中，若后件是操作时执行操作；④确定系统执行停止的条件是否满足。

6. 产生式表示法的特点

产生式表示法的优点有以下几方面：

① 自然性：与人类表达因果关系的形式一样，自然、直观，而且便于推理；

② 模块性：规则库、综合数据库与推理机分离；

③ 有效性：既可以表达确定性知识，又可以表达不确定性知识；

④ 清晰性：固定的知识格式。

产生式表示法的缺点有以下几方面：

① 效率不高；

② 不适合表达结构性知识。

4.1.3　知识的结构化表示

客观世界的问题一般由世界中的客体及其之间的关系构成。传统的程序语言把被动的数据或数据结构作为解空间的对象，程序设计人员需借助很复杂的算法或过程才能操纵解空间对象，从而求得问题的解，这导致基于知识的复杂软件的构造异常困难，且难以理解和维护。结构化的知识表示方法，能够表示和处理解空间的对象及其之间的关系。

1. 框架表示的基本概念

1975 年明斯基(Minsky)提出框架理论，并将其应用于理解视觉和自然语言对话等方面的研究。框架表示的基本思路：当一个人遇到新的情况(或看待问题的观点发生实质变化)时，他会从记忆中选择一种结构，即“框架”。这是一种记忆下来的轮廓，按照需要改变其细节就可以用其拟合真实情况。

例如：

框架名〈硕士生〉

姓名：单位(姓，名)

性别：范围(男，女)　　默认：男

年龄：单位(岁)　　条件：岁 >16

学籍：〈硕士学籍〉

实例：

框架名〈硕士生-1〉

姓名：杨　叶

性别：女

年龄：23 岁

学籍：〈硕士学籍-1〉

框架表示的优点有以下几方面：

① 结构性：善于表示结构性知识；

② 深层性：框架表示不仅可以从多个方面、多重属性表示知识，而且可以通过预定义槽表示知识的结构层次和因果关系，因此能表达事物间复杂深层联系；

③ 继承性：下层框架可以继承上层框架的槽值；

④ 自然性：模拟人类对实体的多方面、多层次的存储结构，直观自然，易于理解。

框架表示的缺点有以下几方面：

① 缺乏框架的形式理论；

② 缺乏过程性知识表示；

③ 清晰性难以保证。

2. 语义网络

语义网络是 1968 年奎廉(J. R. Quillian)在研究人类联想记忆时提出的一种心理学模型，认为记忆是由概念间的联系实现的。1972 年西蒙(H. A. Simon)将其用于自然语言理解系统。语义网络把知识表示为一种图，结点表示事实或概念，弧对应于概念间的关系和关联。其中，结点和弧必须带有标识，用来说明它所代表的实体或语义。

(1) 语义单元　语义单元一般用三元组(结点 1，弧，结点 2)表示。例如，三元组表示“鸵鸟是一种鸟”如图 4-5 所示。

(2) 语义网络的语法　把多个语义基元用相应的语义关联在一起时，就形成了一个语义网络。

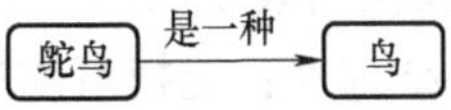

鸵鸟 —是一种→ 鸟

图 4-5　三元组表示“鸵鸟是一种鸟”

<语义网络>∷=<语义基元>｜Merge(<语义基元>…)

<语义基元>∷=<结点><语义联系><结点>

<结点>∷=(<属性-值对>,…)

<属性-值对>∷=<属性名>:<属性值>

<语义联系>∷=<系统预定义语义联系>｜<用户自定义语义联系>

(3) 基本语义关系

1) 类属关系：指具有共同属性的不同事物间的分类关系、成员关系或实例关系，其体现了具体与抽象、个体与集体的概念。常用的类属关系有：

① A kind of：“是一种”，如“石头是一种物质”；

② A member of：“是一员”，如“张强是协会成员”；

③ Is a：“是一个”，如“刘翔是一个运动员”。

2) 包含关系：指具有组织或结构特征的部分与整体之间的关系。常用的包含关系有：

Part of：“是一部分”，如“轮胎是汽车的一部分”，如图 4-6 所示。

3）属性关系：指事物及其属性间的关系。常用的属性关系有：

① Have：“有”，如“鸟有翅膀”；

② Can：“会”“能”，如“鸟会飞”。

属性关系如图 4-7 所示。

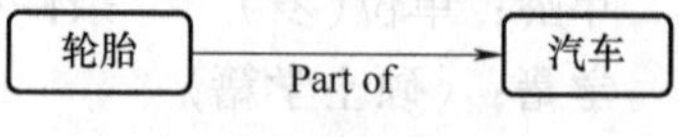

图 4-6　包含关系

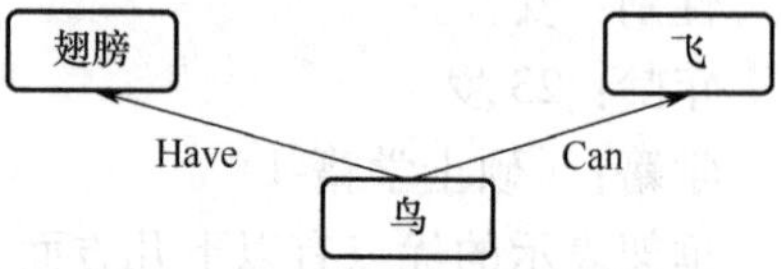

4）相近关系：指不同事物在形状、内容等方面相似或接近。

5）推论关系：指从一个概念推出另一个概念的语义关系，类似产生式。

图 4-7　属性关系

用语义网络表示情况、事件和动作时，可以通过增加情况、事件和动作结点来实现。

6）表示逻辑关系：通过增加合取和析取结点表示合取和析取的逻辑关系。

（4）语义关系示例　比如用语义网络表示：动物能运动，会吃；鸟是一种动物，有翅膀，会飞；鱼是一种动物，生活在水中，会游泳。

语义网络如图 4-8 所示。

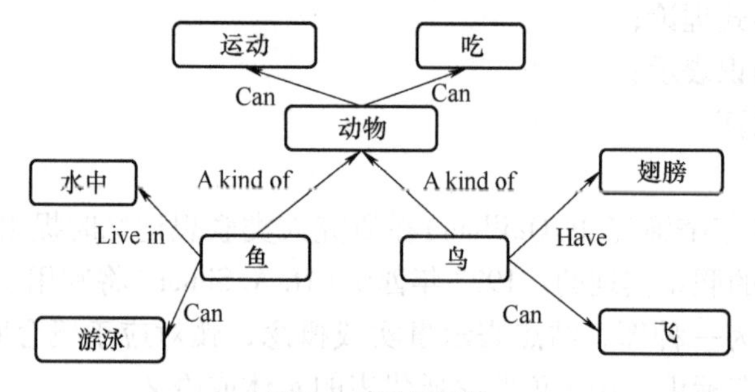

图 4-8　语义网络

（5）语义网络表示法的特征

语义网络表示法的优点有以下几方面：

① 结构性：能把事物的属性及其之间的各种语义联系显式表达出来；

② 联想性：根据人类记忆的心理模型提出；

③ 自然性：自然语言与语义网络的转换易实现。

语义网络表示法的缺点有以下几方面：

① 非严格性：没有公认的形式表示体系；

② 复杂性：手段多、表示灵活，但由于形式的不一致增加了处理问题的复杂度。

4.1.4　状态空间表示法

状态空间表示法的基本思想是将待求解的问题通过状态和操作表示出来：状态是表示求解问题过程中每一步问题状况的数据结构；操作也称为运算符，是将问题从一种状态变换为另一种状态的手段，它包括操作和操作的条件。状态空间是状态和操作的总称，一般表示为（S，O），S 表示问题求解过程中所有可能的合法状态构成的集合，O 表示所有有效操作算子集合及操作的前提条件。求解问题的表达一般采用如下的三元组：W=(SP,I,G)。其中，SP 表示(S，O)问题的状态空间；I 表示问题的初始状态集合；G 表示问题的目标状态集合。

如果将问题的状态集合看作一个图中的结点，将操作集合看作是结点间的有向连线，则当用状态空间表示出一个问题后，就可以用图来表示，此图则称为状态空间图，因此状态空间搜索有时也称为图搜索。

例 4-4 （将问题 4-3 用状态空间表示法表示）八数码问题。在 3×3 的方格棋盘上，分别放置了标有数字 1、2、3、4、5、6、7、8 的八张牌，初始状态为 S_0、目标状态为 S_g，如图 4-9 所示，通过数码牌的移动找到一条从初始状态 S_0 到目标状态 S_g 的路径。

问题的表示：状态 S_{ij} 是一个二维数组，i、j 表示空格所处的行、列，其中 $1\leqslant i,j\leqslant 3$，$S_{ij}$ 除 i、j 位置的元素取值集合为 $\{1,2,\cdots,8\}$，问题的所有可能的状态集合 S 有 9! 个元素。问题的操作算子定义如下：

空格操作：i、j 是空格所在的行、列。

空格左移操作：IF $j-1\geqslant 1$ THEN $S_{ij}=S_{ij-1}, S_{ij-1}=0$。

空格上移操作：IF $i-1\geqslant 1$ THEN $S_{ij}=S_{i-1j}, S_{i-1j}=0$。

空格右移操作：IF $j+1\leqslant 3$ THEN $S_{ij}=S_{ij+1}$，$S_{ij+1}=0$。

空格下移操作：IF $i+1\leqslant 3$ THEN $S_{ij}=S_{i+1j}$，$S_{i+1j}=0$。

S_0

2		3
1	8	4
7	6	5

S_g

1	2	3
8		4
7	6	5

图 4-9　八数码问题的初始状态和目标状态

所以操作集合 O 有 4 个元素：问题的初始状态集合 $I=\{S_0\}$，目标状态集合 $G=\{S_g\}$，问题的状态空间 $SP=\{S,O\}$，如此问题可以用 $W=\{SP,I,G\}$ 表示给计算机。

至此本书介绍了用符号将问题表达为计算机能够理解的符号系统，并利用介绍的表示方法将本章开始提出的几个问题表示出来。下面将讨论如何用计算机解决问题。

4.2　确定性推理方法

在人工智能中，利用知识表示方法表达一个待求解的问题后，还需要利用推理和搜索技术来求解问题。问题的求解方法一般可以分为两类，即搜索和推理。确定性推理是指推理时所用的知识与证据都是确定的，推出的结论也是确定的，其值要么为真、要么为假，这里的证据是指已知事实或在推理过程中得到的结论。

本节主要介绍一般演绎推理和归结演绎推理这两种确定性推理方法。

4.2.1　一般演绎推理

推理是按某种策略由已知事实出发推出结论的思维过程，也常把这个过程称为证明过程。人工智能中的推理是由程序完成的，即计算机通过已知事实和知识推出结论。

1. 演绎推理

演绎推理是指由一般到具体（个别）的推理，演绎推理一般是三段论：

① 大前提：已知的一般性知识或假设；

② 小前提：关于所研究的具体情况或个别事实的判断；

③ 结论：由大前提推出的适合小前提所示情况的新判断。

例如：

大前提：足球运动员身体是强壮的；

小前提：高波是足球运动员；

结论：高波的身体是强壮的。

通俗地讲，演绎推理就是由一组已知事实出发，直接使用经典逻辑的推理规则推出结论的过程。比如将已知事实表示为 $S=F_1 \wedge F_2 \wedge \cdots \wedge F_m$，结论表示为 G，G 是公式，如果证明了谓词公式（命题公式）$S \rightarrow G$ 是永真的（真值为 T），则称 G 是 S 的逻辑结论，同时也完成了由已知证明结论的过程。

2. 演绎推理的基础

(1) 推理规则

前提引入(P)规则：可以随便使用前提。

结论引入(T)规则：可以随便使用前面演绎出的某些公式的逻辑结果。

CP 规则：如需要由前提集合演绎出公式 $G \rightarrow H$，则可将 G 作为附加前提使用，演绎出 H。

(2) 推理中常用的等价式

交换律：$P \vee Q \Leftrightarrow Q \vee P$，$P \wedge Q \Leftrightarrow Q \wedge P$

结合律：$(P \vee Q) \vee R \Leftrightarrow P \vee (Q \vee R)$，$(P \wedge Q) \wedge R \Leftrightarrow P \wedge (Q \wedge R)$

分配律：$P \vee (Q \wedge R) \Leftrightarrow (P \vee Q) \wedge (P \vee R)$，$P \wedge (Q \vee R) \Leftrightarrow (P \wedge Q) \vee (P \wedge R)$

德·摩根定律：$\neg (P \vee Q) \Leftrightarrow \neg P \wedge \neg Q$，$\neg (P \wedge Q) \Leftrightarrow \neg P \vee \neg Q$

双重否定律：$\neg\neg P \Leftrightarrow P$

吸收律：$P \vee (P \wedge Q) \Leftrightarrow P$，$P \wedge (P \vee Q) \Leftrightarrow P$

补余律：$P \vee \neg P \Leftrightarrow T$，$P \wedge \neg P \Leftrightarrow F$

连词化归律：$P \rightarrow Q \Leftrightarrow \neg P \vee Q$，$P \leftrightarrow Q \Leftrightarrow (P \wedge Q) \vee (\neg P \wedge \neg Q)$

量词转换律：$\neg (\exists x) P \Leftrightarrow (\forall x) \neg P$，$\neg (\forall x) P \Leftrightarrow (\exists x) \neg P$

量词分配律：$(\forall x)(P \wedge Q) \Leftrightarrow (\forall x) P \wedge (\forall x) Q$，$(\exists x)(P \vee Q) \Leftrightarrow (\exists x) P \vee (\exists x) Q$

(3) 推理中常用的蕴含式

化简式：$P \wedge Q \Rightarrow P$，$P \wedge Q \Rightarrow Q$

附加式：$P \Rightarrow P \vee Q$，$Q \Rightarrow P \vee Q$

析取三段论：$\neg P$，$P \vee Q \Rightarrow Q$

假言推理：P，$P \rightarrow Q \Rightarrow Q$

拒取式：$\neg Q$，$P \rightarrow Q \Rightarrow \neg P$

假言三段论：$P \rightarrow Q$，$Q \rightarrow R \Rightarrow P \rightarrow R$

两难推论：$P \vee Q$，$P \rightarrow R$，$Q \rightarrow R \Rightarrow R$

全称固化：$(\forall x) P(x) \Rightarrow P(y)$，其中 y 是个体域中的任一个体。

存在固化：$(\exists x) P(x) \Rightarrow P(y)$，其中 y 是个体域中使 $P(x)$ 为真的个体。

例 4-5 （问题 4-1 的证明）若厂方拒绝增加工资，则罢工不会停止，除非罢工超过一年且工厂经理辞职。问：如果厂方拒绝增加工资，而罢工刚刚开始，罢工能否停止？

解：设命题 P：厂方拒绝增加工资；Q：罢工停止；R：工厂经理辞职；S：罢工超过一年。用以上定义的命题和逻辑连接符表示出例 4-1 文字中的逻辑语义和已知条件。

已知条件：P，$\neg S$

逻辑语义：$P \wedge \neg (S \wedge R) \rightarrow \neg Q$

推理过程：$\neg (S \wedge R)$：使用了前提引入规则、德·摩根定律

$P \wedge \neg (S \wedge R)$：使用了前提引入规则、结论引入规则

$P \wedge \neg (S \wedge R)$、$P \wedge \neg (S \wedge R) \rightarrow \neg Q$：使用了前提引入规则、结论引入规则和假言推理

结论：罢工没有停止

下面给出利用谓词逻辑的一般演绎推理的例子。

例 4-6　设已知如下事实：

① 只要是需要编程的课，王程都喜欢；

② 所有程序设计语言课都是需要编程的课；

③ C 语言是一门程序设计语言课。

求证：王程喜欢 C 语言这门课。

解：第一步：定义谓词。

Prog(x)：x 是需要编程的课；

Like(x,y)：x 喜欢 y；

Lang(x)：x 是一门程序设计语言课。

第二步：把事实及待求解问题用谓词公式表示。

只要是需要编程的课，王程都喜欢

$$(\forall x)\mathrm{Prog}(x)\rightarrow\mathrm{Like}(\mathrm{Wang},\ x) \tag{4-1}$$

所有程序设计语言课都是需要编程的课

$$(\forall x)(\mathrm{Lang}(x)\rightarrow\mathrm{Prog}(x)) \tag{4-2}$$

C 语言是一门程序设计语言课

$$\mathrm{Lang}(\mathrm{C}) \tag{4-3}$$

第三步：应用规则推理。

由式(4-2)，利用置换$\{\mathrm{C}/x\}$，可以得到下式：

$$\mathrm{Lang}(\mathrm{C})\rightarrow\mathrm{Prog}(\mathrm{C}) \tag{4-4}$$

由式(4-3)和式(4-4)利用假言推理规则 Lang(C),Lang(C)→Prog(C)，可以推得 Prog(C)为真；式(4-1)经过置换$\{\mathrm{C}/x\}$得 Prog(C)→ Like(Wang,C)，结合 Prog(C)为真和假言推理得 Like(Wang,C)为真，此谓词公式的语义为王程喜欢 C 语言这门课，所以王程喜欢 C 语言这门课。

4.2.2　归结演绎推理

人工智能中的问题求解几乎都可以转化为定理证明问题。定理证明的实质是从公式集 $S=\{P_1,P_2,\cdots,P_n\}$ 出发推出结论 G，即需要验证蕴含式永真$(P_1\wedge P_2\wedge\cdots\wedge P_n)\rightarrow G$。蕴含式永真不容易验证，可将其转化为不可满足性，即将验证$(P_1\wedge P_2\wedge\cdots\wedge P_n)\rightarrow G$ 永真转化为验证$(P_1\wedge P_2\wedge\cdots\wedge P_n)\wedge\neg G$ 不可满足。引入两个新的概念——子句、子句集，并定义不包含任意文字的子句称为空子句。空子句是永假的、不可满足的，一般记为 NIL 或□。

原子或原子的否定称为文字，有限个文字的析取式称为一个子句，由子句和空子句组成的集合称为子句集，在谓词逻辑中，任何一个谓词公式都可以通过应用等价关系及推理规则化成相应的子句集。子句集的特点是无量词约束、每个元素(子句)只是文字的析取、否定符只作用于单个文字、子句间默认为合取。下面介绍将一个谓词公式化成相应的子句集的过程。

1. 化子句集的步骤

步骤 1：消去连接词“→”和“↔”。反复使用如下等价式 $P\rightarrow Q\Leftrightarrow\neg P\vee Q$；$P\leftrightarrow Q\Leftrightarrow(P\wedge Q)\vee(\neg P\wedge\neg Q)$，即可消去连接词“→”和“↔”。

例如：$(\forall x)((\forall y)(P(x,y)\rightarrow\neg(\forall y)(Q(x,y)\rightarrow R(x,y)))$

$\neg(\forall y)(Q(x,y)\rightarrow R(x,y))\Leftrightarrow\neg(\forall y)(\neg Q(x,y)\vee R(x,y))$

所以$(\forall x)((\forall y)(P(x,y)\rightarrow\neg(\forall y)(Q(x,y)\rightarrow R(x,y)))\Leftrightarrow$
$(\forall x)(\neg(\forall y)P(x,y)\vee\neg(\forall y)(\neg Q(x,y)\vee R(x,y)))$

步骤2：减少否定符号的辖域。反复使用德·摩根定律：$\neg(P\vee Q)\Leftrightarrow\neg P\wedge\neg Q$，$\neg(P\wedge Q)\Leftrightarrow\neg P\vee\neg Q$；双重否定律：$\neg\neg P\Leftrightarrow P$；量词转换律：$\neg(\exists x)P\Leftrightarrow(\forall x)\neg P$，$\neg(\forall x)P\Leftrightarrow(\exists x)\neg P$。将每个否定符号移到紧靠谓词的位置，使否定符号只作用于一个谓词上。

接上例：$(\forall x)((\exists y)\neg P(x,y)\vee(\exists y)(Q(x,y)\wedge\neg R(x,y)))$

步骤3：变元标准化。在一个量词的辖域内，把谓词公式中受该量词约束的变元全部用另外一个没有出现过的变元代替，使不同量词约束的变元的名称不同。

接上例：$(\forall x)((\exists y)\neg P(x,y)\vee(\exists z)(Q(x,z)\wedge\neg R(x,z)))$

步骤4：化为前束范式，即将所有量词移至谓词公式的最前面。

接上例：$(\forall x)(\exists y)(\exists z)(\neg P(x,y)\vee(Q(x,z)\wedge\neg R(x,z)))$

步骤5：消去存在量词。消去存在量词的规则是：用一个Skolem函数代替每一个出现的存在量词的约束变量。

接上例：$(\forall x)(\neg P(x,f(x))\vee(Q(x,g(x))\wedge\neg R(x,g(x))))$

步骤6：化Skolem标准形。

接上例：$(\forall x)((\neg P(x,f(x))\vee Q(x,g(x)))\wedge(\neg P(x,f(x))\vee\neg R(x,g(x))))$

步骤7：消去全称量词。

接上例：$(\neg P(x,f(x))\vee Q(x,g(x))\wedge(\neg P(x,f(x))\vee\neg R(x,g(x)))$

步骤8：消去合取词。

接上例：$\neg P(x,f(x))\vee Q(x,g(x)),\neg P(x,f(x))\vee\neg R(x,g(x))$

步骤9：更换变元名称，得到谓词公式的标准子句集。

接上例：$\{\neg P(x,f(x))\vee Q(x,g(x)),\neg P(y,f(y))\vee\neg R(y,g(y))\}$

2. 鲁滨逊归结原理

（1）基本思想 要证明$(P_1\wedge P_2\wedge\cdots\wedge P_n)\wedge\neg G$不可满足，首先将谓词公式$(P_1\wedge P_2\wedge\cdots\wedge P_n)\wedge\neg G$转化为子句集S，然后证明子句集S不可满足。子句集S不可满足可以通过后面定义的归结运算找出空子句，而空子句是不可满足的。

（2）命题逻辑归结 下面定义归结运算，设C_1和C_2是子句集S中的任意两个子句，如果子句C_1中的文字L_1与C_2中的文字L_2互补，则从C_1和C_2中分别消去L_1和L_2，并将两个子句余下的部分析取构成一个新子句C_{12}，这一过程称为归结，C_{12}为C_1和C_2的归结式，C_1和C_2为C_{12}的亲本子句。可以证明归结式C_{12}是其亲本子句C_1和C_2的逻辑结论。下面不加证明地给出在归结演绎中要用的几个结论：

结论1：设C_1和C_2是子句集S中的两个子句，C_{12}是C_1和C_2的归结式，用C_{12}代替C_1和C_2后构成新子句集S_1，则由S_1的不可满足性可以推出S的不可满足性，即S_1不可满足$\Rightarrow$S不可满足。

结论2：设C_1和C_2是子句集S中的两个子句，C_{12}是C_1和C_2的归结式，将C_{12}添加到S中构成新子句集S_2，则S_2的不可满足性与S的不可满足性等价，即S_2不可满足$\Leftrightarrow$S不可满足。

结论3：子句集S是不可满足的，充要条件是存在一个从S到空子句的归结过程。（归结的完备性）

应用归结原理证明定理的过程称为归结反演。已知F，证明G的归结反演过程如下：

① 否定目标公式 G，得$\neg$G；

② 把$\neg$G 并入到公式集 F 中，得$\{F,\neg G\}$；

③ 把$\{F,\neg G\}$化子句集 S；

④ 应用归结原理对 S 中的子句进行归结并将归结式并入 S，反复进行，直到出现空子句。

例 4-7　设已知公式集为$\{P,(P\land Q)\to R,(S\lor T)\to Q,T\}$，求证 R。

解： 设 R 为假并加入已知公式集得

$$\{P,(P\land Q)\to R,(S\lor T)\to Q,T,\neg R\}$$

化子句集得子句集 F

$$F=\{P,\neg P\lor\neg Q\lor R,\neg S\lor Q,\neg T\lor Q,T,\neg R\}$$

对子句集 F 归结，归结演绎树过程如图 4-10 所示。

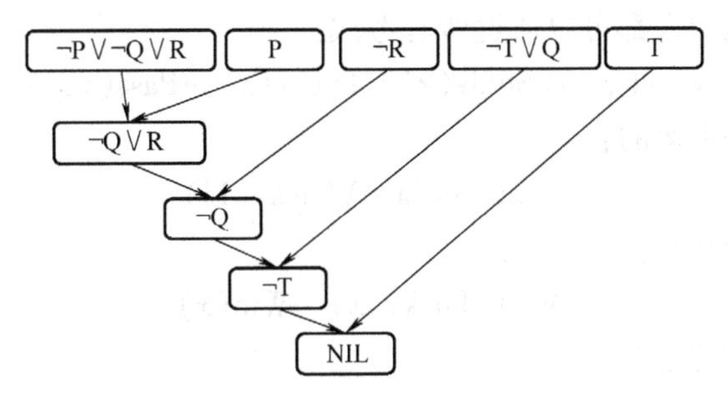

图 4-10　例 4-7 归结演绎树

3. 谓词逻辑归结

设 C_1 和 C_2 是两个没有公共变元的子句，L_1 和 L_2 分别是 C_1 和 C_2 中的文字，如果 L_1 和 $\neg L_2$ 存在最一般合一 σ，则称 $C_{12}=\{C_1\sigma-\{L_1\sigma\}\}\cup\{C_2\sigma-\{L_2\sigma\}\}$ 为 C_1 和 C_2 的归结式。

例 4-8　$C_1=P(a)\lor R(x)$，$C_2=\neg P(y)\lor Q(b)$，求 C_{12}。

解： 取 $L_1=P(a)$，$L_2=\neg P(y)$

最一般合一 $\sigma=\{a/y\}$

$$\begin{aligned}C_{12}&=(\{P(a),R(x)\}-\{P(a)\})\cup(\{\neg P(a),Q(b)\}-\{\neg P(a)\})\\&=\{R(x),Q(b)\}\\&=R(x)\lor Q(b)\end{aligned}$$

谓词的归结与命题的归结相比多了置换和合一，所以谓词的归结多了以下内容。设 C_1 和 C_2 是两个没有公共变元的子句，谓词的归结包括如下几种情况：

① C_1 和 C_2 的二元归结式；

② C_1 和 C_2 的因子 $C_2\sigma$ 的二元归结式；

③ C_1 的因子 $C_1\sigma$ 和 C_2 的二元归结式；

④ C_1 的因子 $C_1\sigma$ 和 C_2 的因子 $C_2\sigma$ 的二元归结式。

以上四种归结式都是 C_1 和 C_2 的归结式，记为 C_{12}。

谓词逻辑归结反演与命题逻辑归结反演过程基本相同，具体有：

① 否定目标公式 G，得$\neg$G；

② 把$\neg$G 并入到公式集 F 中，得$\{F,\neg G\}$；

③ 把$\{F,\neg G\}$化子句集 S；

④ 应用归结原理对 S 中的子句进行归结并将归结式并入 S，反复进行，直到出现空子句。

例 4-9 （问题 4-2 的求解）“快乐学生”问题。假设任何通过计算机考试并获奖的人都是快乐的，任何肯学习或幸运的人都可以通过所有考试，李不肯学习但他是幸运的，任何幸运的人都能获奖。求证：李是快乐的。

解：第一步：定义谓词。

Happy(x)：x 快乐；Study(x)：x 肯学习；Lucky(x)：x 幸运；Win(x)：x 获奖；Pass(x,y)：x 通过考试 y。

第二步：用谓词表示问题。

任何通过计算机考试并获奖的人都是快乐的：

$$(\forall x)(\text{Pass}(x,\text{Computer}) \land \text{Win}(x) \rightarrow \text{Happy}(x)) \tag{4-5}$$

任何肯学习或幸运的人都可以通过所有考试：

$$(\forall x)(\forall y)(\text{Study}(x) \lor \text{Lucky}(x) \rightarrow \text{Pass}(x,y)) \tag{4-6}$$

李不肯学习但他是幸运的：

$$\neg \text{Study}(\text{Li}) \land \text{Lucky}(\text{Li}) \tag{4-7}$$

任何幸运的人都能获奖：

$$(\forall x)(\text{Lucky}(x) \rightarrow \text{Win}(x)) \tag{4-8}$$

结论“李是快乐的”之否定：

$$\neg \text{Happy}(\text{Li}) \tag{4-9}$$

第三步：将式(4-5)~式(4-9)化为子句集，应用连词化归律去掉式(4-5)中的蕴含符号，得到谓词公式$\neg \text{Pass}(x,\text{Computer}) \lor \neg \text{Win}(x) \lor \text{Happy}(x)$，得到一个子句。类似地，式(4-6)有

$(\forall x)(\forall y)(\text{Study}(x) \lor \text{Lucky}(x) \rightarrow \text{Pass}(x,y)) \Leftrightarrow (\forall x)(\forall y)((\neg \text{Study}(x) \land \neg \text{Lucky}(x)) \lor \text{Pass}(x,y))$，得到两个子句$\{\neg \text{Study}(y) \lor \text{Pass}(y,z), \neg \text{Lucky}(u) \lor \text{Pass}(u,v)\}$，照此处理得到问题的子句集为

$\{\neg \text{Pass}(x,\text{Computer}) \lor \neg \text{Win}(x) \lor \text{Happy}(x), \neg \text{Study}(y) \lor \text{Pass}(y,z), \neg \text{Lucky}(u) \lor \text{Pass}(u,v), \neg \text{Study}(\text{Li}), \text{Lucky}(\text{Li}), \neg \text{Lucky}(w) \lor \text{Win}(w), \neg \text{Happy}(\text{Li})\}$

归结过程见“快乐学生”问题的归结反演树，如图 4-11 所示。

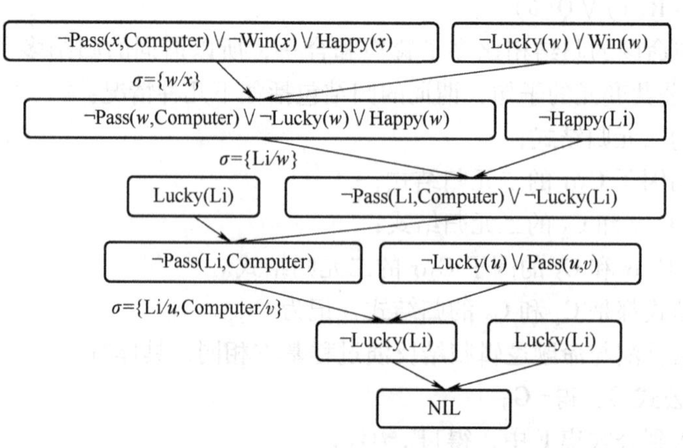

图 4-11 “快乐学生”问题的归结反演树

4.3 不确定性知识表示方法与推理

本章的4.1节与4.2节介绍了确定性知识表示和推理的方法，本节将简单介绍不确定性知识如何表示以及建立在不确定性知识和证据基础上的“不确定性推理”的几种方法。不确定性知识的表示方法主要有概率方法(也叫作概率模型)以及模糊集方法两大类。

为何要讨论不确定性推理? 人工智能主要是模拟人类的智能行为，而人类推理主要的形式是不确定性推理，因为人们在做决策时大部分是在信息不完全或者证据和结果不确定现象的情况下进行的，如掷骰子。因此要很好地模拟人类智能，就一定要能够处理这些不确定信息的情形。本节将介绍如何使用概率方法表示不确定性知识以及概率推理基本框架，并进一步介绍一种类概率的表示和推理方法——证据理论。

4.3.1 概率表示及推理方法

概率的基本概念大部分人在中学时已经初步接触过，其是一种具有严格数学基础、处理具有统计规律的不确定现象的数学工具。它是用数学的方法描述一个可观察结果的人工或自然的过程，其产生的结果可能不止一个，且不能事先确定会产生什么结果，将这个过程称为随机试验，随机试验的全部可能结果的集合称为样本空间Ω，其中的点称为样本点或原子事件。样本空间有时也称为原子事件的集合，其有两个性质：其一为互斥性，即同时成立的原子事件只能有一个；其二为真实性，即至少有一个原子事件发生。比如掷硬币，其样本空间Ω={正面，反面}，每一次出现的结果只能是“正面”或“反面”，而且每次试验必有一个结果出现。

通过一个简单的例子来介绍概率论中的基本概念。假设掷两个骰子，其编号为1#和2#，每个骰子的可能取值为集合Ω={1,2,3,4,5,6}，定义两个变量X、Y分别表示1#和2#骰子的投掷结果，将这两个变量称为随机变量，这两个随机变量的样本空间是集合Ω，即变量所有的可能取值。表4-2和表4-3分别表示X、Y这两个变量的取值规律。

表4-2　随机变量X的概率分布

X=	1	2	3	4	5	6
p	1/6	1/6	1/6	1/6	1/6	1/6

表4-3　随机变量Y的概率分布

Y=	1	2	3	4	5	6
p	1/12	1/12	1/6	1/6	1/6	1/3

这两个表称为随机变量X、Y的概率分布，表示了随机试验后随机变量X、Y取某个值的可能性。第一个随机变量表示1#骰子，其概率分布是正常的，第二个随机变量表示2#骰子是异常的。两个随机变量的联合概率分布记为$P(X、Y)$，它是36个样本点的概率，下面介绍几个基本概念。

随机事件A：随机试验的一些可能结果的集合是样本空间的一个子集，子集中任何一个样本发生都称为随机事件A发生。

随机事件的概率P(A)：随机事件A出现的可能性，集合中所有样本点的概率之和，称之为A的无条件概率或先验概率。例如，随机事件A是随机变量X为奇数的集合，随机事件B是随机变量Y为偶数的集合，则随机事件A的概率为$P(\mathrm{A})=0.5$(见表4-2)，随机事件B的概率为$P(\mathrm{B})=7/12$。(见表4-3)

条件概率$P(\mathrm{A}|\mathrm{B})$：随机事件B出现的条件下事件A出现的可能性，称之为A在条件B下的条件概率或后验概率。

随机变量按样本空间可以分成如下类型：①布尔型随机变量：样本空间仅有两个样本，一般样本空间表示为$\{\mathrm{T},\mathrm{F}\}$；②离散型随机变量：取值于一个有限或可数集合；③连续型随机变量：取值于一个区间或连续空间。由多个随机变量组成的向量称为**随机向量**，如二维随机向量$(X,Y)^{\mathrm{T}}$。随机变量的特征是由联合概率分布描述的，如随机向量$(X,Y)^{\mathrm{T}}$的样本空间$\Omega=\Omega_X\times\Omega_Y=\{(1,1),(1,2),\cdots,(1,6),(2,1),\cdots,(2,6),\cdots,(6,6)\}$，共有36个原子样本，联合概率分布类似表4-2、表4-3，由每个原子样本的概率给出。

基于概率的不确定表示可以视为将确定性推理中的命题(一阶谓词)看成随机变量(概率论中的基本单元)，问题中的所有随机变量构成的随机向量看成问题描述的基础，随机向量的联合概率分布是推理的基础知识。基于概率的不确定知识表示如图4-12所示。

推理的基本思路为：把随机变量根据问题的需要分成三部分，即查询变量、证据变量和隐变量。根据已经观察到的证据计算查询命题的后验概率，而联合概率分布作为“知识库”。基本思路如图4-13所示。

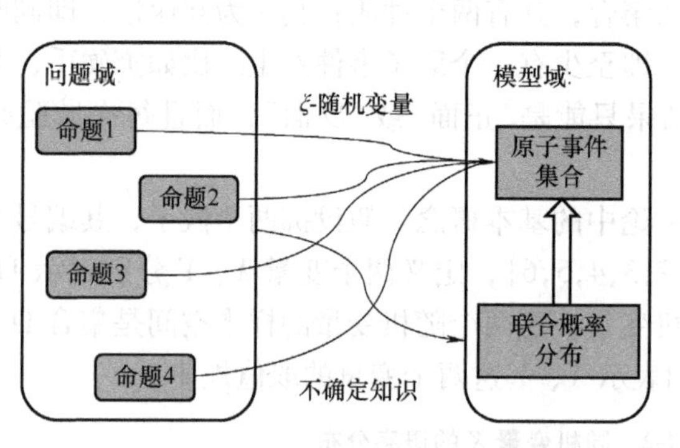

图4-12　基于概率的不确定知识表示

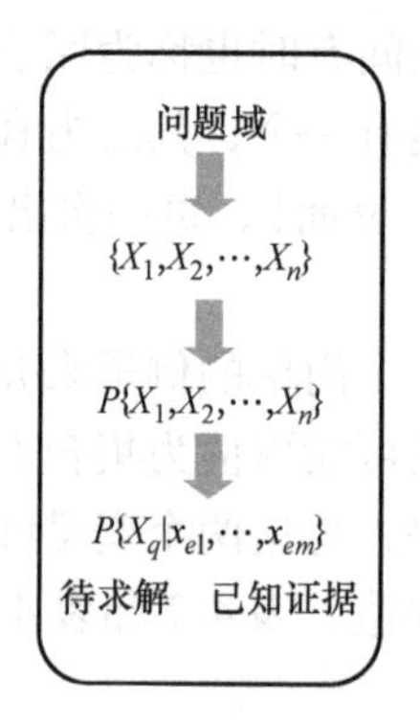

图4-13　基本思路

在使用概率方法表示不确定性知识的基础上，使用联合概率分布进行推理一般来说可以使用以下推理过程：

① X：查询变量；

② E：证据变量集合，e表示其观察值；

③ Y：未观测变量集合，y表示其一个具体的赋值。

即
$$P(X|E=e)=\sum_y P(X,E=e,y)$$

但是，在使用联合概率分布进行推理时需要注意的是，如果问题域由n个布尔型随机变量描述，则问题的原子样本集合有2^n个样本，需要2^n个数据构成联合概率分布，作为知识库。在实际问题中实现较为困难，为解决计算复杂度高的问题，贝叶斯网络(Bayesian Network)、条件随机场等技术被提出。

4.3.2　证据理论

证据理论(Evidential Theory)的名称有很多，如Dempster-Shafer理论、Dempster-Shafer证

据理论和 DS(或 D-S)理论。证据理论诞生于 20 世纪 60 年代，由美国哈佛大学数学家 A. P. Dempster 在利用上、下限概率来解决多值映射问题方面的研究工作中提出。之后，Dempster 的学生 G. Shafer 对证据理论做了进一步的发展，引入信任函数概念，形成了一套基于“证据”和“组合”来处理不确定性推理问题的数学方法，并于 1976 年出版了《证据的数学理论》(*A Mathematical Theory of Evidence*)，这标志着证据理论正式成为一种处理不确定性问题的完整理论。由于在证据理论中需要的先验数据比概率推理理论中的更为直观、更容易获得，再加上 Dempster 合成公式可以综合不同专家或数据源的知识或数据，这使得证据理论在专家系统、信息融合等领域中得到了广泛应用。

1. 概率分配函数

DS 理论处理的是集合上的不确定性问题，为此需要先建立命题与集合之间的一一对应关系；概率分配函数是一种把一个有限集合的幂集映射到[0,1]区间的函数，以把命题的不确定性问题转化为集合的不确定性问题。

(1) 幂集　设 Ω 为样本空间，且 Ω 中的每个元素都相互独立，则由 Ω 的所有子集构成的幂集记为 2^{Ω}。当 Ω 中的元素个数为 N 时，则其幂集 2^{Ω} 的元素个数为 2^{N}，且其中的每一个元素都对应于一个关于 x 取值情况的命题。

(2) 概率分配函数(*mass* 函数)　设函数 m：$2^{\Omega}\to[0,1]$，且满足

$$m(\Phi)=0,\quad \sum_{A\subseteq\Omega} m(A)=1 \tag{4-10}$$

则称 m 是 2^{Ω} 上的概率分配函数，$m(A)$称为 A 的基本概率数。需要注意的是：概率分配函数的作用是把 Ω 的任一子集映射为[0,1]上的一个数 $m(A)$。当 A⊂Ω，且 A 由单个元素组成时，则 $m(A)$表示对 A 的精确信任度；当 A⊂Ω、A≠Ω，且 A 由多个元素组成时，$m(A)$也表示对 A 的精确信任度，但却不知这部分信任度该分给 A 中的哪些元素；当 A=Ω 时，则 $m(A)$也表示不知该如何分配。注意：概率分配函数不是概率。

一个特殊的概率分配函数：设 $\Omega=\{s_1,s_2,\cdots,s_n\}$，$m$ 为定义在 2^{Ω} 上的概率分配函数，且 m 满足

① $m(\{s_i\})\geqslant 0$，对任何 $s_i\in\Omega$；

② $\sum_{i=1}^{n} m(\{s_i\})\leqslant 1$；

③ $m(\Omega)=1-\sum_{i=1}^{n} m(\{s_i\})$；

④ 当 $A\subset\Omega$ 且 $|A|>1$ 或 $|A|=0$ 时，$m(A)=0$。

其中，$|A|$ 表示命题 A 所对应的集合中的元素个数。

该概率分配函数的特殊性体现在：只有当子集中的元素个数为 1 时，其概率分配数才有可能大于 0；当子集中有多个或 0 个元素，且不等于全集时，其概率分配数均为 0；全集 Ω 的概率分配数按③计算。

概率分配函数的合成：设 m 和 n 是两个不同的概率分配函数，其正交和 $m\oplus n$ 满足

① $m\oplus n(\phi)=0$；

② $m\oplus n(A)=\frac{1}{K}\sum_{x\cap y=A} m(x)*n(y)$。

其中，$K=1-\sum_{x\cap y=\phi} m(x)*n(y)$。

2. 信任函数和似然函数

根据上述特殊的概率分配函数定义，对任何命题 $A\subseteq\Omega$，其信任函数为

$$Bel(A)=\sum_{s_i\in A}m(\{s_i\})$$

$$Bel(\Omega)=\sum_{B\subseteq\Omega}m(B)=\sum_{i=1}^{n}m(\{s_i\})+m(\Omega)=1 \tag{4-11}$$

信任函数也称为下限函数，表示对 A 的总体信任度。

对任何命题 $A\subseteq\Omega$，其似然函数为

$$\begin{aligned}Pl(A)&=1-Bel(\neg A)=1-\sum_{s_i\in\neg A}m(\{s_i\})=1-\left[\sum_{i=1}^{n}m(\{s_i\})-\sum_{s_i\in A}m(\{s_i\})\right]\\&=1-[1-m(\Omega)-Bel(A)]\\&=m(\Omega)+Bel(A)\end{aligned}$$

$$Pl(\Omega)=1-Bel(\neg\Omega)=1-Bel(\phi)=1 \tag{4-12}$$

似然函数也称为上限函数，表示对 A 的非假信任度。

3. 类概率函数

设 Ω 为有限域，对任何命题 $A\subseteq\Omega$，命题 A 的类概率函数为

$$f(A)=Bel(A)+\frac{|A|}{|\Omega|}\times[Pl(A)-Bel(A)] \tag{4-13}$$

其中，$|A|$ 和 $|\Omega|$ 分别是 A 及 Ω 中元素的个数。类概率函数 $f(A)$ 具有如下性质：

① $\sum_{i=1}^{n}f(\{s_i\})=1$；

② $A\subseteq\Omega$，有 $Bel(A)\leqslant f(A)\leqslant Pl(A)$；

③ $A\subseteq\Omega$，有 $f(\neg A)=1-f(A)$。

4. 证据理论的推理模型

（1）知识不确定性的表示

$$\text{IF}\quad E\quad \text{THEN}\quad H=\{h_1,h_2,\cdots,h_n\}\quad CF=\{c_1,c_2,\cdots,c_n\}$$

其中，E 为前提条件，它既可以是简单条件，也可以是用合取或析取词连接起来的复合条件；H 是结论，它用样本空间中的子集表示，$h_1,h_2,\cdots,h_n$ 是该子集中的元素；CF 是可信度因子，用集合形式表示，该集合中的元素 $c_1,c_2,\cdots,c_n$ 用来指出 $h_1,h_2,\cdots,h_n$ 的可信度。c_i 与 h_i 一一对应，并且 c_i 应满足如下条件：

$$c_i\geqslant 0,\quad i=1,2,\cdots,n;\quad \sum_{i=1}^{n}c_i\leqslant 1$$

（2）证据不确定性的表示 设 A 是规则条件部分的命题，E′是外部输入的证据和已证实的命题，在证据 E′的条件下，命题 A 与证据 E′的匹配程度为

$$MD(A|E')=\begin{cases}1, & \text{如果 A 的所有元素都出现在 E 中}\\0, & \text{否则}\end{cases}$$

条件部分命题 A 的确定性为

$$CER(A)=MD(A|E')\times f(A)$$

其中，$f(A)$ 为类概率函数。由于 $f(A)\in[0,1]$，因此 $CER(A)\in[0,1]$。

（3）组合证据不确定性的表示 当组合证据是多个证据的合取时，即 $E=E_1$ AND E_2 AND ⋯ AND E_n 时，则 $CER(E)=\min\{CER(E_1),CER(E_2),\cdots,CER(E_n)\}$；当组合证据是多个证据

的析取时，即 $E=E_1$ OR E_2 OR … OR E_n 时，则 $CER(E)=\max\{CER(E_1),CER(E_2),\cdots,CER(E_n)\}$。

（4）不确定性的更新　设有知识 IF E THEN $H=\{h_1,h_2,\cdots,h_n\}$　$CF=\{c_1,c_2,\cdots,c_n\}$，则求结论 H 的确定性 $CER(H)$ 的方法如下：

求 H 的概率分配函数

$$m(\{h_1\},\{h_2\},\cdots,\{h_n\})=(CER(E)\times c_1,CER(E)\times c_2,\cdots,CER(E)\times c_n)$$

$$m(\Omega)=1-\sum_{i=1}^{n}\mathrm{CER}(E)\times c_i$$

如果有两条或多条知识支持同一结论 H，例如：

IF　E1　THEN　$H=\{h_1,h_2,\cdots,h_n\}$　$CF=\{c_{11},c_{12},\cdots,c_{1n}\}$

IF　E2　THEN　$H=\{h_1,h_2,\cdots,h_n\}$　$CF=\{c_{21},c_{22},\cdots,c_{2n}\}$

则按正交和求 $CER(H)$，即先求出

$$m_1=m_1(\{h_1\},\{h_2\},\cdots,\{h_n\})$$

$$m_2=m_2(\{h_1\},\{h_2\},\cdots,\{h_n\})$$

然后再用公式 $m=m_1\oplus m_2$ 求 m_1 和 m_2 的正交和，最后求得 H 的 m。

求 $Bel(H)$、$Pl(H)$ 及 $f(H)$：

$$Bel(H)=\sum_{i=1}^{n}m(\{h_i\})$$

$$Pl(H)=1-Bel(\neg H)$$

$$f(H)=Bel(H)+\frac{|H|}{|\Omega|}\times[Pl(H)-Bel(H)]=Bel(H)+\frac{|H|}{|\Omega|}\times m(\Omega)$$

求 H 的确定性 $CER(H)$：按公式 $CER(H)=MD(H|E')\times f(H)$ 计算结论 H 的确定性。

可以看出，证据理论的优点在于它能够满足比概率更弱的公理系统并能够处理由“不知道”引起的不确定性。但同时证据理论要求 Ω 中的元素是互斥的，这一点在许多应用领域中难以做到，并且证据理论需要给出的概率分配数过多。

4.4　问题求解

4.4.1　一般图搜索

问题求解是人类智能的一个基本功能，而一般问题求解都可以转化为一个以状态空间表示的搜索过程。搜索是人工智能中的一个基本问题，也是推理不可分割的一部分，因此尼尔逊将其列为人工智能研究的核心问题之一。所谓搜索就是找到能够达到所希望目标状态的动作序列的过程。在状态空间描述下，搜索就是通过搜索引擎寻找一个操作算子的调用序列，使问题从初始状态变迁到目标状态之一，而状态变迁序列及相应的操作算子调用序列称为从初始状态到目标状态的解。若要把状态集合中的所有元素都画出，计算机的资源需求过大，所以搜索的执行思路是从初始状态出发，每次只将当前状态可以到达的状态画出，随着搜索过程的进展逐步画出搜索图。

1. 状态空间图搜索的术语

State（状态）：搜索树/图中与该结点相对应的状态。

Parent-Node(父结点)：搜索树/图中产生该结点的结点。

Action(操作)：由父结点产生该结点的操作，结点扩展是指应用操作算子将上一状态结点 n_i 变迁到下一状态结点 n_j，n_i 是被扩展结点，n_j 是 n_i 的子结点。

Depth(结点深度)：搜索图是一个有根图，根结点是初始状态，记其结点深度为0，其他结点深度定义为其父结点深度 d_{n-1} 加 1：$d_n = d_{n-1}+1$。

Path(路径)：从结点 n_i 到结点 n_j 的路径是由相邻结点间的弧线构成的折线，通常要求路径是无环的。

Path-Cost(路径代价)：相邻结点间路径代价为 $C(n_i, n_{i+1})$，路径 (n_0, n_k) 的代价为 $\sum C(n_i, n_{i+1})$。

CLOSED 表：用于存放已经扩展或将要扩展的结点。CLOSED 表的一般形式如图 4-14 所示。

编号	状态结点	父结点

图 4-14　CLOSED 表的一般形式

OPEN 表：用于存放刚生成的结点，由于这些结点还没有扩展，也称为未扩展结点表。OPEN 表的一般形式如图 4-15 所示。

状态结点	父结点

图 4-15　OPEN 表的一般形式

2. 状态空间一般图搜索过程

步骤 1：产生一个仅有初始结点 S_0 的 OPEN 表，建立一个仅有初始结点 S_0 的图 G。

步骤 2：产生一个空的 CLOSED 表。

步骤 3：如果 OPEN 表为空，则失败退出。

步骤 4：在 OPEN 表的首部取一个结点 n，将其放入 CLOSED 表，在 OPEN 表删除结点 n。

步骤 5：若 $n \in \text{Goal}$，则成功退出，解为图 G 中沿指针从 n 到 S_0 的路径。

步骤 6：扩展结点 n 生成一切后继结点，将不是结点 n 的先辈结点集合记成 M，并将 M 作为结点 n 的后继结点装入图 G 中。

步骤 7：针对 M 中结点的不同情况分别处理如下：对没有在图 G 中出现的新结点 p，设置一个指向父结点的指针，放入 OPEN 表中；若 $p \in G$，即结点 p 出现在 OPEN 表或 CLOSED 表中，此时需根据具体情况决定是否改变图 G 中相关结点的指针。

步骤 8：对 OPEN 中的结点按某种原则重新排序。

步骤 9：转步骤 3。

关于步骤 7 的说明：①结点 p 在 OPEN 表中，说明结点 p 在结点 n 之前已经是某一个结

点 m 的子结点，但本身并没有被考察，即没有生成 p 的后继结点，这表明从 S_0 到结点 p 至少存在两条路径，指向父结点的指针按路径代价较小确定；②结点 p 在 CLOSED 表中，说明结点 p 在结点 n 之前已经是某一个结点 m 的子结点，指向父结点的指针按路径代价较小确定；③结点 p 的已经生成后继结点，对后继结点指向父结点的指针按路径代价确定。

一般图搜索算法的伪代码如下：

① G：$=G_0(G_0=s)$，OPEN：=(s)；
② CLOSED：=()；设置 CLOSED 表，起始设置为空表
③ LOOP：IF OPEN=()，THEN EXIT(FAIL)；
④ n：=FIRST(OPEN)，REMOVE(n，OPEN)，ADD(n，CLOSED)；称 n 为当前结点
⑤ IF GOAL(n)，THEN EXIT(SUCCESS)；由 n 返回到 s 路径上的指针，可给出解路径
⑥ EXPAND(n)→$\{m_e\}$，G：=ADD(m_k，G)；子结点集 $\{m_k\}$ 中不包含 n 的父辈结点
⑦ 标记和修改指针：
ADD(m_n，OPEN)；并标记 m_n 连接到 n 的指针，m_n 为 OPEN 和 CLOSED 中未出现过的子结点，$\{m_k\}=\{m_n\}\cup\{m_o\}\cup\{m_c\}$
计算是否要修改 m_o、m_c 到 n 的指针；m_o 为已出现在 OPEN 中的子结点，m_c 为已出现在 CLOSED 中的子结点
计算是否要修改 m_c 到其后继结点的指针；
⑧ 对 OPEN 中的结点按某种原则重新排序；
⑨ GO LOOP；

4.4.2 盲目搜索

一般图搜索提高效率的关键是优化 OPEN 表中结点的排序方式，若每次排在表首的结点都在最终搜索到的解路径上，则算法不会扩展任何多余结点就可以快速结束搜索，所以不同的排序方式形成多种搜索策略。

1. 广度优先搜索

广度优先搜索也称为宽度优先，这种搜索策略的搜索过程是从初始结点 S_0 开始逐层向下扩展，在第 n 层没有扩展完成之前，不进行下一层结点的搜索。OPEN 表中的结点总是按产生的先后排序，先产生的结点排在 OPEN 表的前面，后产生的结点排在 OPEN 表的后面。

例 4-10 （问题 4-3 的求解）八数码问题。在 3×3 的方格棋盘上，分别放置了标有数字 1、2、3、4、5、6、7、8 的八张牌，初始状态为 S_0、目标状态为 S_g，如下图所示，可以使用的操作有：空格左移、空格右移、空格上移、空格下移。应用广度优先搜索策略寻找从初始状态到目标状态的路径。

S_0

2		3
1	8	4
7	6	5

S_g

1	2	3
8		4
7	6	5

解：按一般图搜索算法，OPEN 表中的元素按先进先出的排序方式，得到广度优先搜索图如图 4-16 所示。

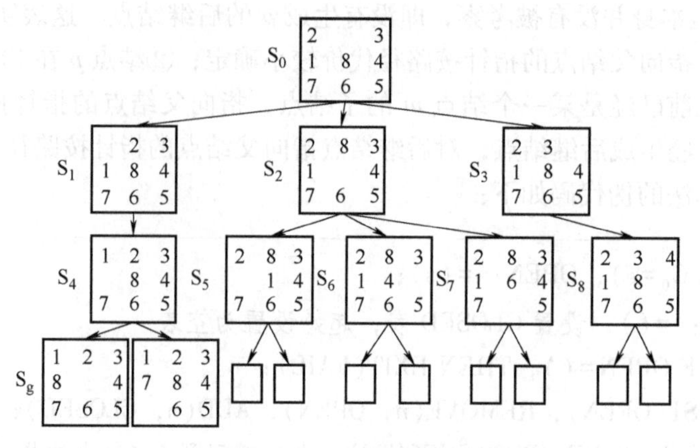

图 4-16　广度优先搜索图

广度优先搜索的优点：广度优先搜索是一种完备的搜索策略，即只要问题有解，就一定可以找到解路径；广度优先搜索得到的解一定是路径最短的解。其缺点是盲目性较大，搜索过程产生很多无用的结点，因此搜索效率低。

2. 深度优先搜索

深度优先搜索过程是从初始结点 S_0 开始，选择最新产生的结点考察扩展，直到找到目标结点为止。OPEN 表中的结点总是将新产生的结点放在 OPEN 的前面。上例的深度优先搜索图如图 4-17 所示。

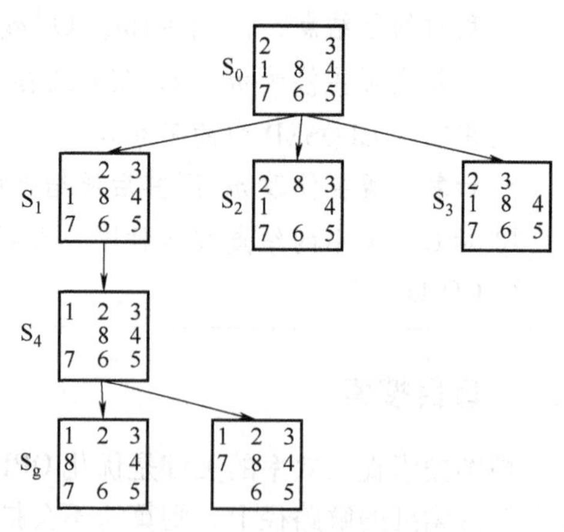

图 4-17　深度优先搜索图

深度优先搜索的优点是它的解一般不是最短路径，但如果目标恰好在搜索分支，则可以很快找到解；其缺点是深度优先搜索是一种不完备的搜索策略，即有解但不一定搜索到问题的解。

4.4.3　启发式搜索

前面讨论的搜索策略中没有考虑问题本身的信息，而只是按事先规定的路线进行搜索。如果在搜索过程中使用在搜索过程中获得的问题自身的一些特性信息来指导搜索显然会有利于搜索。将这种利用问题自身特性信息来引导搜索过程的搜索方法称为启发式搜索。启发信息在搜索过程中的主要作用是对结点的重要性进行评估，通过评估来实现 OPEN 表中结点的排序。启发信息越强，则生成的结点越少。评估一般是通过估价函数实现的。

1. 估价函数

估价函数是以结点为自变量的函数，其一般形式定义为

$$f(n)=g(n)+h(n)$$

其中，结点 n 是搜索图中当前被扩展的结点；$f(n)$ 是从初始状态经由结点 n 到达目标结点的所有路径中最小路径代价 $f^*(n)$ 的估计值；$g(n)$ 是从初始结点到结点 n 的最小代价 $g^*(n)$ 的估计值；$h(n)$ 是从结点 n 到达目标结点的最优路径代价 $h^*(n)$ 的估计代价，也称为启发函数。在一般图搜索算法中，如果每一步都利用估价函数 $f(n)=g(n)+h(n)$ 对 OPEN 表中的结

点进行排序，则称该搜索算法为 A 算法。由于估价函数带有问题自身的启发性信息，所以 A 算法是启发式搜索算法。

A 算法伪代码：

① G：$=G_0(G_0=s)$，OPEN：=(s)；

② CLOSED：=()；

③ LOOP：IF OPEN=()，THEN EXIT(FAIL)；

④ n：=FIRST(OPEN)，REMOVE(n，OPEN)，ADD(n，CLOSED)；

⑤ IF GOAL(n)，THEN EXIT(SUCCESS)；

⑥ EXPAND(n)→{ m_e }，G：=ADD(m_k，G)；

$f(n, m_k)=g(n, m_k)+h(m_k)$

ADD(m_n，OPEN)；标记 m_n 到 n 的指针

If $f(n, m_o)<f(m_o)$ THEN $f(m_o)=f(n, m_o)$；并标记 m_o 连接到 n 的指针

If $f(n, m_c)<f(m_c)$ THEN $f(m_c)=f(n, m_c)$；并标记 m_c 连接到 n 的指针

ADD(m_c，OPEN)；

⑦ OPEN 中的结点按 f 值从大到小排序；

⑧ GO LOOP；

例 4-11 八数码问题。设初始状态和目标状态如图 4-18 所示，且估价函数为 $f(n)=d(n)+w(n)$，其中：$d(n)$表示结点的结点深度；$w(n)$表示结点 n“不在位”的数码个数。

解： A 算法搜索图如图 4-18 所示，每个状态的估价函数值在其左上角。

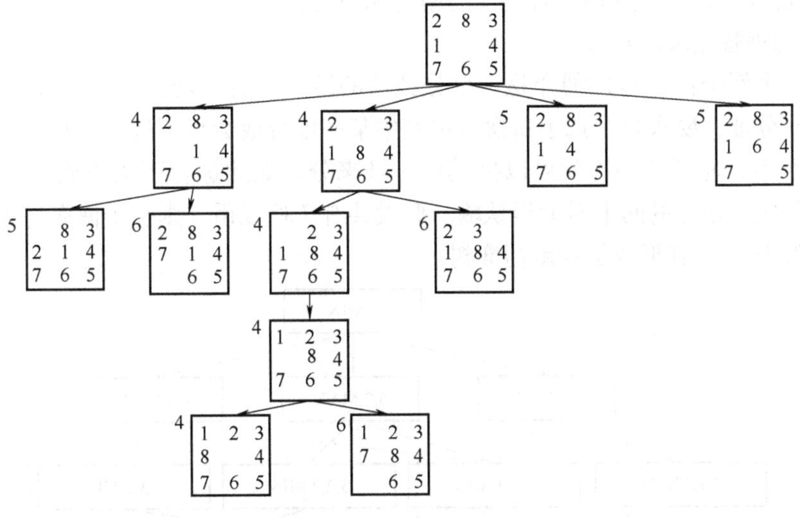

图 4-18 A 算法搜索图

2. A* 算法

对 A 算法增加如下限制：$g(n)$是对 $g^*(n)$的估计，并且 $C(n,n_j)>\varepsilon>0$；$h(n)$是 $h^*(n)$的下界，即对任意结点都有 $h(n)\leqslant h^*(n)$，则称此算法为 A* 算法。

续例 4-11： 估价函数为$f(n)=d(n)+w(n)$，其中：$d(n)$表示结点的结点深度；$w(n)$表示结点 n“不在位”的数码个数。

解：A*算法搜索图如图 4-19 所示，每个状态的估价函数值在其左上角。

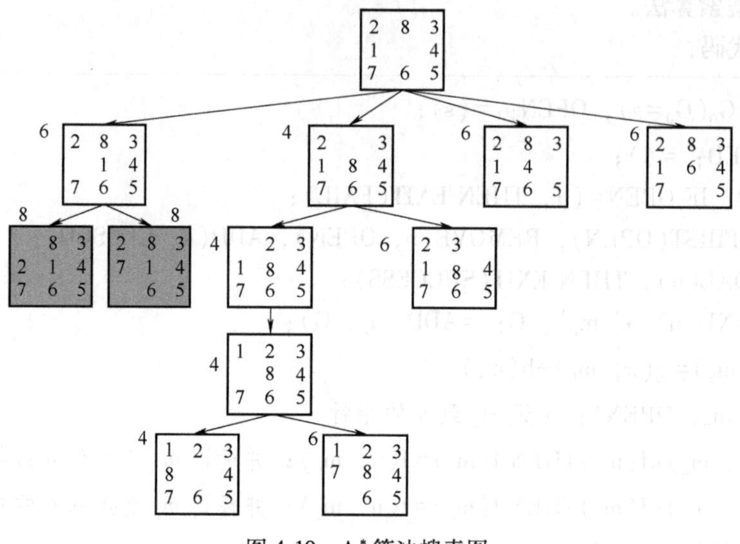

图 4-19　A*算法搜索图

4.4.4　对抗搜索

对抗搜索一般解决的是博弈问题，机器博弈是假设“两人零和、全信息、非偶然”情况下的博弈，即：

① 对垒双方轮流采取行动，结局 A 胜、B 胜或和局；

② 对垒过程中，任一方均了解当前的格局和历史；

③ 双方均理智地决定对策。

这里举一个例子：Grundy 博弈是一个分钱币的游戏，有一堆数目为 N 的钱币，由两位选手轮流进行分堆，要求每个选手每次只把其中某一堆分成数目不等的两小堆。比如选手甲把 N 分成两堆后，轮到选手乙就可以挑其中一堆来分，如此进行下去直到有一位选手先无法把钱币再分成不相等的两堆时就得认输。假设共有 7 枚钱币，则整个博弈过程的所有可能情况如图 4-20 所示，其形成了一颗博弈树。

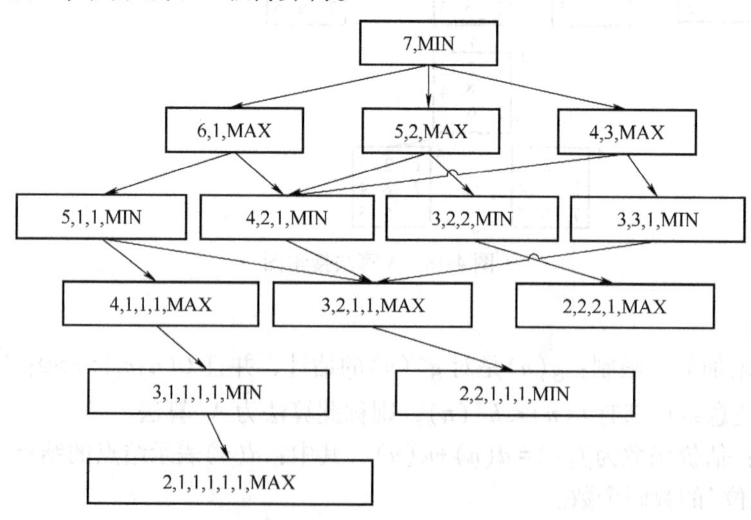

图 4-20　Grundy 博弈过程

1. 博弈树是一个“与或”树

博弈树的特点有以下几方面：

① 博弈的初始状态是初始结点；

② 博弈树中的“或”结点和“与”结点逐层交替出现；

③ 整个博弈过程始终站在某一方的立场，所有使己方获胜的结点都是本原问题、是可解结点，使对方获胜的终局都是不可解结点。

2. 寻找一个最优行动方案

博弈树搜索是为其中一方寻找一个最优行动方案，极大极小过程如图 4-21 所示，具体包括以下过程：

① 对各个方案可能产生的结果进行比较分析并计算可能的得分；

② 定义估价函数；

③ 端结点的估值计算后，倒推父结点的得分，“或”结点取最大，“与”结点取最小；

④ 取估值最大的方案(树)为行动方案(希望树)。

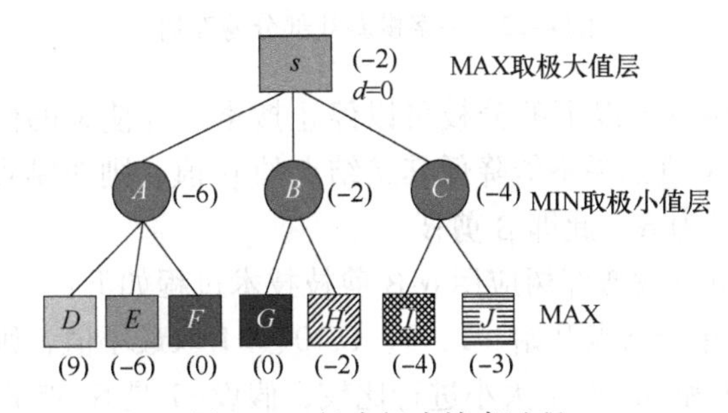

图 4-21　极大极小搜索过程

3. 一个简单的博弈例子(一字棋游戏)

有一个正方形九宫格，A、B 两人对弈，轮到谁走棋谁就在空格上放自己的一个棋子，谁先使棋子构成三子一线，谁就取得胜利。假设如下：

① A 的棋子为 a，B 的棋子为 b；

② 每次扩展两层；

③ 估价函数定义为：

P 是 A 必胜的棋局 $e(P)=\infty$；

P 是 B 必胜的棋局 $e(P)=-\infty$；

P 是胜负未定的棋局 $e(P)=e(+P)-e(-P)$，其中 $e(+P)$是使得 a 成为三子一线的数目，$e(-P)$是使得 b 成为三子一线的数目。

得到部分博弈树如图 4-22 所示。

4. α-β 剪枝技术

在极大极小搜索方法中，由于要先生成指定深度以内的所有结点，其结点数将随着搜索深度的增加呈指数增长，这极大地限制了极大极小搜索方法的使用。那么能否在搜索深度不变的情况下，利用已有的搜索信息减少生成的结点数？α-β 剪枝技术把生成博弈树的过程与倒推值估计过程结合起来，及时剪掉一些无用的分枝，提高了搜索效率。具体剪枝方法是边生成边估值，剪掉一些没用的分枝。具体做法是：对于一个“与”结点，其倒推值的上界为 β 值；对于一个“或”结点，其倒推值的下界为 α 值；任何“与”结点 x 的 β 值如果不能提升

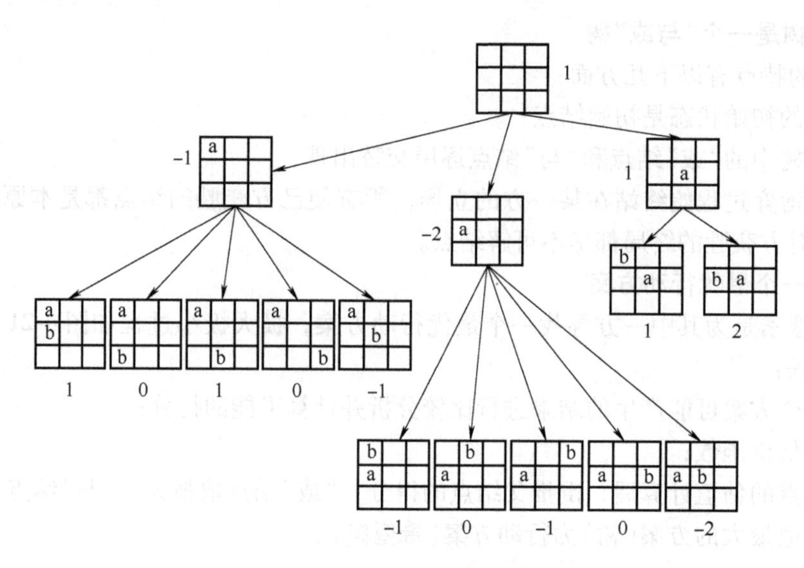

图 4-22　一字棋游戏部分博弈树

其父结点的 α 值，则对结点 x 以下的分枝可以停止搜索，并使 x 的倒推值为 β，此即 α 剪枝；任何“或”结点 n 的 α 值如果不能降低其父结点的 β 值，则对结点 n 以下的分枝可以停止搜索，并使 n 的倒推值为 α，此即 β 剪枝。

对上面提到的一字棋游戏博弈树应用 α-β 剪枝技术过程如下：

① 从最左路分枝的叶子结点开始，1、0、1、0、-1 取最小值，则 S_1 点确定为-1；

② S_2 点的最左端-1 和 S_1 点-1 大小进行比较，假设-1 是 S_2 点的最小值，由于 S_2 的父结点是取最大值，-1=-1，无法升高 S_0 的值，所以 S_2 点的-1 可以停止搜索，进行 α 剪枝，如图 4-23 所示。

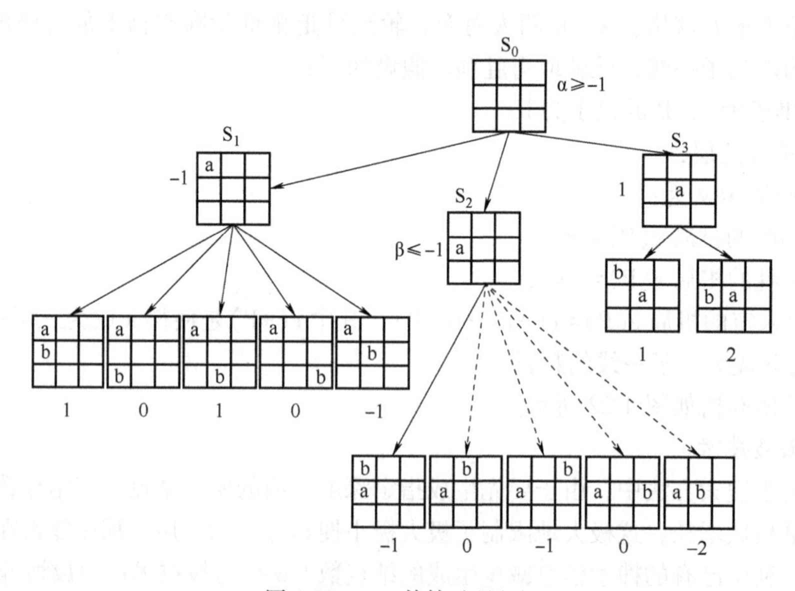

图 4-23　α-β 剪枝过程(1)

③ S_3 点的最左端 1 和 S_1 点-1 大小进行比较，假设 1 是 S_3 点的最小值，由于 S_3 的父结

点是取最大值，-1<1，可以升高 S_1 的值，所以 S_3 点的 1 可继续搜索，如图 4-24 所示。

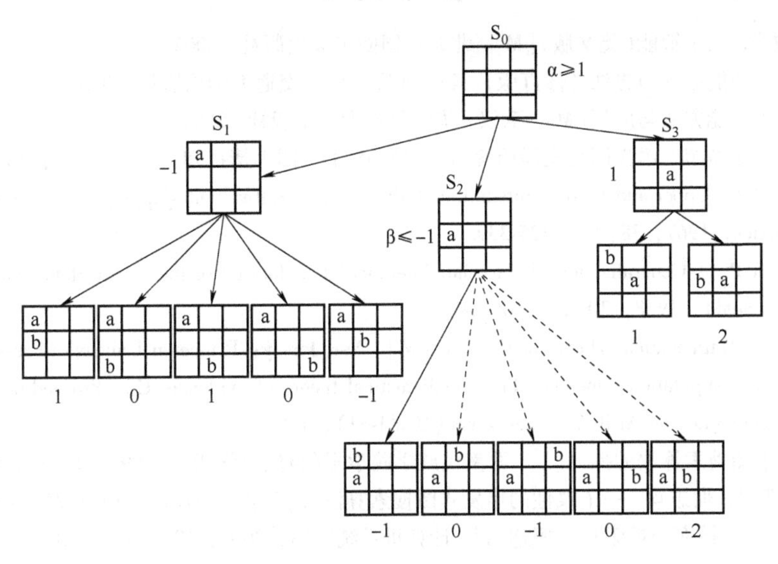

图 4-24　α-β 剪枝过程(2)

4.5　本章小结

本章主要介绍传统人工智能的内容，首先介绍了知识表示，即如何将问题表示给计算机，然后介绍了基于确定性知识的经典推理和基于概率论的不确定性推理，最后介绍了人工智能问题求解的基本技术——搜索算法。

思考题与习题

4-1　传统的知识表示方法有哪些(列举 6 个)?

4-2　请用一阶谓词知识表示法表示下列知识:

(1) 所有的人都喜欢的一种游戏;

(2) 对于所有自然数，均有 $x+y>x$;

(3) 某些人对某些食物过敏;

(4) 不存在最大的整数。

4-3　演绎推理与归纳推理的区别是什么?

4-4　状态空间法、问题归约法、谓词逻辑法和语义网络法的要点各是什么? 它们有何本质上的联系及异同点?

4-5　请分别写出下列命题的语义网络:

(1) 每个学生都有多本书;

(2) 孙老师从 2 月至 7 月给计算机应用专业讲《网络技术》课程;

(3) 雪地上留下一串串脚印，有的大，有的小，有的深，有的浅;

(4) 王丽萍是天发电脑公司的经理，她 35 岁，住在南内环街 68 号。

4-6　试比较广度优先搜索、深度优先搜索及启发式搜索的搜索效率，并以实例数据加以说明。

4-7　研究不确定性推理有何意义? 有哪几种不确定性?

参考文献

[1] 魏巍，谢致誉. 人工智能(英文版)[M]. 北京：国防工业出版社，2003.

[2] 王永庆. 人工智能原理与方法（修订版)[M]. 西安：西安交通大学出版社，2018.

[3] 尹朝庆. 人工智能方法与应用[M]. 武汉：华中科技大学出版社，2007.

[4] 谭荧，张进，夏立新. 语义网络发展历程与现状研究[J]. 图书情报知识，2019(6)：102-110.

[5] DEMPSTER A P. Upper and Lower Probabilities Induced by a Multivalued Mapping[J]. The Annals of Mathematical Statistics，1967，38(2)：325-339.

[6] DEMPSTER A P. A Generalization of Bayesian Inference[J]. Journal of the Royal Statistical Society：Series B（Methodological)，1968，30(2)：205-247.

[7] SHAFER G A. Mathematical Theory of Evidence[M]. New Jersey：Princeton University Press，1976.

[8] BARNTT J A. Computational methods for a mathematical theory of evidence[C]. Proceedings of 7th International Joint Conference on Artificial Intelligence(IJCAI-81)，1981.

[9] 杨宪泽. 基于图搜索算法的探讨[J]. 西南民族学院学报(自然科学版)，1998，24(2)：117-122.

[10] 张伟，俞瑞钊，何志均. 一个线性的启发式图搜索算法[J]. 信息与控制，1988(2)：1-6.

[11] 岳金朋，冯速. 博弈树搜索算法概述[J]. 计算机系统应用，2009，18(9)：203-207.

第 5 章 计算智能

导读

计算智能(Computational Intelligence，CI)是信息科学、控制科学、生命科学及智能科学与技术等不同学科相互交叉的产物，它是指采用数值计算的方法去模拟和实现人类的智能、生物智能、其他社会和自然规律。本章首先介绍计算智能的基本概念，然后就计算智能主要研究领域如模糊计算、神经计算、演化计算、群计算智能等内容分别展开介绍。

本章知识点

- 模糊理论
- 神经网络
- 遗传算法
- 群体智能

1992 年，贝慈德克(J. C. Bezdek)首次提出了“计算智能”的概念，他从计算智能系统角度所给出的定义是：如果一个系统仅处理低层的数值数据，含有模式识别部件，没有使用人工智能意义上的知识，且具有计算适应性、计算容错力、接近人的计算速度和近似于人的误差率这四个特性，则它是计算智能的。

1994 年，IEEE 首届国际计算智能大会(WCCI'94)首次将神经网络、演化计算和模糊系统这三个领域合并在一起，形成了“计算智能”这个统一的学科范畴。此后，WCCI 每四年举办一次，成为 IEEE 的一个系列性学术会议，并出版了系列计算智能相关刊物。计算智能的主要研究领域包括模糊计算、神经计算、演化计算、群计算智能、免疫计算、DNA 计算和人工生命等。

5.1 模糊理论

1960 年，加州大学电子工程系扎德(L. A. Zadeh)教授提出“模糊”的概念。1965 年，扎德创立了模糊集合论，由模糊集合论形成了一门新科学——模糊系统理论。1973 年，扎德提出用模糊语言描述系统的方法并且为模糊控制的应用提供了手段。1984 年，国际模糊系统协会(International Fuzzy Systems Association，IFSA)成立。

5.1.1 模糊集合及其运算

经典集合的概念是由19世纪末德国数学家康托尔(G. Contor)建立的，康托尔创立的集合论已成为现代数学的基础。模糊集合的概念与经典集合的概念相对应。模糊数学是有关模糊集合、模糊逻辑等的数学理论，它为模糊推理系统的应用奠定了理论基础。

1. 模糊集合的概念

经典集合描述“非此即彼”的清晰概念，即一个给定的元素要么属于它，要么不属于它。1965年，扎德在其著名的论文 *Fuzzy Sets* 中提出了模糊集合的概念。模糊集合用于描述没有明确清晰的定义界限的集合，元素可以部分地隶属于这个集合。

给定论域 U，U 到$[0,1]$闭区间的任一映射 $\mu_{\underset{\sim}{A}}$ 为

$$\mu_{\underset{\sim}{A}}:\quad \begin{aligned} &U \to [0,1] \\ &u \to \mu_{\underset{\sim}{A}}(u) \end{aligned} \tag{5-1}$$

确定 U 的一个模糊集 $\underset{\sim}{A}$，映射 $\mu_{\underset{\sim}{A}}(u)$ 称为模糊集 $\underset{\sim}{A}$ 的隶属度函数。$\mu_{\underset{\sim}{A}}(u)$ 的取值范围为闭区间$[0,1]$，其的大小反映了 u 对于模糊集 $\underset{\sim}{A}$ 的隶属程度。隶属度 $\mu_{\underset{\sim}{A}}(u)$ 的值越大，表示 u 属于 $\underset{\sim}{A}$ 的程度越高。

模糊集合有多种表示方法，关键是能够把它所包含的元素及相应的隶属度函数表示出来。

序对方式表示：

$$A=\{(u,\mu_A(u))\mid u\in U\} \tag{5-2}$$

积分形式表示：

$$A=\begin{cases} \displaystyle\int_U \frac{\mu_A(u)}{u}, & U\text{ 连续} \\ \displaystyle\sum_{i=1}^{n} \frac{\mu_A(u_i)}{u_i}, & U\text{ 离散} \end{cases} \tag{5-3}$$

2. 模糊集合的基本运算

与经典集合运算类似，模糊集合之间也存在交、并、补等运算关系。设 $\underset{\sim}{A}$、$\underset{\sim}{B}$ 是论域 U 上的模糊集合，$\underset{\sim}{A}$ 与 $\underset{\sim}{B}$ 的交集 $\underset{\sim}{A}\cap\underset{\sim}{B}$、并集 $\underset{\sim}{A}\cup\underset{\sim}{B}$ 和 $\underset{\sim}{A}$ 的补集 $\overline{\underset{\sim}{A}}$ 也是 U 上的模糊集合。

设任意元素 $u\in U$，则 u 对 $\underset{\sim}{A}$ 与 $\underset{\sim}{B}$ 的交集、并集和 $\underset{\sim}{A}$ 的补集的隶属度函数定义如下：

交运算(AND 运算)：$\mu_{\underset{\sim}{A}\cap\underset{\sim}{B}}(u)=\min\{\mu_{\underset{\sim}{A}}(u),\mu_{\underset{\sim}{B}}(u)\}$

并运算(OR 运算)：$\mu_{\underset{\sim}{A}\cup\underset{\sim}{B}}(u)=\max\{\mu_{\underset{\sim}{A}}(u),\mu_{\underset{\sim}{B}}(u)\}$

补运算(NOT 运算)：$\mu_{\overline{\underset{\sim}{A}}}=1-\mu_{\underset{\sim}{A}}(u)$

与经典的二值逻辑不同，模糊集合的运算是一种多值逻辑。模糊集合的运算满足一系列性质，其中大部分与经典集合运算性质有类似的形式。

模糊集合运算的基本性质如下：

幂等律：$\underset{\sim}{A}\cup\underset{\sim}{A}=\underset{\sim}{A}$，$\underset{\sim}{A}\cap\underset{\sim}{A}=\underset{\sim}{A}$

交换律：$\underset{\sim}{A}\cap\underset{\sim}{B}=\underset{\sim}{B}\cap\underset{\sim}{A}$，$\underset{\sim}{A}\cup\underset{\sim}{B}=\underset{\sim}{B}\cup\underset{\sim}{A}$

结合律：$(\underset{\sim}{A}\cup\underset{\sim}{B})\cup\underset{\sim}{C}=\underset{\sim}{A}\cup(\underset{\sim}{B}\cup\underset{\sim}{C})$，$(\underset{\sim}{A}\cap\underset{\sim}{B})\cap\underset{\sim}{C}=\underset{\sim}{A}\cap(\underset{\sim}{B}\cap\underset{\sim}{C})$

分配律：$\underset{\sim}{A}\cap(\underset{\sim}{B}\cup\underset{\sim}{C})=(\underset{\sim}{A}\cap\underset{\sim}{B})\cup(\underset{\sim}{A}\cap\underset{\sim}{C})$，$\underset{\sim}{A}\cup(\underset{\sim}{B}\cap\underset{\sim}{C})=(\underset{\sim}{A}\cup\underset{\sim}{B})\cap(\underset{\sim}{A}\cup\underset{\sim}{C})$

吸收律：$\underset{\sim}{A}\cap(\underset{\sim}{A}\cup\underset{\sim}{B})=\underset{\sim}{A}$，$\underset{\sim}{A}\cup(\underset{\sim}{A}\cap\underset{\sim}{B})=\underset{\sim}{A}$

两极律：$\underset{\sim}{A}\cap X=\underset{\sim}{A}$，$\underset{\sim}{A}\cup X=\underset{\sim}{A}$，$\underset{\sim}{A}\cap\varnothing=\varnothing$，$\underset{\sim}{A}\cup\varnothing=\underset{\sim}{A}$

复原律：$\overline{\overline{\underset{\sim}{A}}}=\underset{\sim}{A}$

德・摩根定律：$\overline{\underset{\sim}{A}\cup\underset{\sim}{B}}=\overline{\underset{\sim}{A}}\cap\overline{\underset{\sim}{B}}$，$\overline{\underset{\sim}{A}\cap\underset{\sim}{B}}=\overline{\underset{\sim}{A}}\cup\overline{\underset{\sim}{B}}$

以上运算性质与经典集合的运算性质完全相同，但经典集合成立的排中律和矛盾律对于模糊集合不再成立，即

$$\underset{\sim}{A}\cup\overline{\underset{\sim}{A}}\neq U,\quad \underset{\sim}{A}\cap\overline{\underset{\sim}{A}}\neq\varnothing$$

这是由于模糊集合概念本身是对经典集合二值逻辑“非此即彼”的排中律的一种突破。

5.1.2　模糊推理

在自然界中，事物之间存在着一定的关系。有些关系是非常明确的，但有些关系的界限是不明确的。界限不明确的关系可用直积上的模糊集来加以描述。

1. 模糊关系

模糊关系定义：直积空间 $X\times Y=\{(x,y)\mid x\in X,y\in Y\}$ 上的模糊关系是 $X\times Y$ 的一个模糊子集$\underset{\sim}{R}$，$\underset{\sim}{R}$的隶属度函数$\underset{\sim}{R}(x,y)$表示了 X 中的元素 x 与 Y 中的元素 y 具有这种关系的程度。

模糊关系是模糊集合，所以它可以用表示模糊集合的方法来表示。当 $X=\{x_1,x_2,\cdots,x_n\}$，$Y=\{y_1,y_2,\cdots,y_m\}$ 是有限集合时，定义在 $X\times Y$ 上的模糊关系 R 可用如下的 $n\times m$ 阶矩阵来表示：

$$R=\begin{pmatrix}\mu_R(x_1,y_1) & \mu_R(x_1,y_2) & \cdots & \mu_R(x_1,y_m)\\ \mu_R(x_2,y_1) & \mu_R(x_2,y_2) & \cdots & \mu_R(x_2,y_m)\\ \vdots & \vdots & & \vdots\\ \mu_R(x_n,y_1) & \mu_R(x_n,y_2) & \cdots & \mu_R(x_n,y_m)\end{pmatrix}\tag{5-4}$$

2. 模糊关系的合成运算

模糊关系是一种定义在直积空间上的模糊集合，所以它也遵从一般模糊集合的运算规则，模糊关系的交、并、补运算规则如下：

交运算：$R\cap S\leftrightarrow\mu_{R\cap S}(x,y)=\mu_R(x,y)\wedge\mu_S(x,y)$

并运算：$R\cup S\leftrightarrow\mu_{R\cup S}(x,y)=\mu_R(x,y)\vee\mu_S(x,y)$

补运算：$\overline{R}\leftrightarrow\mu_{\overline{R}}(x,y)=1-\mu_R(x,y)$

其中，“∧”是交运算的符号，表示取极小值；“∨”是并的符号，表示取极大值。

模糊关系本质上是模糊集合之间的一种映射，除了一般模糊集合所具有的运算规律外，模糊关系还具有映射所特有的运算关系，其中最为常用的是合成运算。

设 X、Y、Z 是论域，R 是 X 到 Y 的一个模糊关系，S 是 Y 到 Z 的一个模糊关系，R 到 S 的合成 T 也是一个模糊关系，记为 $T=R\circ S$，它的隶属度如下：

$$\mu_{R\circ S}(x,z)=\bigvee_{y\in Y}(\mu_R(x,y)*\mu_S(y,z))\tag{5-5}$$

式中，“*”是二项积算子，可以有交、代数积等多种定义方式。但最为常用的是采取交运算，这时合成运算被称为“最大-最小合成”(max-min composition)：

$$R\circ S\leftrightarrow\mu_{R\circ S}(x,z)=\bigvee_{y\in Y}(\mu_R(x,y)\wedge\mu_S(y,z))\tag{5-6}$$

3. 模糊逻辑推理

模糊逻辑推理是模糊关系合成的运用之一。例如，对于模糊关系为 R 的控制器，当其输入为 A 时，根据推理合成规则，即可求得控制器的输出 B。

一般情况的模糊逻辑推理，即有 n 个前提

$$R_i=(A_i \to B_i),\quad i=1,2,\cdots,n \tag{5-7}$$

在或(or)的连接下

$$R^*=R_1 \cup R_2 \cup \cdots \cup R_n \tag{5-8}$$

对前提 A^* 的推理结果 B^* 可如下求得

$$B^*=R^* \circ A^* \tag{5-9}$$

5.1.3 模糊控制

1. 模糊控制的基本思想

模糊控制原理图如图 5-1 所示，模糊控制和传统控制的系统结构是完全一致的。点画线框内表明了模糊控制基于模糊化、模糊推理、解模糊等运算过程。最常见的模糊控制系统有 Mamdani 型模糊逻辑系统和高木-关野(Takagi-Sugeno)型模糊逻辑系统。

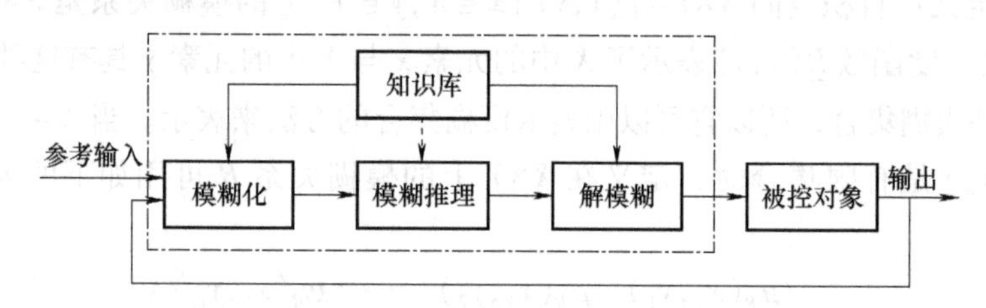

图 5-1 模糊控制原理图

现以图 5-2 所示的一级倒立摆系统来简单说明模糊控制器设计的一般方法。在忽略了空气阻力和各种摩擦之后，可将一级倒立摆系统抽象成小车和均质杆组成的系统，摆杆与小车之间为自由链接，小车在控制力的作用下沿滑轨在 x 方向运动，控制目的是使倒立摆能够尽可能稳定在铅直方向，同时小车的水平位置也能得到控制。

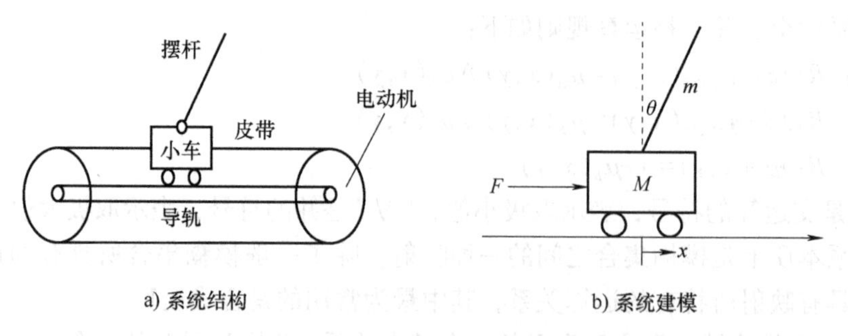

图 5-2 一级倒立摆系统

(1) 模糊化 以摆杆的倾角和速度作为输入变量，可以将摆杆倾角定义为：向左倾角大、中、小、垂直，向右倾角小、中、大几个模糊子集；摆杆速度定义为：向左非常快、快、慢、静止，向右慢、快、非常快等几个模糊子集。它们都可以用模糊语言变量 NB、NM、NS、ZE、PS、PM、PB 来表示。控制小车运动的输出也可类似定义。接着按照一定的隶属度函数确定每个模糊子集隶属度。这个确定隶属度的过程就是对变量进行模糊化的

过程。

倒立摆系统二维模糊控制器输入量为倾角 theta 和角速度 dtheta，输出量是施加在小车上的控制力 u。利用 MATLAB 模糊工具箱可建立的模糊推理系统(Fuzzy Inference System，FIS)如图 5-3 所示。

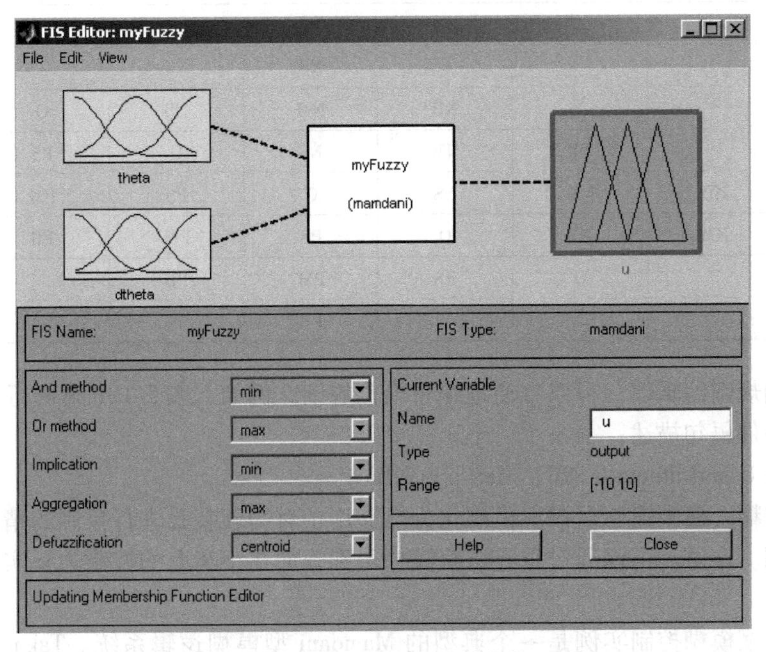

图 5-3 倒立摆模糊控制器的模糊推理系统

对输入输出变量 theta、dtheta、u 各定义七个模糊集合：NB、NM、NS、O、PS、PM、PB；它们的基本论域分别为[-0.5，0.5]、[-1，1]和[-10，10]。各变量的模糊集合的隶属函数均是对称、均匀分布的三角形。例如，输入变量 dtheta 的隶属函数如图 5-4 所示。

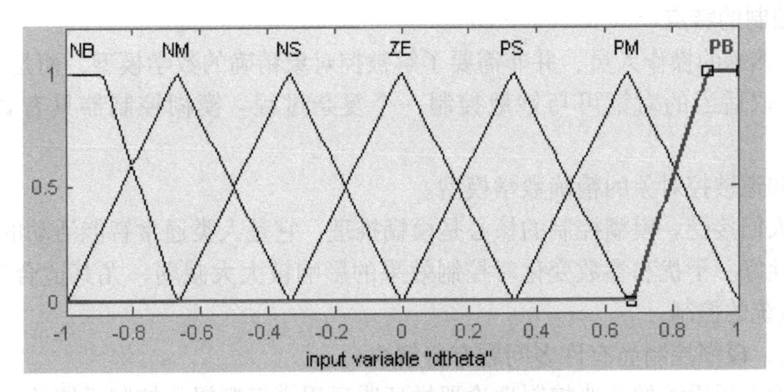

图 5-4 输入变量 dtheta 的隶属函数

(2) 模糊推理 建立一系列的模糊规则，来描述各种输入所产生的作用。比如可以建立如下一些规则：如果摆杆向左倾斜大并倒得非常快，那么小车快速向左运动；如果摆杆向左倾斜大并倒得较快，那么小车中速向左运动；如果摆杆向左倾斜小并倒的慢，那么小车慢速向左运动。

因为 theta 和 dtheta 各有七个模糊集合，所以最多有 $7^2=49$ 条规则，根据经验可以减少规则的数量，只用 29 条即可，倒立摆的模糊控制规则表见表 5-1。

表 5-1　倒立摆的模糊控制规则表

dtheta	theta						
	NB	NM	NS	O	PS	PM	PB
	u						
NB				NB			
NM			NB	NM	NS	O	
NS		NB	NM	NS	O	PS	PM
O	NB	NM	NS	O	PS	PM	PB
PS	NM	NS	O	PS	PM	PB	
PM		O	PS	PM	PB		
PB				PB			

利用模糊规则编辑器，可以方便地编辑模糊规则。例如，表 5-1 中第一行中间的控制规则可用模糊条件语句描述：

If theta is O and dtheta is NB，then u is NB.

（3）解模糊　模糊输出量被反模糊化为能够用于对物理装置进行控制的精确量，这个过程称为解模糊。这里，可以通过重心法解模糊得到施加在小车上的控制力 u 实现倒立摆的稳定控制。

上述倒立摆模糊控制实例是一个典型的 Mamdani 型模糊逻辑系统。Takagi 和 Sugeno 于 1985 年提出了一种 T-S 模型，也称之为 Sugeno 模糊模型。T-S 模型和 Mamdani 模型的最主要的区别在于：推理规则后项结论中的输出变量的隶属度函数只能是关于输入的线性组合或是常值函数。可见，T-S 型系统解模糊过程与模糊推理过程是结合在一起的，因此其在形式上更加紧凑和易于计算，使得它也可以很方便地采用自适应的思想来创建系统模型。

2. 模糊控制的特点

对于一个熟练的操作人员，并非需要了解被控对象精确的数学模型，而是凭借其丰富的实践经验，采取适当的对策可巧妙地控制一个复杂过程。模糊控制器具有如下一些显著特点：

1）无须知道被控对象的精确数学模型。

2）易被人们接受。模糊控制的核心是模糊推理，它是人类通常智能活动的体现。

3）鲁棒性好。干扰和参数变化对控制效果的影响被大大减弱，尤其适合于非线性、时变及纯滞后系统的控制。

另一方面，模糊控制尚有许多问题有待解决：

1）在理论上还无法像经典控制理论那样证明运用模糊逻辑的控制系统的稳定性。

2）模糊逻辑控制规则是靠人的经验制定的，它本身并不具有学习功能。

3）模糊控制规则越多，控制运算的实时性越差。

3. 模糊控制的实质

从系统建模的角度而言，模糊系统建立在被人容易接受的“如果—则”表达方法之上，模糊系统将知识存储在规则集中。

1）从知识表示方式看：模糊系统可以表达人们的经验性知识，便于理解。

2）从知识的运用方式看：模糊系统具有并行处理的特点，模糊系统同时激活的规则不多，计算量也不大。

3）从知识的获取方式看：模糊系统的规则是靠专家提供或设计的，对于具有复杂系统的专家知识，往往很难由直觉和经验获取，规则形式也是很困难的。

4）从知识的修正方式看：模糊系统可以非常容易地对系统规则进行分析，可由删除和增加模糊规则来完成知识的修正。

从上述分析可见，当输入信号进入模糊系统时，所有的模糊规则将依据条件部分的适用度决定是否被激发，并且由被激发的规则决定系统的输出。其输入/输出(I/O)非线性映射关系体现在模糊规则上。这一点在接下来神经网络的学习中，可以体会到误差逆传播(Back Propagation，BP)神经网络亦是一种非线性映射，其输入/输出(I/O)非线性映射关系体现在神经网络的结构和参数上。BP神经网络与模糊系统具有一定的等价性。

5.2 神经网络

神经生理学和神经解剖学的研究结果表明，神经元(神经细胞)是脑组织的基本单元，是神经系统结构与功能的单位。人类大脑大约包含有 1.4×10^{11} 个神经元，每个神经元与其他大约 $10^3\sim10^5$ 个神经元相连接，构成一个极为庞大而复杂的生物神经网络。

神经元是人脑信息处理系统的最小单元，大脑处理信息的结果由各种神经元状态的整体效果确定。生物神经网络中各个神经元综合接收到的多个激励信号呈现出兴奋或抑制状态，神经元之间连接强度根据外部激励信息进行自适应变化。

连接主义作为人工智能的主要研究学派，其研究特点是对人脑结构的“结构模拟”。1890年，美国心理学家 William James 发表了详细论述人脑结构及功能的专著《心理学原理》(*Principles of Psychology*)，对相关学习、联想记忆的基本原理做了开创性研究。1943年，生理学家 W. S. McCulloch 和数学家 W. A. Pitts 发表了一篇神经网络领域的著名文章，首先提出了形式神经元模型(简称 M-P 模型)，奠定了网络模型和以后开发神经网络步骤的基础。1958年，计算机学家 Frank Rosenblatt 提出了一种具有三层网络特性的神经网络结构，称为“感知器”(Perceptron)。1969年，M. Minsky 和 S. Papert 出版了《感知器》(*Perceptrons*)一书，严格论证了简单线性感知器功能的局限性，该书一度使神经网络研究陷入长达十年的低潮。

1980年，T. Kohonen 教授提出自组织映射(Self-Organizing Map，SOM)理论，SOM 模型是一类非常重要的无导师学习网络。1982年，美国加州工学院物理学家 Hopfield 对神经网络的动态特性进行了研究，引入了能量函数的概念，给出了网络的稳定性判据，提出了用于联想记忆和优化计算的新途径。1986年，David Rurnelhart 与 James McClelland 出版《并行分布式处理》(*Parallel Distributed Processing*)一书，提出了误差反向传播神经网络，简称 BP 网络。1987年6月，首届国际神经网络学术会议在美国加州圣地亚哥召开，会上成立了国际神经网络学会(International Neural Network Society，INNS)。

2006年，多伦多大学的 Geoffrey Hinton 教授与 Salakhutdinov 博士发表在美国 *Science* 的论文 *Reducing the Dimensionality of Data with Neural Networks* 提出一种名为深度学习(Deep Learning)的逐层预训练神经网络学习方法，治愈了多层神经网络的这个致命伤，再次掀起人工神经网络研究热潮。

5.2.1 神经网络的结构

1. 生物神经网络

神经元是脑组织的基本单元，是神经系统结构与功能的单位，人脑神经元构成一个极为庞大而复杂的生物神经网络。

图 5-5 给出一个典型神经元的基本结构，它由细胞体、树突和轴突组成。树突是信号的输入端，突触是输入/输出接口，细胞体则相当于一个微型处理器，对各种输入信号进行整合，并在一定条件下触发，产生输出信号。输出信号沿轴突传至神经末梢，并通过突触传向其他神经元的树突。生物神经网络的信息处理具有的一般特征有：大量神经细胞同时工作；分布处理；多数神经细胞是以层次结构的形式组织起来的。

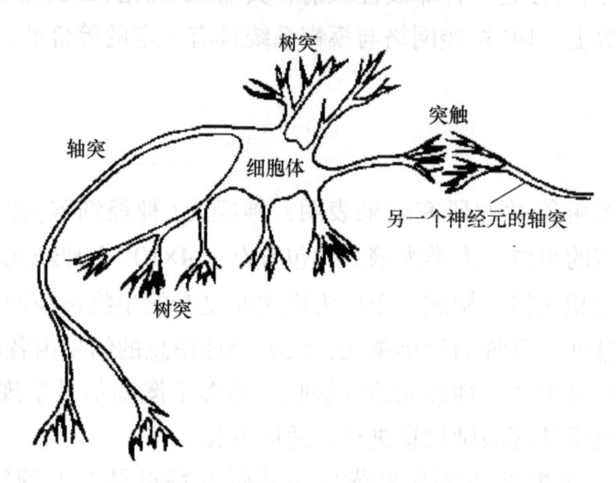

图 5-5 生物神经元简化示意图

2. 人工神经元

人工神经网络是基于生物神经元网络机制提出的一种计算结构，是对生物神经网络的模拟、简化和抽象。目前人们提出的神经元模型已有很多，最早提出且影响最大的是 1943 年心理学家 McCulloch 和数学家 Pitts 提出的 M-P 模型。人工神经元结构如图 5-6 所示。

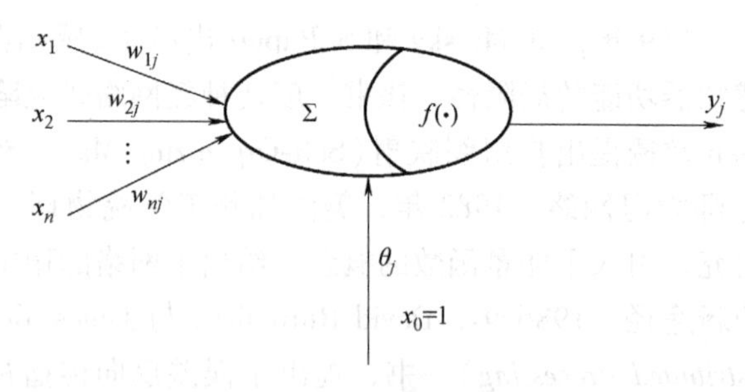

图 5-6 人工神经元结构

M-P 模型结构是一个多输入、单输出的非线性元件。其 I/O 关系可推述为

$$I_j = \sum_{i=1}^{n} \omega_{ij}x_i - \theta_j \tag{5-10}$$

$$y_j = f(I_j) \tag{5-11}$$

式中，x_i 是从其他神经元传来的输入信号；ω_{ij}表示从神经元 i 到神经元 j 的连接权值；θ_j 为

阈值；$f(\cdot)$称为激励函数或转移函数。

不同的神经元数学模型间的主要区别在于采用了不同的激励函数，常用的激励函数有阈值函数、分段线性函数、Sigmoid 函数等，见表 5-2。

表 5-2 神经元模型中常用的非线性函数

名称	阈值函数	双向阈值函数	S 函数	双曲正切函数	高斯函数
公式 $g(x)$	$g(x)=\begin{cases}1, & x>0\\0, & x\leqslant 0\end{cases}$	$g(x)=\begin{cases}+1, & x>0\\-1, & x\leqslant 0\end{cases}$	$g(x)=\dfrac{1}{1+e^{-x}}$	$g(x)=\dfrac{e^{x}-e^{-x}}{e^{x}+e^{-x}}$	$g(x)=e^{-(x^2/\sigma^3)}$
图形					
特征	不可微，类阶跃，正值	不可微，类阶跃，零均值	可微，类阶跃，正值	不可微，类阶跃，零均值	可微，类脉冲

3. 神经网络拓扑结构

大量神经元互连构成庞大的神经网络，才能实现对复杂信息的处理与存储，并表现出各种优越的特性。神经网络的拓扑结构，主要指它的连接方式。将神经元抽象为一个结点，神经网络则是结点间的有向连接，根据连接方式的不同大体可分为层状和网状两大类。

层状结构的神经网络可分为输入层、隐层与输出层，各层顺序相连，信号单向传递，如图 5-7 所示。

网状结构的神经网络的任何两个神经元之间都可能双向连接，如图 5-8 所示。

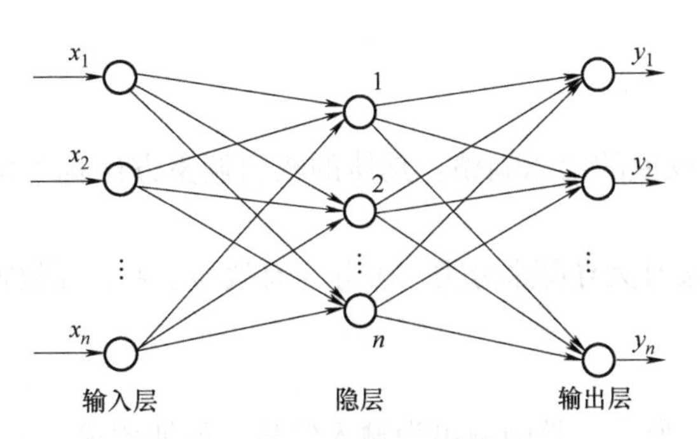

图 5-7 层状结构神经网络示意图

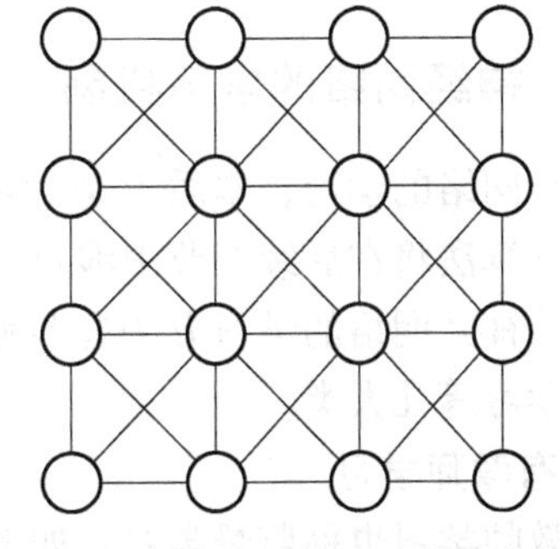

图 5-8 网状结构神经网络示意图

根据神经网络内部信息的传递方向，可分为前馈型网络和反馈型网络两大类。前馈型网络的信息处理方向是输入层到输出层逐层前向传递，某一层的输出是下一层的输入，不存在反馈环路。前馈型网络可以很容易串联起来建立多层前馈网络，反馈型网络存在信号从输出到输入的反向传播。实际应用的神经网络可能同时兼有其中一种或几种形式。

4. 神经网络结构模型的特点

（1）分布性 神经网络通过大量神经元之间的连接及对各连接权值的分布来表示特定的信息；神经网络存储信息不是存储在一个地方，而是分布在不同的地方；网络的某一部分也不只存储一个信息，它的信息是分布式存储的。

（2）并行性 神经网络的每个神经元都可根据接收到的信息进行独立的运算和处理，然后将输出结果传输给其他神经元进行同时（并行）处理。

（3）容错性 由于神经网络信息的存储是分布式地存在整个网络的连接权值上，通过大量神经元之间的连接及对各连接权值的分布来表示特定的信息。因此，这种分布式存储方式即使局部网络受损或外部信息部分丢失也不影响整个系统的性能，具有恢复原来信息的优点。这使得网络具有良好的容错性，并能进行聚类分析、特征提取、缺损模式复原等模式信息处理工作，又宜于做模式分类、模式联想等模式识别工作。

（4）联想记忆性 由于具有分布存储信息、并行计算和容错的特点，神经网络具有对外界刺激信息和输入模式进行联想记忆的能力。

对于前馈神经网络，通过样本信号反复训练，网络的权值将逐次修改并得以保留，神经网络便有了记忆，对于不同的输入信号，网络将分别给出相应的输出。对于反馈神经网络，如果将输出信号反馈到输入端，输入的原始信号被逐步地“加强”或被“修复”，该信号又会引起网络输出的不断变化。如果这种变化逐渐减小，并且最后能收敛于某一平衡状态，网络是稳定的，该状态可设计为一个记忆状态；如果这种变化不能消失，则称该网络是不稳定的。如前所述，神经网络联想记忆有两种基本形式：自联想记忆与异联想记忆。

（5）自适应性 神经网络能够进行自我调节，以适应环境变化。神经网络的自适应性包含几方面的含义，即自学习性、自组织性、泛化。

1）自学习性：当外界环境发生变化时，经过一段时间的训练或感知，神经网络能自动调整网络结构参数。

2）自组织（或称重构）性：神经网络能在外部刺激下按一定规则调整神经元之间的突触连接，并逐渐构建起新的神经网络。

3）泛化（或称推广）：泛化能力是指网络对以前未曾见过的输入做出反应的能力。泛化本身具有进一步学习和自调节的能力。

5.2.2 神经网络的学习机制

神经网络的学习，本质上是对可变权值的动态调整。具体的权值调整方法称为学习规则，详细算法将在后续章节中涉及。

目前神经网络的学习方法有多种，按有无导师来分类，可分为有教师学习、无教师学习和强化学习等几大类。

1. 有教师学习

有教师学习也称监督学习。如图 5-9 所示，教师输出为输入信号 p 的期望输出 t。误差信号为神经网络实际输出与期望输出之差。神经网络的参数根据训练向量和反馈回的误差信号进行逐步、反复地调整，神经网络可实现教师功能的模仿。多层感知器的误差反传学习算法，即是有监督学习典范之一。

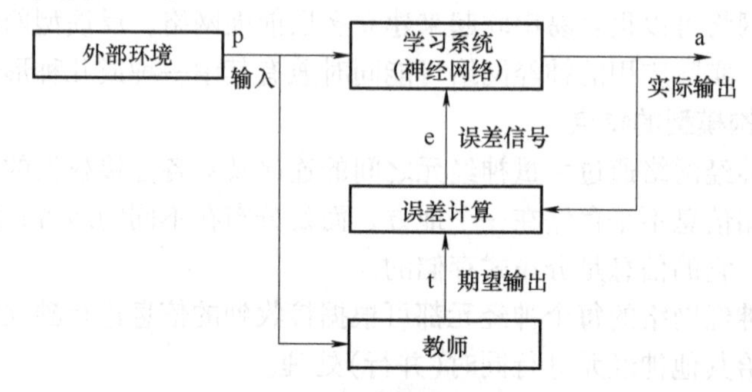

图 5-9 有教师学习方式

2. 无教师学习

无教师学习也称无监督学习，又称自组织学习。如图 5-10 所示，该模式中没有教师信号，没有任何范例可以学习参考。无教师学习只要求提供输入，学习是根据输入的信息、特有的网络结构和学习规则来调节自身的参数或结构(这是一种自学习、自组织的过程)。网络的输出由学习过程自行产生，将反映输入信息的某种固有特性(如聚类或某种统计上的分布特征)。竞争性学习规则，即是无教师学习典范之一。

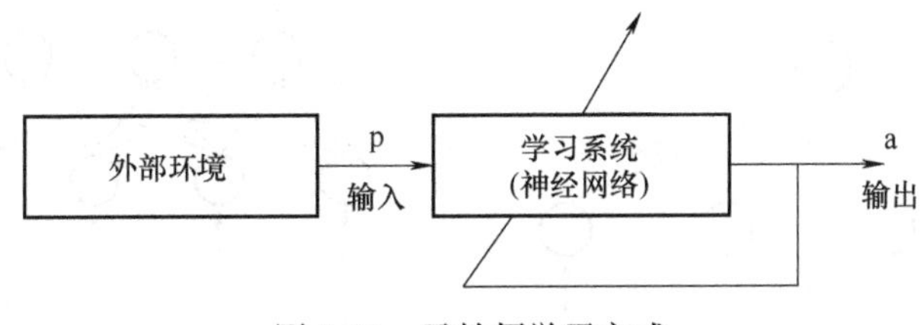

图 5-10 无教师学习方式

无教师学习的主要作用有：

1）聚类：聚类是在没有任何先验知识的前提下进行特征抽取，发现原始样本的分布与特性并归并到各自模式类。

2）数据压缩与简化：输入数据经无监督学习后，维数减少，而信息损失不大，这使得可用较小的空间或较简单的方法来解决问题。

3. 强化学习

强化学习是从动物学习、参数扰动自适应控制等理论发展而来的，也称再励学习、评价学习。如图 5-11 所示，强化学习的学习目标是动态地调整参数，以达到强化信号最大。这是一个试探评价过程：学习系统选择一个动作作用于环境，环境接受该动作后状态发生变化，同时产生一个强化信号(“奖”或“惩”)反馈给学习系统，学习系统便根据强化信号和环境当前状态再选择下一个动作。选择的原则是使受到正强化(“奖”)的概率增大。

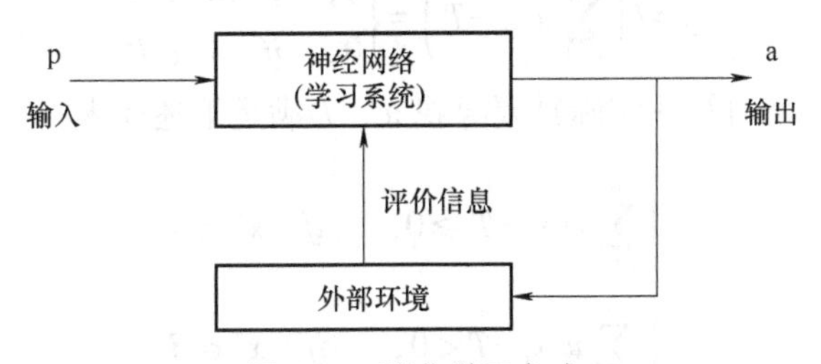

图 5-11 强化学习方式

强化学习不同于监督学习。强化信号是由环境提供的对学习系统产生动作好坏的一种评价，而不是告诉学习系统如何去产生正确的动作。由于外部环境提供了很少的信息，学习系统必须靠自身的经历进行学习，在“行动—评价”的环境中获得知识、改进行动方案，进而适应环境。在强化学习系统中，需要某种“随机单元”使得学习系统在可能动作空间中进行搜索并发现正确的动作。

5.2.3 感知器

1947 年，心理学家 McCulloch 和数学家 Pitts 开发出一个用于模式识别的 M-P 模型。1957 年，美国学者 Rosenblatt 提出了一种用于模式分类的神经网络模型，称为感知器。

1. 感知器的结构与功能

M-P 模型通常就叫作单输出的感知器(Perceptron)。按照 M-P 模型的要求，该人工神经元的激活函数是阶跃函数。单计算结点的单层感知器、多输出结点的单层感知器分别如图 5-12、图 5-13 所示。

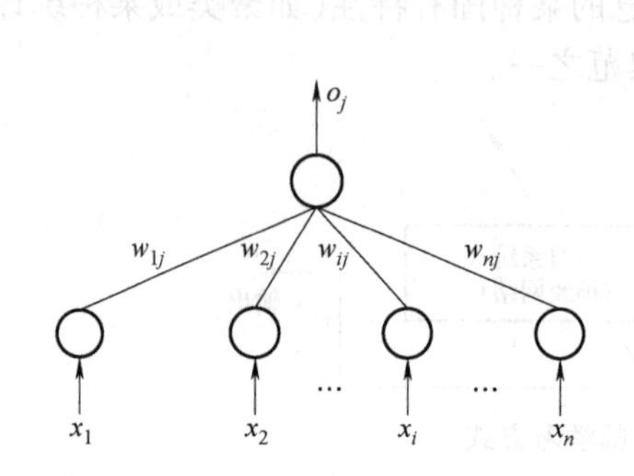

图 5-12　单计算结点的单层感知器

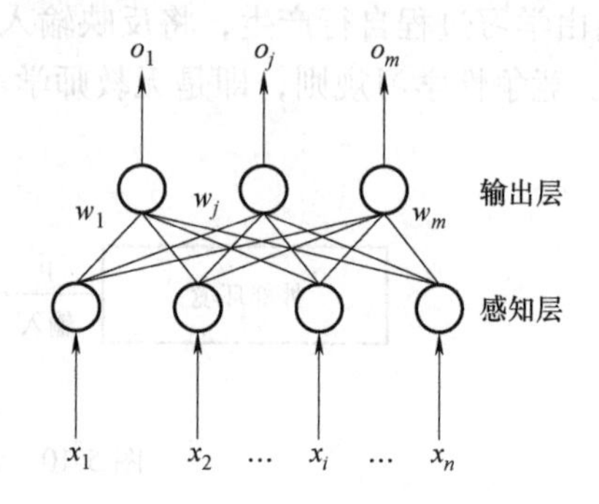

图 5-13　多输出结点的单层感知器

感知层也称为输入层，每个结点只负责接收一个输入信号，自身并无信息处理能力；输出层也称为信息处理层，每个结点均具有信息处理能力，并向外部输出处理后的信息，不同的输出结点，其连接权是相互独立的。

2. 感知器的学习算法

感知器与 M-P 模型的不同之处在于，其权值可以采用有导师的学习算法进行调整。感知器的基本功能是对外部信号进行“感知”与“识别”。当有一定状态的外部刺激信号或其他神经元的信号，感知器处于“兴奋”状态，为其他状态时，感知器呈现“抑制”状态。

学习目标：如果 A、B 是 R^n 中两个互不相交的集合，且方程(5-12)成立，则称集合(A，B)为感知器的学习目标。

$$y=f\left(\sum_{i=1}^{n} w_i x_i - T\right)=\begin{cases}1, & if \quad x^n \in A \\ 0, & if \quad x^n \in B\end{cases} \tag{5-12}$$

根据感知器模型，学习算法实际是要寻找 w、T 满足下述要求：

$$\begin{cases}\sum_{i=1}^{n} w_i x_i - T \geqslant 0, & if \quad x^n \in A \\ \sum_{i=1}^{n} w_i x_i - T < 0, & if \quad x^n \in B\end{cases} \tag{5-13}$$

学习算法：感知器的训练过程是感知器权值的逐步调整过程，为此用 t 表示每一次调整的序号。$t=0$ 对应于学习开始前的初始状态，此时对应的权值为初始化值。

训练可按如下步骤进行：

1）对各权位 $w_{0j}(0), w_{1j}(0), \cdots, w_{nj}(0)$，$j=1,2,\cdots,m$($m$ 为计算层的结点数)赋予较小的非零随机数。

2）输入样本对 $\{\boldsymbol{X}^p, \boldsymbol{d}^p\}$，其中 $\boldsymbol{X}^p=(-1, x_1^p, x_2^p, \cdots, x_n^p)$，$\boldsymbol{d}^p=(d_1^p, d_2^p, \cdots, d_m^p)$ 为输出向量(教师信号)，上标 p 代表样本对的模式序号，设样本集中的样本总数为 P，则 $p=1,2,\cdots,P$。

3）计算各结点的实际输出 $o_j^p(t)=\text{sgn}[W_j^T(t)\boldsymbol{X}^p]$，$j=1,2,\cdots,m$。

4）调整各结点对应的权值，$W_j(t+1)=W_j(t)+\eta[d_j^p-o_j^p(t)]\boldsymbol{X}^p$，$j=1,2,\cdots,m$，其中 η 为

学习率，用于控制调整速度，但 η 值太大会影响训练的稳定性，太小则使训练的收敛速度变慢，一般取 $0<\eta\leqslant 1$。

5）返回到步骤 2)输入下一对样本。

以上步骤周而复始，直到感知器对所有样本的实际输出与期望输出相等。

3. 感知器的局限性与改进方式

1）感知器的主要局限性

① 感知器的激活函数是单向阈值函数，因此感知器网络的输出值只能取 0 或 1。

② 感知器神经网络只能对线性可分的向量集合进行分类。

③ 单层感知器对权值向量的学习算法是基于迭代思想的，通常是采用纠错学习规则进行学习。当输入样本中存在奇异样本时，网络训练所花费的时间就很长。

2）感知器的主要改进方式

① 转移函数的改进——在神经元的内部进行改造。对不同的人工神经元取不同的非线性函数；对神经元输入和输出做不同的限制，可采用离散的和连续的非线性转移函数。

② 神经网络的结构上的改进——在神经元之间的连接形式上进行改造。

③ 学习算法的改进——在人工神经网络权值和阈值求取方法上进行改造。

④ 综合改进——将上述方法综合进行改造。

4. 多层感知器

克服单计算层感知器局限性的有效办法是：在输入层与输出层之间引入隐层作为输入模式的“内部表示”，将单计算层感知器变成多(计算)层感知器。

凸域是指其边界上任意两点之连线均在该域内。通过隐层结点的训练可调整凸域的形状，这将两类线性不可分样本分为域内和域外。输出层结点再负责将域内外的两类样本进行一次分类，从而完成非线性可分问题的集合分类。

由单隐层结点数量增加可以使多边形凸域的边数增加，从而在输出层构建出任意形状的凸域。显然双隐层的分类能力比单隐层大大提高。隐层神经元结点数越多，就能够完成越复杂的分类问题。Kolmogorov 理论指出：双隐层感知器足以解决任何复杂的分类问题。另一方面，采用非线性连续函数作为神经元结点的转移函数，可以使整个边界线变成连续光滑的曲线，显然这是提高感知器表达能力的另一有效途径。

5.2.4 BP 神经网络

1986 年，Rumelhart 与 McCelland 等人对 BP 算法进行了详尽的讨论，它是一种利用误差反向传播训练算法的前馈型网络，也是应用最为广泛的神经网络，用于函数逼近、模式识别、数据挖掘、系统辨识与自动控制等领域。

1. BP 神经网络的模型

图 5-14 给出了三层 BP 神经网络(单隐层神经网络模型)，它包括了输入层、隐层和输出层。

三层感知器中，输入向量为 $\boldsymbol{X}=(x_1,x_2,\cdots,x_i,\cdots,x_n)^{\mathrm{T}}$；隐层输出向量为 $\boldsymbol{Y}=(y_1,y_2,\cdots,y_j,\cdots,y_m)^{\mathrm{T}}$；输出层输出向量为 $\boldsymbol{O}=(o_1,o_2,\cdots,o_k,\cdots,$

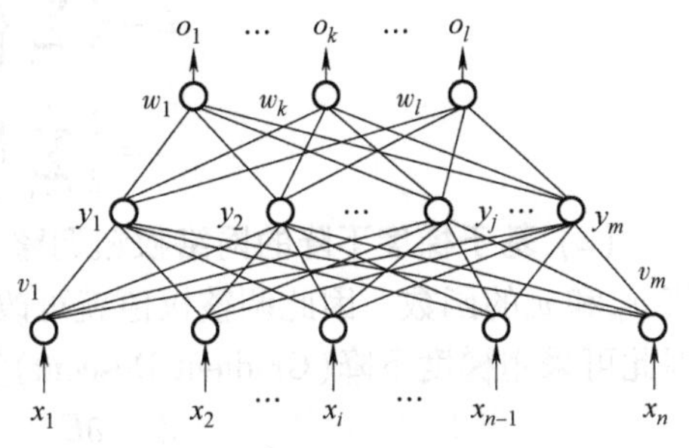

图 5-14 BP 神经网络模型

$o_l)^T$；期望输出向量为 $\boldsymbol{d}=(d_1,d_2,\cdots,d_k,\cdots,d_l)^T$。输入层到隐层之间的权值矩阵 $\boldsymbol{V}=(v_1,v_2,\cdots,v_j,\cdots,v_m)$，其中列向量 v_j 为隐层第 j 个神经元对应的权向量；隐层到输出层之间的权值矩阵 $\boldsymbol{W}=(w_1,w_2,\cdots,w_k,\cdots,w_l)$，其中列向量 w_k 为输出层第 k 个神经元对应的权向量。

三层感知器的数学模型中各层信号之间的数学关系如下：

对于隐层，有

$$\begin{cases} y_j=f(net_j), & j=1,2,\cdots,m \\ net_j=\sum_{i=0}^{n} v_{ij}x_i, & j=1,2,\cdots,m \end{cases} \tag{5-14}$$

对于输出层，有

$$\begin{cases} o_k=f(net_k), & j=1,2,\cdots,l \\ net_k=\sum_{j=0}^{m} w_{jk}y_j, & k=1,2,\cdots,l \end{cases} \tag{5-15}$$

式(5-14)和式(5-15)中，变换函数 $f(x)$ 通常均为单极性 sigmoid 函数(sigmoid 函数连续、可导)：

$$f(x)=\frac{1}{1+e^{-x}} \tag{5-16}$$

也可以采用双极性 sigmoid 函数(或称双曲线正切函数)：

$$f(x)=\frac{1-e^{-x}}{1+e^{-x}} \tag{5-17}$$

为降低计算复杂度，根据需要输出层也可以采用线性函数：

$$f(x)=kx \tag{5-18}$$

2. BP 学习算法

BP 学习算法的实质是求取网络总误差函数的最小值问题。具体采用“最速下降法”，按误差函数的负梯度方向进行权系数修正。具体学习算法包括输入信号的正向传递过程和输出误差信号的反向传播过程两大过程。

(1) 网络的误差 当网络输出与期望输出不等时，存在输出误差 E，定义如下：

$$E=\frac{1}{2}\sum_{k=1}^{l}(d_k-o_k)^2 \tag{5-19}$$

$$E=\frac{1}{2}\sum_{k=1}^{l}(d_k-f(net_k))^2 \tag{5-20}$$

进一步展开至输入层，有

$$\begin{aligned} E&=\frac{1}{2}\sum_{k=1}^{l}\left\{d_k-f\left[\sum_{j=0}^{m}w_{jk}f(net_j)\right]\right\}^2 \\ &=\frac{1}{2}\sum_{k=1}^{l}\left\{d_k-f\left[\sum_{j=0}^{m}w_{jk}f\left(\sum_{i=0}^{n}v_{ij}x_i\right)\right]\right\}^2 \end{aligned} \tag{5-21}$$

(2) 基于梯度下降的网络权值调整 由式(5-21)可以看出，网络输入误差是关于各层权值 w_{jk} 和 v_{ij} 的函数，因此调整权值就可改变误差 E。调整权值的原则应该使误差不断地减小，因此可采用梯度下降(Gradient Descent)算法，使权值的调整量与误差的梯度下降成正比，即

$$\Delta w_{jk}=-\eta\frac{\partial E}{\partial w_{jk}}, \quad j=0,1,2,\cdots,m;\ k=1,2,\cdots,l \tag{5-22}$$

$$\Delta v_{ij} = -\eta \frac{\partial E}{\partial v_{ij}}, \quad i=0,1,2,\cdots,n;\ j=1,2,\cdots,m \tag{5-23}$$

式中，负号表示梯度下降，常数 $\eta \in (0,1)$ 表示比例系数，在训练中反映了学习速率。

上述标准 BP 算法的特点是单样本训练。每输入一个样本，都要回传误差并调整权值。显然，这是一种着眼于眼前、局部的调整方法。样本的获取难免有误差，样本间也可能存在矛盾之处。单样本训练难免顾此失彼，导致整个训练的次数增加、收敛速度过慢。

累积误差校正 BP 算法是在所有 P 对样本输入之后，计算累积误差，根据总误差计算各层的误差信号并调整权值。P 对样本输入后，网络的总误差 E 可表示为

$$E = \sqrt{\frac{1}{2}\sum_{p=1}^{P}\sum_{k=1}^{l}(d_k^p - o_k^p)^2} \tag{5-24}$$

这种训练方式是一种批处理方式，以累积误差为目标，也可称为批(Batch)训练或周期(Epoch)训练算法。该算法着眼于全局，在样本较多时，较单样本训练方法收敛速度快。

标准 BP 算法与累积误差校正 BP 算法的区别在于权值调整方法。前向型神经网络的相关改进学习算法多是以 BP 算法为基础的。

3. BP 神经网络的功能与数学本质

(1) BP 神经网络的功能 通过 BP 神经网络模型的建立与算法的数学推导，可以总结出 BP 神经网络的功能有以下几点：

1) 非线性映射能力。多层前馈网络能学习和存储大量“输入—输出”模式的映射关系，而无须事先了解描述这种映射关系的数学方程。只要能提供足够多的样本模式供 BP 网络进行学习训练，它便能完成由 n 维输入空间到 m 维输出空间的非线性映射。

2) 泛化能力。“泛化”源于心理学术语，是指某种刺激形成一定条件反应后，其他类似的刺激也能形成某种程度的这一反应。

神经网络的泛化能力是指当向网络输入训练时未曾见过的非样本数据时，网络也能完成由输入空间向输出空间的正确映射。

3) 容错能力。容错能力指输入样本中带有较大的误差甚至个别错误，对网络的输入/输出规律影响不大。

(2) BP 神经网络的数学本质 基于之前 BP 神经网络模型的建立与算法的数学推导，可以发现 BP 神经网络的实质是采用梯度下降法，把一组样本的 I/O 问题变为非线性优化问题。隐层的采用使优化问题的可调参数增加，使解更精确。

1) BP 神经网络(无论是单入单出、单入多出，还是多入单出、多入多出)，从非线性映射逼近观点来看，均可由不超过四层的网络来实现，其数学本质就是插值或更一般的是数值逼近。

2) 不仅是 BP 网络，其反馈式或其他形式的人工神经网络，总要有一组输入变量 $(x_1,x_2,\cdots,x_i,\cdots,x_n)$ 和一组输出变量 $(y_1,y_2,\cdots,y_i,\cdots,y_m)$；从数学上看，这样的网络不外乎是一个映射：

$$f:R^n \to R^m,(x_1,x_2,\cdots,x_i,\cdots,x_n) \to (y_1,y_2,\cdots,y_i,\cdots,y_m) \triangleq f(x_1,x_2,\cdots,x_i,\cdots,x_n)$$

一般地讲，人工神经网络的功能就是实现某种映射的逼近，其研究方法没有超出“计算数学”(更确切地说是“数值逼近”)的“圈子”。逐次迭代法本来就具有容错功能、自适应性以及某种自组织性，人工神经网络是把这些优点通过“网络”形式予以再现。当常规方法解决不了或效果不佳时，人工神经网络方法便显示出其优越性。

对问题的机理不甚了解或不能用数学模型表示的系统（如故障诊断、特征提取和预测等问题），人工神经网络往往是最有利的工具。此外，人工神经网络对处理大量原始数据且不能用规则或公式描述的问题，表现出极大的灵活性和自适应性。

4. BP 神经网络的设计

BP 神经网络的设计包含以下几个方面：

1）输入—输出变量的确定与训练样本集的准备。输出变量代表系统要实现的功能目标，可以是系统的性能指标、类别归属或非线性函数的函数值等。对于具体问题，输入变量必须选择那些对输出影响大且能够检测或提取的相关性很小的变量。产生数据样本集，是成功开发神经网络的关键一步，训练数据的产生包括数据的收集、数据分析、变量选择以及数据的预处理。

2）神经网络结构的确定（网络的层数、每层结点数）。确定了输入和输出变量后，网络输入层和输出层的结点个数也就确定了。剩下的问题是考虑隐含层和隐层结点。从原理上讲，只要有足够多的隐含层和隐层结点，BP 神经网络即可实现复杂的非线性映射关系，但另一方面，基于计算复杂度的考虑，应尽量使网络简单，即选取较少的隐层结点。

3）神经网络参数的确定（通过训练获得阈值、传输函数及参数等）。如果样本集能很好地代表系统输入/输出特征，神经网络通过有效的学习与训练，将具有较好的映射性能。

5. BP 神经网络的应用

本章第 5. 1. 3 小节中已给出一级倒立摆系统的结构，其数学模型可由如下非线性微分方程描述：

$$\begin{cases}\ddot{\theta}=\dfrac{(M+m)g\sin\theta-\cos\theta(f+ml\dot{\theta}^2\sin\theta)}{4/3\cdot(M+m)(l-ml\cos^2\theta)}\\[2ex]\ddot{x}=\dfrac{f+ml(\dot{\theta}\sin\theta-\ddot{\theta}\cos\theta)}{(M+m)}\end{cases}\tag{5-25}$$

式中，M 为小车质量；m 为摆杆质量；l 为摆杆转动轴心到杆质心的距离；f 为加在小车的力；x 为小车位移，小车在轨道正中为 0；θ 为摆杆偏离竖直方向的角度，顺时针方向为正。

基于 SIMULINK 环境，一级倒立摆神经控制仿真模型如图 5-15 所示，它可由 MATLAB 自带的一个模糊控制仿真模型 slcp. mdl 进行修改得到，主要包括一级倒立摆动力学模型子系统和神经控制器子系统。仿真具体参数为：摆杆的质心到对应转轴的距离 $l=0.5\text{m}$，轨道长为 4m，小车质量 $M=1\text{kg}$，摆杆质量 $m=0.1\text{kg}$。

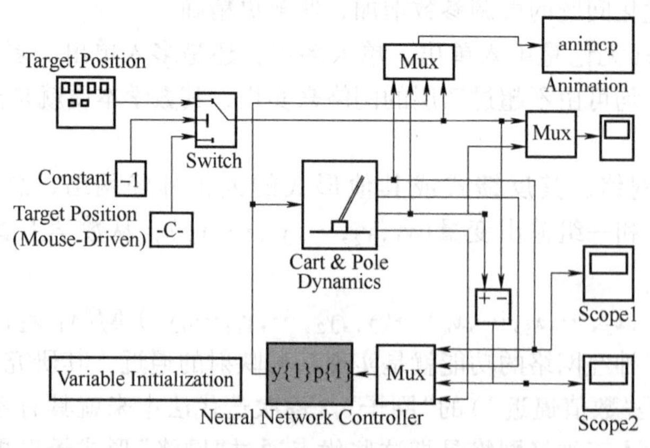

图 5-15　一级倒立摆神经控制仿真模型

一级倒立摆系统 BP 神经网络控制器的设计包含以下几个方面：

1）输入、输出变量的确定。

2）神经网络结构的确定(网络的层数、每层结点数)。

3）神经网络参数的确定(通过训练获得阈值、传输函数及参数等)。

BP 神经网络控制倒立摆系统的实现步骤：

① BP 神经网络初始化

训练神经网络之前，首先应确定所选用的网络类型并进行初始化。这可利用神经网络工具箱中 BP 神经网络初始化函数 newff( )来完成。初始化内容包括选择网络的层数、每层结点数、初始权值、阈值、结点传输函数及参数等。

这里，BP 神经网络控制器四个输入分别对应了一级倒立摆系统的四个控制参量：小车的位移(仿真中为小车位移与设定位移之差)和速度、摆杆的角度和角速度。根据倒立摆模型的特点，四个量的阈值分别设定为[−0.35 0.35]、[−1 1]、[−3 3]、[−3 3]。定义网络为三层 BP 网络，输出层 1 个结点。输入层到隐层传递函数为 tansig，隐层到输出层的传递函数为 purelin，训练函数使用 trainlm，学习函数使用 learngdm，性能函数为 mse。由输入层结点数为 4、输出层结点数为 1，隐层结点数可根据经验确定为 12。

针对一级倒立摆仿真，初始化 BP 神经网络控制器的命令为

```
net=newff([-0.35 0.35;-1 1;-3 3;-3 3],[12 1],{'tansig','purelin'},'trainlm','learngdm')
```

② 训练数据的提取和 BP 神经网络的训练

神经网络训练数据来源于 MATLAB6.5 自带的一阶 T-S 型模糊控制 sclp.mdl。分别提取摆角、角速度、位移、速度的初始条件为[0.5rad,1rad/s,0,0]的输出响应，并使用函数 trainlm( )训练。

③ BP 神经网络控制倒立摆系统的实现

使用训练后的 BP 神经网络控制器代替原模糊控制器便可进行仿真试验。为分析上述方法设计的控制器，可将神经网络控制器与提供训练样本的模糊控制器在不同初始条件下进行比较。

图 5-16、图 5-17 中的仿真曲线分别显示了在摆角、角速度、位移、速度的初始条件分别为[0.5rad，1rad/s，0，0]和[0.1rad，0.5rad/s，0，0]时两种控制器的摆角和位移的响应曲线。

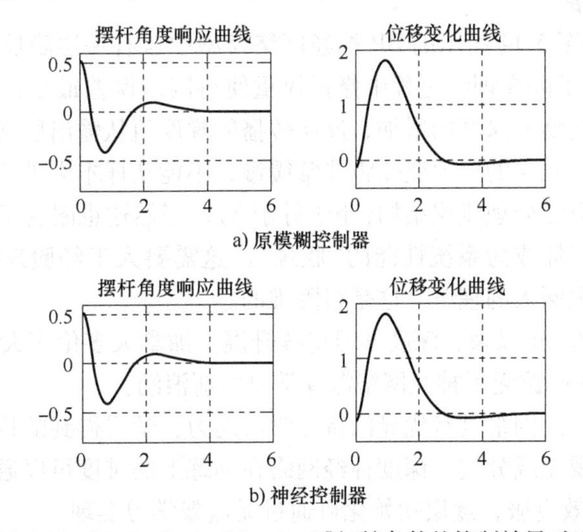

图 5-16　[0.5rad，1rad/s，0，0]初始条件的控制效果对比

如图 5-16 所示，神经控制器摆杆角度响应曲线和位移变化曲线很好地逼近了原模糊控制器。因为神经控制器的训练样本来源于该初始条件模糊控制器的响应，神经网络实现了对样本数据的逼近。

如图 5-17 所示，神经控制器的性能还优于原模糊控制器，调节时间明显比模糊控制器的短。这体现了神经网络一定的泛化能力。

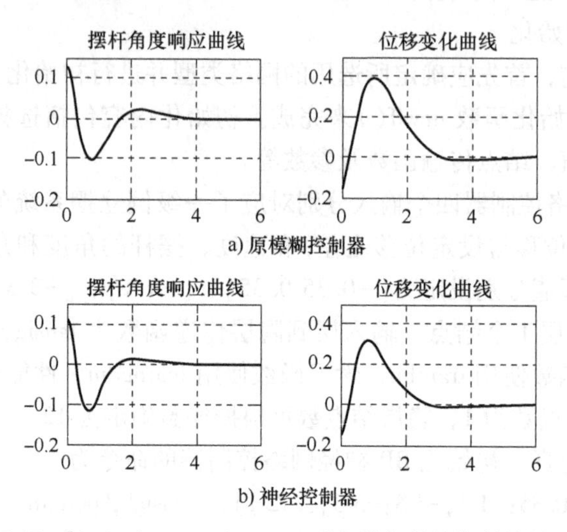

图 5-17 [0.1rad，0.5rad/s，0，0]初始条件的控制效果对比

6. BP 神经网络的缺陷与改进

（1）BP 神经网络存在的缺陷 BP 神经网络的理论依据坚实，推导过程严谨，所得公式对称优美，物理概念清楚，通用性强。但 BP 算法是基于梯度的最速下降法，以误差平方为目标函数，不可避免地存在以下缺陷：①网络的训练易陷入局部极小值；②网络的学习收敛速度缓慢；③网络的结构难以确定；④网络的泛化能力不能保证。

（2）传统 BP 算法的改进与优化 针对 BP 算法存在的问题，国内外已提出不少有效的改进算法，包括：①增加阻尼项；②自适应调节学习率；③引入陡度因子；④L-M 学习算法。

（3）深度神经网络

1）浅层学习。如图 5-14 所示的 BP 神经网络模型中含有一层隐层结点，可称为浅层模型。BP 算法通过梯度下降在训练过程中修正权重使得网络误差最小，在多隐层情况下性能变得很不理想。随着网络的深度的增加，反向传播的梯度值从输出层到网络的最初几层会急剧地减小。因此，最初几层的权值变化将非常缓慢，不能从样本中进行有效的学习。

因此，这种方法只能处理浅层结构(小于等于 3)，当然这也限制了网络的性能。对于浅层模型，样本特征的好坏成为系统性能的“瓶颈”。这需要人工经验来抽取样本的特征，需要对待解决的问题有很深入的理解，这是很困难的。

2）深度学习。2006 年以来，深度学习持续升温。加拿大多伦多大学教授、机器学习领域的泰斗 Geoffrey Hinton 掀起了神经网络深度学习的新浪潮。

很多隐层的人工神经网络具有优异的特征学习能力，学习得到的特征对数据有更本质的刻画，从而有利于可视化或分类；深度神经网络在训练上的难度可以通过逐层初始化(layer-wise pre-training)来有效克服，逐层初始化可通过无监督学习实现。

深度神经网络模型如图 5-18 所示。它模拟了人脑的深层结构，比浅层神经网络表达能

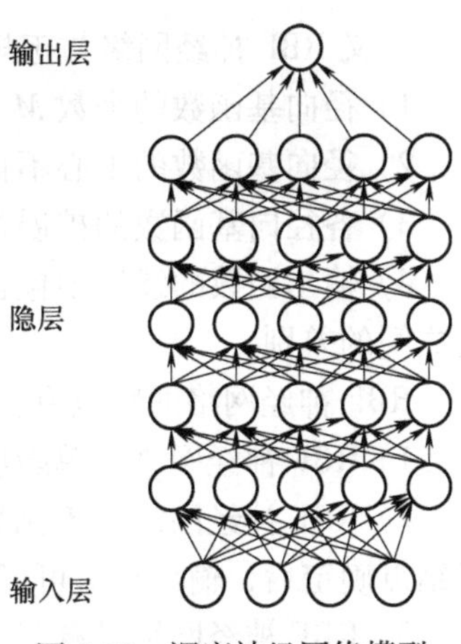

图 5-18 深度神经网络模型

力更强，能够更准确地“理解”事物的特征。2012 年 6 月，《纽约时报》披露了 Google Brain 项目，斯坦福大学的吴恩达教授和 Jeff Dean 采用 16000 个 CPU Core 的并行计算平台，训练含有 10 亿个结点的深度神经网络，实现了对含有 2 万个不同物体的 1400 万张图片的辨识。

深度学习的实质，是通过构建具有很多隐层的机器学习模型和海量的训练数据来学习更有用的特征，从而最终提升分类或预测的准确性。因此，“深度模型”是手段，“特征学习”是目的。

区别于传统的浅层学习，深度学习的不同在于：

① 强调了模型结构的深度，通常有 5 层、6 层甚至 10 多层的隐层结点。

② 明确突出了特征学习的重要性，也就是说，通过逐层特征变换，将样本在原空间的特征表示变换到一个新特征空间，从而使分类或预测更加容易。与人工规则构造特征的方法相比，利用大数据来学习特征，更能够刻画数据的丰富内在信息。

③ 深度学习得益于大数据、计算机速度的提升。大规模集群技术、GPU 的应用与众多优化算法使得先前需耗时数月的训练过程可缩短为数天甚至数小时。这样，深度学习才在实践中有了用武之地。

5.2.5 径向基函数神经网络

径向基函数(Radial Basis Function，RBF)神经网络正是一种前馈型局部逼近神经网络。RBF 神经网络与 BP 神经网络一样，都是通用逼近器，都是非线性多层前向网络。

1985 年，Powell 提出了多变量值的径向基函数方法。1988 年，Broomhead 和 Lowe 首先将 RBF 应用于神经网络设计，构成了径向基函数神经网络，即 RBF 神经网络。

1. 网络结构

RBF 神经网络是单隐层的前向网络，它由三层构成：第一层是输入层，第二层是隐层，第三层是输出层。RBF 神经网络的基本思想是：用径向基函数(RBF)作为隐单元的“基”，构成隐含层空间，将输入矢量直接映射到隐空间。

根据隐结点的个数，RBF 神经网络有两种模型：正规化网络(Regularization Network)和广义网络(Generalized Network)，其中，广义网络的结构如图 5-19 所示。

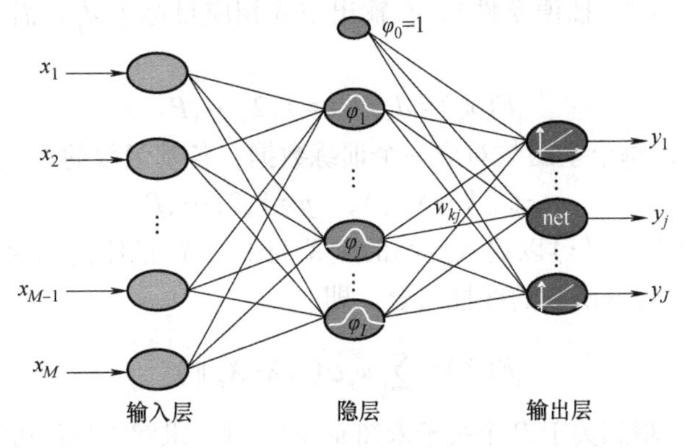

图 5-19 广义网络的结构

广义 RBF 神经网络与正规化 RBF 神经网络的不同在于：

1）径向基函数的个数 M 与样本的个数 N 不相等，且 M 常常远小于 N。

2）径向基函数的中心不再限制在数据点上，而是由训练算法确定。

3）各径向基函数的扩展常数不再统一，其值由训练算法确定。

4）输出函数的线性中包含阈值参数，用于补偿径向基函数在样本集上的平均值与目标值之间的差别。

RBF 神经网络的特点有：

1）RBF 神经网络是单隐层的。

2）RBF 神经网络用于函数逼近时，隐结点为非线性激活函数，输出结点为线性函数。隐结点确定后，输出权值可通过解线性方程组得到。

3）RBF 神经网络具有“局部映射”特性，是一种有局部响应特性的神经网络。

4）RBF 神经网络隐结点的非线性变换（高斯函数）将低维空间的输入拓展到了高维空间，把线性不可分问题转化为线性可分问题。

2. RBF 神经网络的生理学基础

RBF 神经网络的隐结点的局部特性主要是模仿了某些生物神经元的“近兴奋、远抑制”（on-center off-surround）功能。灵长类动物视网膜上的感光细胞通过光生化反应，产生的光感受器电位和神经脉冲就是沿着视觉通路传播到视皮层。每个视皮层，外侧膝状体的神经元或视网膜神经节细胞在视网膜上均有其特定的感受野。感受野是指能影响某一视神经元反应的视网膜或视野的区域。如图 5-20 所示，感受野呈圆形，具有“近兴奋、远抑制”或“远兴奋、近抑制”的特点。

图 5-20 中，x 为光束引起视网膜上神经元兴奋的位置，c_i 为感受野的中心，对应于神经元最兴奋的位置。显然，这种“近兴奋、远抑制”现象可用径向基函数 $\phi_i(x)=\varphi(\|x_{ki}-c_i\|)$ 进行建模。

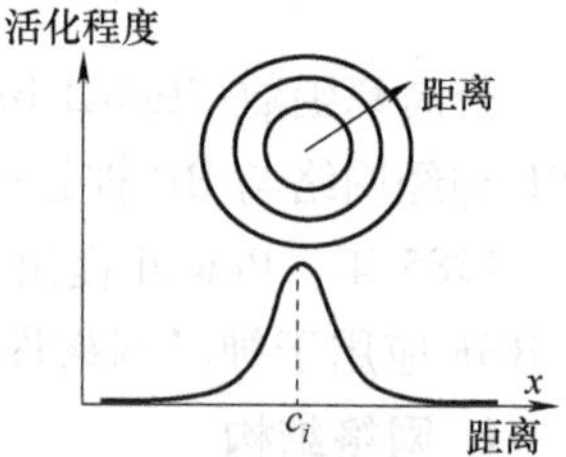

图 5-20　神经元的“近兴奋、远抑制”现象

RBF 神经网络正是在借鉴生物局部调节和交叠接受区域知识的基础上提出的一种采用局部权值修正来实现映射功能的人工神经网络，具有最优逼近和全局逼近的特点。

3. RBF 神经网络的数学基础

多变量内插问题可采用径向基网络来解决。径向基函数指某种沿径向对称的标量函数，通常定义为空间中任一点 X 到某一中心 c_i 之间欧氏距离的单调函数。

设有 P 个输入样本 X_p（插值条件），在输出空间相应目标为 d_p。需要找到一个非线性映射函数 $F(x)$，使得

$$F(x_p)=d_p,\quad p=1,2,\cdots,P \tag{5-26}$$

选择 P 个基函数，每个基函数对应一个训练数据，各基函数的形式为

$$\varphi(\|X-X_p\|),\quad p=1,2,\cdots,P \tag{5-27}$$

式中，X_p 是函数的中心，$\varphi(\cdot)$ 以输入空间的点 X 与中心 X_p 的距离为自变量，故称为径向基函数。插值函数 $F(X)$ 为基函数的线性组合，即

$$F(X)=\sum_{p=1}^{P} w_p\varphi(\|X-X_p\|) \tag{5-28}$$

将插值条件代入，得到关于 P 个关于未知 w_p 的方程。求解方程组可得到相应的参数 w_p。

如图 5-21 所示，使用 RBF 网络前必须确定其隐结点的数据中心(包括数据中心的数目、值、扩展常数)及相应的一组权值。RBF 网络解决内插问题时，使用 P 个隐结点，并把所有的样本输入 X_p 选为 RBF 网络的数据中心，且各基函数取相同的扩展常数，于是 RBF 网络从输入层到隐层的输出便是确定的。网络在样本输入点的输出就等于教师信号，此时网络对样本实现了完全内插，即对所有样本误差为 0。

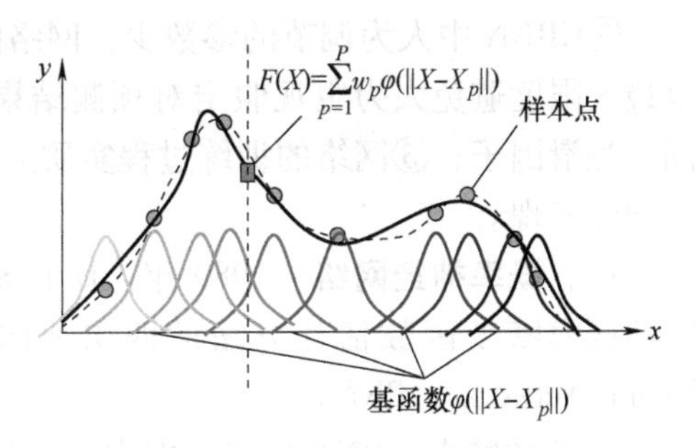

图 5-21 径向基函数插值示意图

4. RBF 神经网络的学习算法

对于一个实际问题，RBF 神经网络的设计包括结构设计和参数设计。结构设计主要是确定网络的隐结点数。当采用正规化 RBF 网络结构时，隐结点数即样本数，基函数的数据中心即为样本本身，参数设计只需考虑扩展常数和输出结点的权值。当采用广义 RBF 网络结构时，如果给定了训练样本，那么该网络的学习算法应该解决的问题包括：

1）如何确定网络隐结点数。

2）如何确定各径向基函数的数据中心及扩展常数。

3）如何修正输出权值。

一般情况下，如果知道了网络的隐结点数、数据中心和扩展常数，RBF 神经网络从输入到输出就成了一个线性方程组，此时，输出层权值学习可采用最小二乘法等方法求解。因此，确定 RBF 神经网络的数据中心和扩展常数是设计 RBF 神经网络的重要方面。

5. RBF 神经网络与 BP 神经网络的比较

RBF 神经网络与 BP 神经网络都是非线性多层前向网络，它们都是通用逼近器。对于任一个 BP 神经网络，总存在一个 RBF 神经网络可以代替它。

RBF 神经网络与 BP 神经网络的不同在于：

(1) 网络结构 BP 神经网络各层之间采用权连接，而 RBF 神经网络输入层到隐层单元之间为直接连接，隐层到输出层之间实行权连接。

BP 神经网络隐层单元转移函数一般选择 S 型函数，而 RBF 神经网络隐层单元的转移函数是关于中心对称的径向对称函数。

(2) 局部逼近与全局逼近 BP 神经网络的隐结点采用输入模式与权向量的内积作为激活函数的自变量，而激活函数则采用 Sigmoid 函数。各个隐结点对 BP 神经网络的输出均具有同等地位的影响，因此 BP 神经网络是对非线性映射的全局逼近。

RBF 神经网络的隐结点采用输入模式与中心向量的距离(如欧氏距离)作为函数的自变量，并使用径向基函数(如 Gaussian 函数)作为激活函数。神经元的输入离径向基函数中心点越远，神经元的激活程度就越低。RBF 神经网络的输出与数据中心离输入模式较近的“局部”隐结点关系较大，RBF 神经网络因此具有“局部映射”特性。

6. 其他径向基函数神经网络

(1) 广义回归神经网络 广义回归神经网络(Generalized Regression Neural Network, GRNN)是美国学者 Donald F. Specht 在 1991 年提出的，它是径向基函数神经网络的一种。GRNN 是由输入层、模式层、求和层与输出层构建形成的前馈型网络结构。

GRNN 的特点：①GRNN 具有局部逼近能力，学习速度较快；②建模需要样本数量少；③GRNN 中人为调节的参数少，网络的学习全部依赖数据样本，这个特点决定了网络得以最大限度避免人为主观假定对预测结果的影响；④GRNN 对所有隐层单元的核函数采用同一光滑因子；⑤网络的训练过程实质上是一个一维寻优过程，训练极为方便快捷，而且便于硬件实现。

（2）概率神经网络 1989 年，D. F. Specht 博士提出一种基于 Bayes 分类规则与 Parzen 窗的概率密度函数估计方法的四层前向型人工神经网络——概率神经网络（Probabilistic Neural Networks，PNN）。

PNN 的特点：PNN 是基于模式样本后验概率估计的分类器，已广泛用于模式识别、故障诊断、专家系统与回归拟合等领域。它与 BP 神经网络、RBF 神经网络等传统的前馈神经网络相比，具有以下几个特点：①网络学习过程简单，训练速度快；②网络的容错性好，模式分类能力强，收敛性较好；③网络的扩充性能好，结构设计灵活方便。

5.2.6 反馈式神经网络

根据神经网络运行过程中的信息流向，可分为前馈式和反馈式两种基本类型。前馈式神经网络的输出仅由当前输入和权矩阵决定，而与网络先前的输出状态无关。反馈式神经网络增加了层间或层内的反馈连接，能够表达输入/输出间的时间延迟，是一个反馈动力学系统。

J. Hopfield 于 1982 年提出了一种单层反馈神经网络。Hopfield 网络分为离散 Hopfield 神经网络（Discrete Hopfield Neural Network，DHNN）和连续 Hopfield 神经网络（Continues Hopfield Neural Network，CHNN）两种。

1. 离散 Hopfield 神经网络

（1）离散 Hopfield 神经网络的模型 离散 Hopfield 神经网络是单层全互连的，其结构形式可表示为如图 5-22 所示的两种形式，左图特别强调了输出与输入在时间上的传输延迟特性。

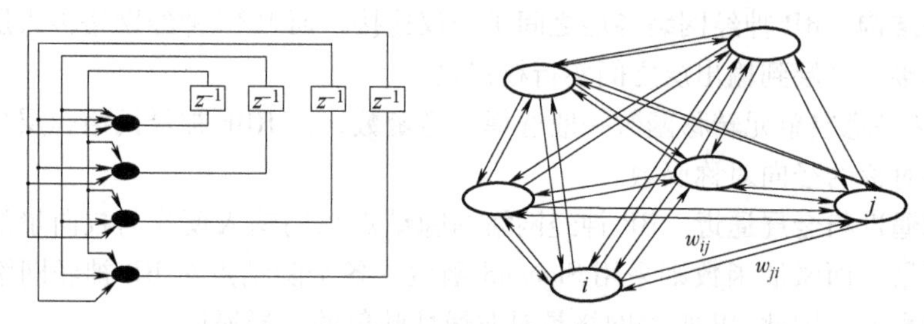

图 5-22 离散 Hopfield 神经网络的结构

神经元可取二值{0/1}或{-1/1}，其中的任意神经元 i 与 j 间的突触权值为 w_{ij}，神经元之间的连接是对称的，即 $w_{ij}=w_{ji}$，神经元自身无连接，即 $w_{ij}=0$。每个神经元都将其输出通过突触权值传递给其他的神经元，同时每个神经元又都接收其他神经元的信息。因此对于每个神经元来说，其输出信号经过其他神经元后又有可能反馈给自己，所以 Hopfield 网络是一种反馈神经网络。

假设 Hopfield 网络中有个 n 神经元，其中任意神经元 i 的输入用 u_i 表示，输出用 v_i 表示，它们都是时间的函数，其中 $v_i(t)$ 也称为神经元 i 在 t 时刻的状态。神经元 i 的输入来自其他神经元的输出，因此 u_i 可表示为

$$u_i(t)=\sum_{\substack{j=1\\j\neq i}}^{n} w_{ij}v_j(t)+b_i \tag{5-29}$$

式中，b_i 表示神经元 i 的阈值或偏差。相应地，神经元 i 的输出或状态为

$$v_i(t+1)=f(u_i(t)) \tag{5-30}$$

式中，激励函数 $f(\cdot)$ 可取单极性阈值函数或双极性阈值函数 $\mathrm{sgn}(t)$。取双极性阈值函数时，$v_i(t+1)$ 表示为

$$v_i(t+1)=\begin{cases}1, \sum_{\substack{j=1\\j\neq i}}^{n} w_{ij}v_j(t)+b_i\geqslant 0\\ -1, \sum_{\substack{j=1\\j\neq i}}^{n} w_{ij}v_j(t)+b_i<0\end{cases} \tag{5-31}$$

反馈网络稳定时每个神经元的状态都不再改变，此时的稳定状态就是网络的输出，表示为 $\lim\limits_{t\to\infty}\boldsymbol{X}(t)$。

（2）离散 Hopfield 神经网络的运行规则 离散 Hopfield 神经网络的工作方式主要有两种形式：

1）串行（异步）工作方式：在任一时刻 t，只有某一神经元的状态改变，其他不变。即

$$x_j(t+1)=\begin{cases}\mathrm{sgn}[net_j(t)], & j=i\\ x_j(t), & j\neq i\end{cases} \tag{5-32}$$

2）并行（同步）工作方式：在任一时刻 t，部分或全部神经元的状态同时改变。即

$$x_j(t+1)=\mathrm{sgn}[net_j(t)],\quad j=1,2,\cdots,n \tag{5-33}$$

（3）离散 Hopfield 神经网络的运行过程 图 5-23 给出了动力学系统的几种运行状态：图 5-23a 表明，如果网络是稳定的，它可以从任一初态收敛到一个稳态；图 5-23b 表明，若网络是不稳定的，由于 DHNN 每个结点的状态只有 1 和−1 两种情况，网络不出现无限发散的情况，只能出现限幅的自持振荡，这种网络称为有限环网络；图 5-23c 表明，如果网络状态的轨迹在某个确定的范围内变迁，但既不重复也不停止，状态变化为无穷多个，轨迹也不发散到无穷远，这种现象称为混沌。

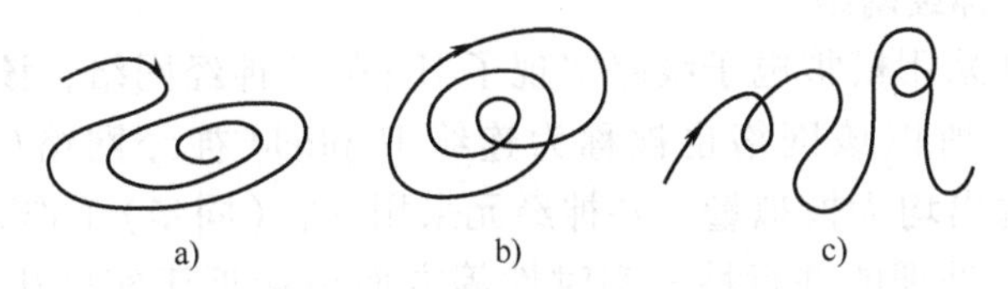

图 5-23 动力学系统的几种运行状态

（4）网络的吸引子 网络的稳定状态可定义为：若网络从某一时刻以后，状态不再发生变化，则称网络处于稳定状态。网络达到稳定时的状态，称为网络的吸引子。

显然，如果把吸引子视为问题的解，从初态朝吸引子演变的过程便是求解计算的过程；如果把需记忆的样本信息存储于网络不同的吸引子，当输入含有部分记忆信息的样本时，网络的演变过程便是从部分信息寻找全部信息，即联想回忆的过程。

（5）能量函数 Hopfield 提出了人工神经网络能量函数（也称 Lyapunov 函数）的概念，使网络的运行稳定性判断有了可靠而简便的依据。

Hopfield 网络的能量函数可定义为

$$E=-\frac{1}{2}\sum_{\substack{i=1\\i\neq j}}^{n}\sum_{\substack{j=1\\i\neq j}}^{n}w_{ij}v_iv_j+\sum_{i=1}^{n}b_iv_i \tag{5-34}$$

其矩阵形式为

$$E(t)=-\frac{1}{2}\boldsymbol{X}^{\mathrm{T}}(t)\boldsymbol{W}\boldsymbol{X}(t)+\boldsymbol{X}^{\mathrm{T}}(t)\boldsymbol{T} \tag{5-35}$$

（6）DHNN 异步工作方式下的收敛定理 对于 DHNN，若按异步方式调整网络状态，且连接权矩阵 $\boldsymbol{W}$ 为对称阵，则对于任意初态，网络都最终收敛到一个吸引子。

（7）DHNN 同步工作方式下的收敛定理 对于 DHNN，若按同步方式调整网络状态，且连接权矩阵 $\boldsymbol{W}$ 为非负定对称阵，则对于任意初态，网络都最终收敛到一个吸引子。

（8）DHNN 的功能分析 在满足一定参数条件下，Hopfield 网络能量函数（Lyapunov 函数）的“能量”在网络运行过程中应不断地降低。由于能量函数有界，所以系统必然会趋于稳定状态，该稳定状态即为 Hopfield 网络的输出。

能量函数与系统状态的关系如图 5-24 所示，曲线有全局极小值点和局部极小值点。在网络从初态向稳态演变的过程中，网络的能量始终向减小的方向演变，当能量最终稳定于一个常数时，该常数对应于网络能量的极小状态，称该极小状态为网络的能量井，能量井对应于网络的吸引子。

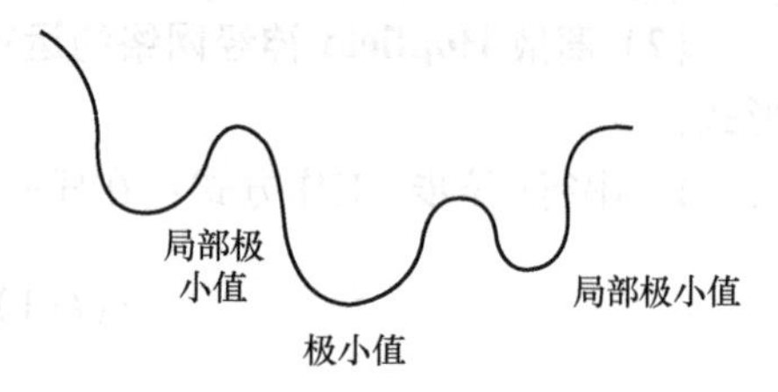

图 5-24 能量函数局部极小值图示

能使网络稳定在同一吸引子的所有初态的集合，称为该吸引子的吸引域。

若 Xa 是吸引子，对于异步方式，若存在一个调整次序，使网络可以从状态 X 演变到 Xa，则称 X 弱吸引到 Xa；若对于任意调整次序，网络都可以从状态 X 演变到 Xa，则称 X 强吸引到 Xa。

若对某些 X，有 X 弱吸引到吸引子 Xa，则称这些 X 的集合为 Xa 的弱吸引域；若对某些 X，有 X 强吸引到吸引子 Xa，则称这些 X 的集合为 Xa 的强吸引域。

2. 连续 Hopfield 神经网络

1984 年 Hopfield 采用模拟电子线路实现了 Hopfield 神经网络，该网络中神经元的激励函数为连续函数，所以该网络也被称为连续 Hopfield 神经网络（CHNN）。在 CHNN 中，网络的输入、输出均为模拟量，各神经元采用并行（同步）工作方式。因此，CHNN 相对于 DHNN 在信息处理的并行性、实时性等方面更接近于实际生物神经网络的工作机理。

（1）连续 Hopfield 神经网络的网络模型 连续 Hopfield 神经网络的结构如图 5-25 所示，图中每个神经元均由运算放大器及其相关的电路组成。

与离散 Hopfield 神经网络相同，连续 Hopfield 神经网络的突触权值是对称的，且无自反馈，即 $w_{ij}=w_{ji}$，$w_{ii}=0$。

对于连续 Hopfield 神经网络模型，能量（Lyapunov）函数定义如下：

$$E=-\frac{1}{2}\sum_{i=1}^{N}\sum_{j=1}^{N}w_{ij}v_iv_j+\sum_{i=1}^{N}\frac{1}{R_i}\int_0^{u_i}f^{-1}(v_i)\,\mathrm{d}v_i-\sum_{i=1}^{N}I_iv_i \tag{5-36}$$

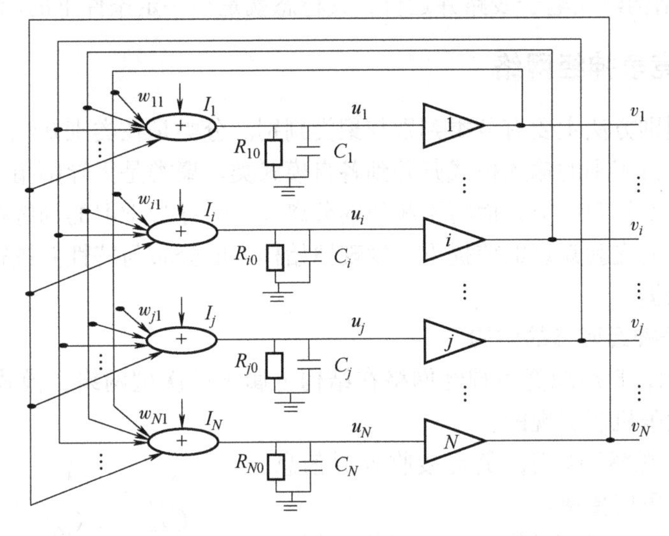

图 5-25 连续 Hopfield 神经网络的结构

（2）连续 Hopfield 神经网络的稳定性分析 能量函数 E 是单调下降的、有界的，因此，连续 Hopfield 神经网络模型是稳定的，给定一个初始状态，网络将逐步演变到能量函数的局部极小值点（网络的稳定状态或吸引子）。

连续 Hopfield 神经网络模型对生物神经元模型做了大量的简化，但仍突出了生物系统神经计算的主要特性：①连续 Hopfield 神经网络的神经元作为 I/O 变换，其传输特性具有 Sigmoid 特性；②具有时空整合作用；③在神经元之间存在着大量的兴奋性和抑制性连接，这种连接主要通过反馈来实现；④具有既代表产生动作电位的神经元，又有代表按渐进方式工作的神经元。

3. Hopfield 神经网络的应用

Hopfield 神经网络已成功地应用在图像处理、语音处理、控制、信号处理、数据查询、容错计算、模式分类、模式识别和知识处理等多种场合。从概念上讲，Hopfield 神经网络的应用方式主要有两种——联想记忆与优化计算。

Hopfield 神经网络用于联想记忆时，是通过一个学习训练过程确定好网络中的权系数，使所存储记忆的信息放在网络的 n 维超立方体的某一个吸引子上。当向网络输入不完全正确的数据时，通过网络状态不断变化，仍然能够给出所记忆信息的完整输出。可见，网络的容量与联想能力这两个指标是矛盾的，容量越大，联想能力就越小。为了达到较高的信噪比，所存储记忆的向量数应远小于网络存储容量。否则，由于存储误差越来越大，网络的联想功能越来越差，最终无法实现联想记忆功能。

Hopfield 神经网络用于优化计算时，是将稳态视为某一优化计算问题目标函数的极小点，则由初态向稳态收敛的过程就是优化计算过程。

用连续 Hopfield 神经网络解决优化问题，一般包括以下几个步骤：

1）对于特定的问题，要选择一种合适的表示方法，使得神经网络的输出与问题的解相对应。

2）构造网络能量函数，使其最小值对应于待求问题的最佳解。

3）将能量函数确定神经网络权系数与偏流的表达式，进一步确定网络的结构。

4）根据网络结构建立电子线路并运行，其稳态就是在一定条件下的问题优化解。

5.2.7 自组织竞争神经网络

模式识别的判别方法主要有分类判别与聚类判别。分类是在类别知识、先验知识等导师信号的指导下，将待识别的输入模式归并到各自模式类。聚类是无导师指导的分类，其目的是将相似的模式样本划归一类，而将不相似的分离开。无导师学习的训练样本中不含有期望输出，是在没有任何先验知识的前提下，发现原始样本的分布与特性并进行归并。相似性是输入模式聚类的依据。

1. 自组织竞争神经网络的结构

如图 5-26 所示，自组织竞争神经网络在结构上属于层次型网络，模式归并是通过模拟生物神经系统的竞争机制实现的。

1）输入层起“观察”作用，负责接收外界信息并将输入模式向竞争层传递。

2）竞争层起“分析比较”作用，负责找出规律完成模式归类。各神经元之间的虚线连接线，即是模拟生物神经网络层内神经元的侧抑制现象。神经细胞一旦兴奋，会对其周围的神经细胞产生抑制作用。

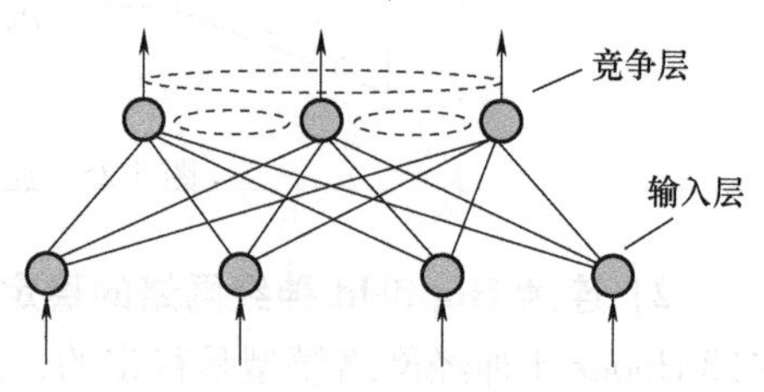

图 5-26　自组织竞争神经网络的典型结构

2. 自组织竞争学习的基本原理

人眼的视网膜、脊髓和海马中存在一种侧抑制现象。这种侧抑制使神经细胞之间呈现出竞争，一个兴奋程度最强的神经细胞对周围神经细胞的抑制作用也最强，结果是使其周围神经细胞兴奋度减弱，该神经细胞便是这次竞争的“胜者”。

竞争学习是自组织网络中最常用的一种学习策略，该策略的一种典型学习规则是“胜者为王”（Winner-Take-All）。竞争获胜神经元“唯我独兴”，进行权值调整，对周围其他神经元进行强侧抑制，不允许它们权值调整。

如图 5-27a 所示，输入模式向量为二维向量，用“○”表示。归一化后其末端可以看成分布在图 5-27b 中单位圆上，从输入模式点的分布可以看出，它们大体上聚集为四簇，因而可以分为四类。设自组织竞争神经网络竞争层为四个神经元，对应的四个内星权向量归一化后也标在同一单位圆上，用“ * ”点表示。在竞争学习前，单位圆上的“ * ”点是随机分布的。

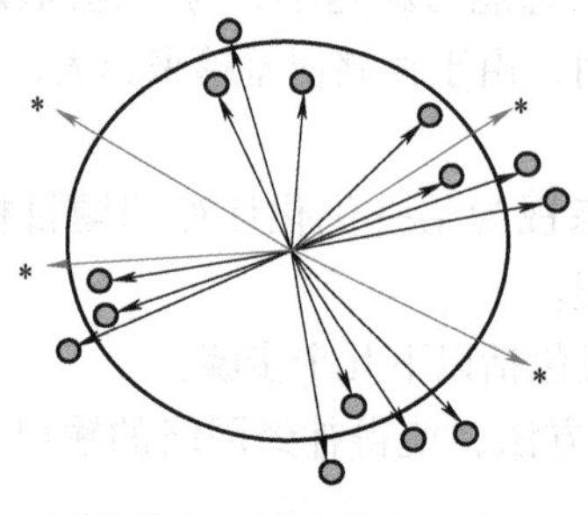

a) 输入模式向量与内星权向量分布

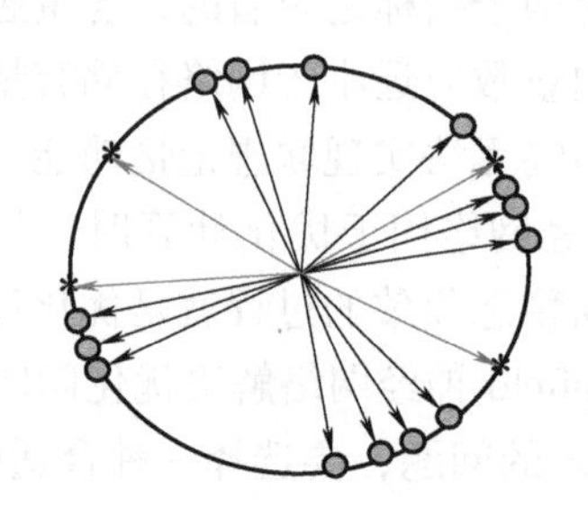

b) 归一化后的输入模式向量与内星权向量

图 5-27　输入模式向量与内星权向量的归一化

如图 5-28 所示，对于当前输入的模式向量 $\hat{\boldsymbol{X}}^p(t)$(用空心圆○表示)，单位圆上各“ * ”点代表的内星权向量依次同 $\hat{\boldsymbol{X}}^p(t)$ 点比较距离，结果是离得最近的那个“ * ”点获胜。

获胜神经元按 $\Delta\boldsymbol{W}(t)=\alpha[\hat{\boldsymbol{X}}^p(t)-\hat{\boldsymbol{W}}_{j^*}(t)]$ 进行权值调整，调整的结果是使 $\hat{\boldsymbol{W}}_{j^*}(t+1)$ 进一步接近当前输入 $\hat{\boldsymbol{X}}^p(t)$ 了。显然，当下次出现与“○”点相像的同簇内的输入模式时，上次获胜的“ * ”点更容易获胜。

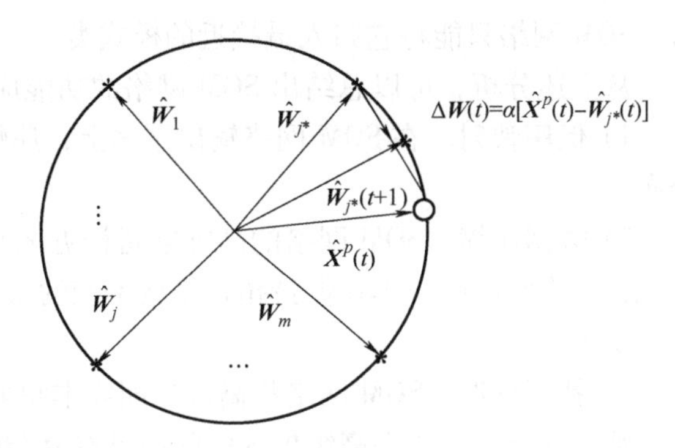

图 5-28 自组织竞争神经网络竞争层权向量的调整

按照上述方式经过充分训练后，单位圆上的四个“ * ”点会逐渐移入各输入模式的簇中心。即是说，竞争层每个神经元的权向量将成为输入模式一个聚类中心。

3. SOM 神经网络

自组织映射(Self-Organizing Maps，SOM)神经网络，又称 Kohonen 网，它由芬兰赫尔辛基大学的 T. Kohonen 教授在 1981 年提出。SOM 神经网络接受外界输入模式时，网络各区域对输入模式将有不同的响应特征，这一区域响应特征与人脑的自组织特性是类似的。

如图 5-29 所示，SOM 网络共有两层。输入层各神经元通过权向量将外界信息汇集到竞争层的各神经元，输入层神经元数目与样本维数相等；竞争层也就是输出层，神经元的排列有多种形式，如一维线阵、二维平面阵和三维栅格阵。

图 5-29a 给出了输出层按一维阵列组织的 SOM 网络，它是最简单的自组织神经网络。图 5-29b 给出了输出层按二维平面组织的 SOM 网络，其输出层每个神经元同周围其他神经元侧向连接，排列成棋盘状平面。二维平面组织是最典型的组织方式，更具有大脑皮层的形象。

生物学研究的事实表明，在人脑的感觉通道上，神经元组织是有序排列的。人脑通过感官接受外界特定的时空信息时，大脑皮层的特定区域兴奋，而且类似的外界信息所对应的兴奋区域也是邻近的。这种响应特点不是先天安排好的，而是通过后天的学习自组织形成的。

SOM 网络用大量训练样本通过自组织方式调整网络权值，最后使输出层各结点成为对特定模式类敏感的神经细胞，对应的内星权向量成为各输入模式类的中心向量。并且当两个模式类的特征接近时，代表这两类的结点在位置上也邻近，从而在输出层形成能够反映样本模式类分布情况的有序特征图。

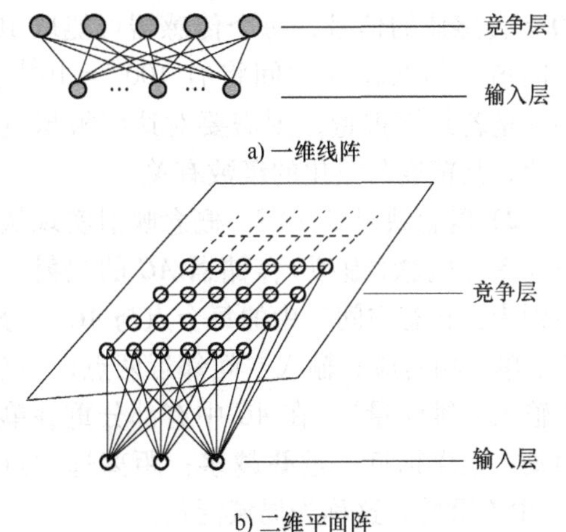

图 5-29 SOM 网络的输出排列

SOM 网络训练结束后，输出层各结点与各输入模式类的特定关系就完全确定了，因此可用作模式分类器。当输入一个模式时，网络输出层代表该模式类的特定神经元将产生最大响应，从而将该输入自动归类。当向网络输入的模式不属于网络训练时见过的任何模式类时，SOM 网络只能将它归入最接近的模式类。

从上述分析，可以总结出 SOM 网络的功能应用：

1）保序映射。在 SOM 网络输出平面上，属性相似的模式聚在一起，实现了特征的有序分布。

2）数据压缩。SOM 网络的高维空间相近的输入样本，其输出响应结点的位置也邻近。可见，高维空间的样本在保持拓扑结构不变的条件下投影到了低维空间，这就使得数据压缩得以实现。

3）特征抽取。SOM 网络将高维空间样本映射到低维输出空间，其位置分布规律往往一目了然，这就实现了在高维模式空间中具有复杂的结构模式的特征抽取。

5.2.8 CMAC 网络

人的小脑能够感知和控制运动，但小脑对于运动的协调不是天生的。精巧的肢体动作需要通过学习或训练才能得到。小脑学会一种技巧的协调后，大脑便得到解放：只需要发出动作开始的命令，小脑就能自动协调各个肌群配合，完成相应的动作。

1975 年，J. S. Albus 模拟小脑控制肢体运动建立了小脑模型神经网络理论。小脑模型关节控制器(Celebella Model Articulation Controller，CMAC)是一种表达复杂非线性函数的表格查询型自适应神经网络，可以通过学习算法改变表格的内容。CMAC 网络非线性逼近能力较好，广泛应用于故障诊断、传感器测量、冶金过程控制等领域。

1. CMAC 网络的模型结构

CMAC 网络的模型结构如图 5-30 所示。网络的输入输出关系 $Y=F(S)$ 可分解为以下四个步骤：

1）输入状态空间 S 的量化。输入状态空间 S 是一个多维空间，空间维数由待处理对象信息的维数决定。例如，CMAC 网络如需要处理 10 个传感器的信号，每个传感器可能取 100 个不同值，那么输入空间将有 $100^{10}=10^{20}$ 个点。输入量若是模拟量，则需要对这些模拟量进行量化，其精度与量化的级数有关。

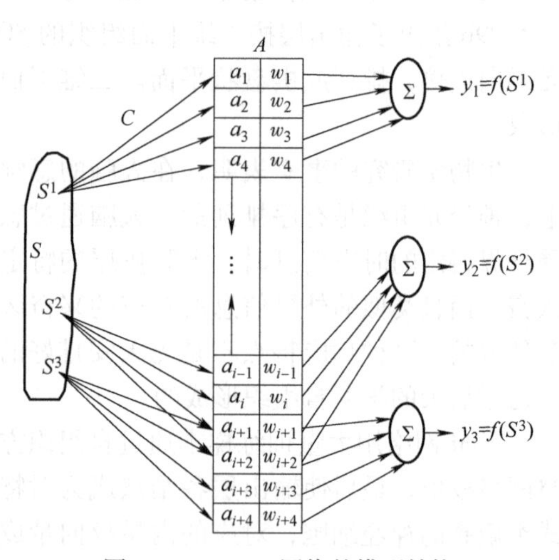

图 5-30 CMAC 网络的模型结构

2）概念映射 $S\to AC$。概念映射实现从输入空间 S 至概念(虚拟)存储器 AC 的映射。映射原则为：状态空间 S 中的每个点与 AC 中分散的 C 个单元相对应；输入空间邻近两点(一点为一个输入 n 维向量)，在 AC 中有部分重叠单元被激励。距离越近，重叠越多；距离远的点，在 AC 中不重叠，这称为局域泛化。

3）实际映射 $AC\to AP$。从虚拟存储空间 AC 至实际存储空间 AP 的映射采用杂散编码(压缩存储空间)技术实现。杂散技术是将分布稀疏、占用较大存储空间的数据作为一个伪随机发生器的变量，产生一个占用空间较小的随机地址，而在这个随机地址内存放着占用大量内存空间地址内的数据，这就完成了由多到少的映射。

如图 5-31 所示，每个虚拟地址 AC 与输入空间 S 的点相对应，但这个虚拟地址 AC 单元中并没有内容。$AC \to AP$ 采用类似散列编码的随机多对一的映射方法，其结果是 AP 比 AC 空间要小得多，C 个存储单元的排列是杂散的而不是规则的，存储的权值可以通过学习改变。

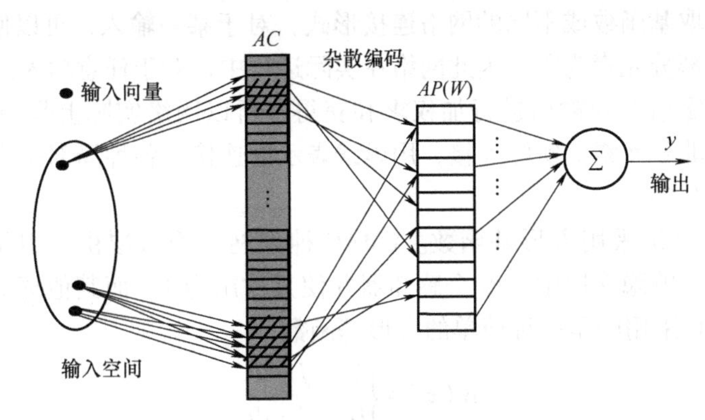

图 5-31 CMAC 网络的映射示意图

4）CMAC 的输出。对于第 i 个输出，$Y_i=F(S_i)$ 是由 AP 中 C 个权值的线性叠加而得到的。从输入到 AC 是 C 个连接，从 AC 到 AP 以及 AP 到 $F(S_i)$ 都是 C 个单元连接。

从 CMAC 网络结构上看，它是多层前馈网络，F 是权值的线性叠加，AP 到 F、S 到 AC 都是线性变换，AC 到 AP 是一种随机的压缩变换。但从网络总体上看，输入与输出表达了非线性映射关系。

2. CMAC 网络的特点

CMAC 网络具有以下特点：

1）学习收敛速度快，实时性强。由于利用了联想记忆和先进的查表技术，CMAC 网络的收敛速度快，实时控制能力强。CMAC 的每个神经元的输入与输出是一种线性关系，但从网络总体上看，输入和输出是一种表达非线性映射的表格系统。由于 CMAC 网络的学习只在线性映射部分，因此其收敛速度比 BP 算法快得多，对样本数据出现的次序不敏感且不存在局部极小问题。

2）局部泛化能力。由于相邻两个输入参考状态至少对应使用一个以上共同记忆单元，输入状态空间中相似的输入将产生相似的输出，相隔较远的输入状态将产生独立的输出。因此，小脑模型是一种局部的学习网络，它的联想具有局部推广能力。

3）易于软硬件实现。小脑模型结构简单，因而有利于硬件实现和软件实现。

3. CMAC 神经网络与 RBF 神经网络的比较

CMAC 神经网络与 RBF 神经网络均为局部连接神经网络，具有大体相似的结构特点。

图 5-32 是一种三层结构的局部连接神经网络。r 维输入向量 $\boldsymbol{X}_l=[x_1,x_2,x_3,\cdots,x_r]$ 通过输入层后进入含有 m 个结点的隐含层，通过与某种基函数相作用（视具体网络而定）形成隐含层的输出，然后与训练后的权值相乘得到网络最终的 s 维输出。网络输出层第 k 个结点的输出 y_k 可表示为

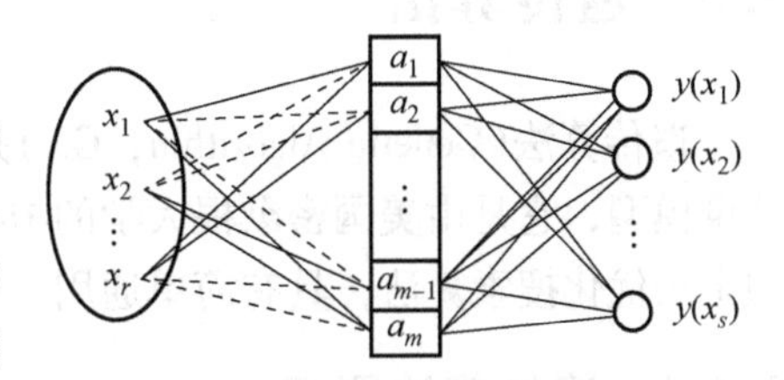

图 5-32 局部连接神经网络结构图

$$y_k=\sum_{i=1}^{m}\omega_{kj}\alpha_j(x_i),\quad k=1,2,\cdots,s;\ i=1,2,\cdots,r \tag{5-37}$$

式中，$\alpha_j(x_i)$表示隐含层第j个结点所对应的基函数，ω_{kj}表示隐含层第j个结点同输出层第k个结点间的连接权值。

通过适当地选取基函数或不同的网络连接形式，对于某一输入，可以使$\alpha_j(x)$中只有少数元素非零，而大部分元素为零。因此网络在实际运行中，对于任意输入，其输出往往只是对隐含层中少数非零结点的输出进行加权求和获得，所以网络实际上是局部连接。图5-32中用实线表示局部非零元素的实际连接，用虚线表示虚连接。各种局部连接网络的区别则是由不同基函数来划分的。

1）CMAC神经网络采用方形基函数。CMAC神经网络隐含层由一组量化感知器组成，每一个输入矢量只影响隐含层中的C个感知器并使其输出为1，而其他感知器输出为0。因此可以看出，CMAC采用的是一种简单的方形基函数：

$$\alpha_j(x_i)=\begin{cases}1, & j\in\Phi\\0, & j\notin\Phi\end{cases}\tag{5-38}$$

式中，$\alpha_j(x_i)$表示第j个感知器对应的基函数，Φ表示第i个输入向量x对应的C个感知器的集合。

正是由于CMAC采用的是简单的方形基函数，其逼近精度不高。但方形基函数最为简单，所以CMAC最适合于实时应用。如果希望提高分辨率就必须增大C值，从而需要增加存储容量，这是CMAC网络的局限所在。

2）RBF神经网络采用高斯(Gaussian)型基函数。RBF神经网络采用高斯(Gaussian)型基函数来实现输出层同隐含层之间的映射，高斯函数如下所示：

$$\alpha_j(x)=\frac{\| X-c_j^2 \|}{\delta_j^2}\tag{5-39}$$

式中，c_j是j个基函数的中心点；δ_j称为伸展常数，用它来确定每一个径向基层神经元对其输入矢量，也就是X与c_j之间距离对应的面积宽度。径向基网络虽然从网络结构图中看上去网络是全连接的，但实际上工作时网络是局部工作的，即对每一组输入，网络只有一个隐含层的神经元被激活，其他神经元的输出值可以被忽略。所以，径向基网络是一个局部连接的神经网络。

高斯型基函数光滑性好，任意阶导数均存在，因此RBF神经网络增强了网络对函数的逼近能力，同时具有很强的泛化能力。但相对于CMAC神经网络，它的运算量和需要的存储空间也相应增加，在网络训练时需要调整的连接权值会多一些。

5.3 遗传算法

遗传算法(Genetic Algorithm，GA)是模拟达尔文的遗传选择和自然淘汰的生物进化过程的计算模型，它是由美国密歇根大学的Holland教授于1975年首先提出的。遗传算法作为一种新的全局优化搜索算法，具有简单通用、鲁棒性强、适于并行处理及应用范围广等显著特点。

5.3.1 遗传算法原理

1. 基本思想

遗传算法受生物进化论和遗传学说的启发而提出。它把问题的参数用基因代表，把问题的解用染色体代表(在计算机里用二进制码表示)，这就得到一个由具有不同染色体的个体组成的群体。群体在特定的环境里生存竞争、不断进化，最后收敛到一组最适应环境的个体——问题的最优解。

图 5-33 给出了基本遗传算法的过程，具体说明如下：

1）问题的解表示成染色体，在算法中也就是以二进制编码的串。在执行遗传算法之前，给出一群染色体（父个体），也就是假设的可行解。

2）把这些假设的可行解置于问题的环境中，并按适者生存的原则，从中选择出较适应环境的染色体进行复制，再通过交叉、变异过程产生更适应环境的新一代染色体（子个体）群。

3）经过一代一代地进化，最后收敛到的最适应环境的一个染色体上就是问题的最优解。

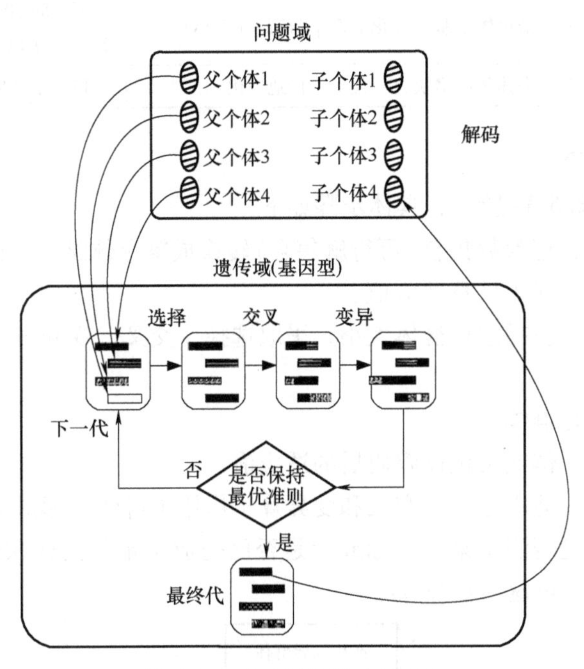

图 5-33 基本遗传算法的过程

2. 遗传算法中的术语

遗传算法计算优化的操作过程就如同生物学上生物遗传进化的过程，主要有三个基本操作（或称为算子）：选择（Selection）、交叉（Crossover）、变异（Mutation）。相关遗传学概念、遗传算法概念和数学概念三者之间的对应关系见表 5-3。

表 5-3 遗传学概念、遗传算法概念和数学概念三者之间的对应关系

序号	遗传学概念	遗传算法概念	数学概念
1	个体	要处理的基本对象、结构	可行解
2	群体	个体的集合	被选定的一组可行解
3	染色体	个体的表现形式	可行解的编码
4	基因	染色体中的元素	编码中的元素
5	基因位	某一基因在染色体中的位置	元素在编码中的位置
6	适应值	个体对于环境的适应程度，或在环境压力下的生存能力	可行解所对应的适应函数值
7	种群	被选定的一组染色体或个体	根据入选概率定出的一组可行解

（续）

序号	遗传学概念	遗传算法概念	数 学 概 念
8	选择	从群体中选择优胜个体，淘汰劣质个体	保留或复制适应值大的可行解，去掉小的可行解
9	交叉	一组染色体上对应基因段的交换	根据交叉原则产生的一组新解
10	交叉概率	染色体对应基因段交换的概率（可能性大小）	闭区间［0，1］上的一个值，一般为0.65~0.90
11	变异	染色体水平上基因变化	编码的某些元素被改变
12	变异概率	染色体上基因变化的概率（可能性大小）	开区间（0，1）内的一个值，一般为0.001~0.01
13	进化、适者生存	个体优胜劣汰，一代又一代地进化	目标函数取到最优可行解

3. 遗传算法的步骤

遗传算法流程如图 5-34 所示，具体步骤如下：

1）选择编码策略，把参数集合（可行解集合）转换成染色体结构空间。

2）定义适应函数，便于计算适应值。

3）确定遗传策略，包括选择群体大小，采取选择、交叉、变异方法以及确定交叉概率、变异概率等遗传参数。

4）随机产生初始化群体。

5）计算群体中的个体或染色体解码后的适应值。

6）按照遗传策略，运用选择、交叉和变异算子作用于群体，形成下一代群体。

7）判断群体性能是否满足某一指标或者是否已完成预定的迭代次数，不满足则返回步骤 5）或者修改遗传策略再返回步骤 6）。

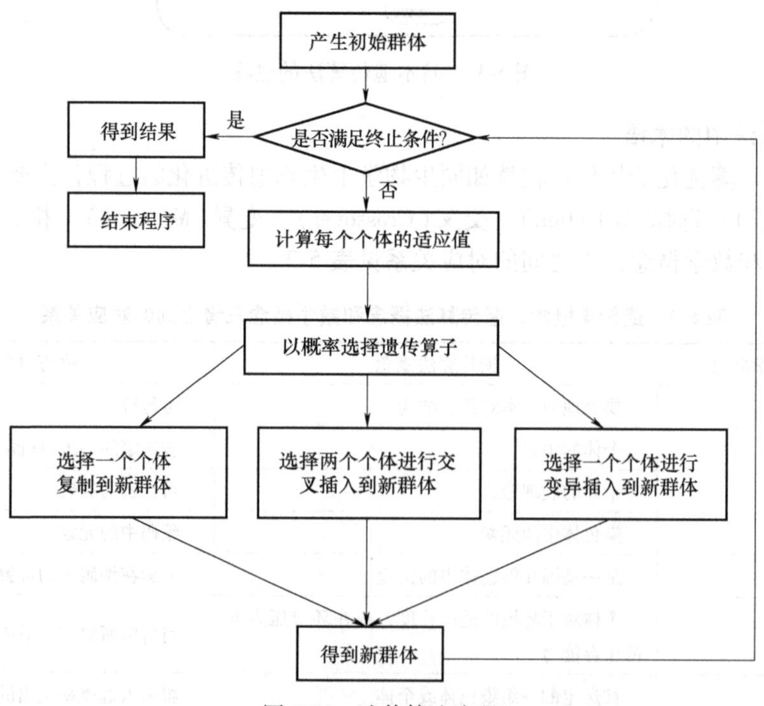

图 5-34　遗传算法流程

5.3.2 遗传算法应用框架

1. 遗传算法的优缺点

遗传算法擅长解决的问题是全局最优化问题，跟传统的爬山算法相比，遗传算法能够跳出局部最优而找到全局最优点。遗传算法采用种群的方式组织搜索，因而可按并行方式同时搜索解空间内的多个区域，并相互交流信息。通常，遗传算法很快就能找到良好的解，即使是在很复杂的解空间中。编码方案、适应度函数的遗传算子确定后，遗传算法将利用进化过程中获得的信息自行组织搜索，这使得它同时具有能根据环境变化来自动发现环境的特性和规律的能力。遗传算法不需要求导数操作或其他辅助知识，而只需要对目标函数计算适应度，对问题的依赖性小。

遗传算法作为一种优化方法，也存在自身的局限性：①编码存在表示的不准确性，单一的遗传算法编码不能全面地将优化问题的约束表示出来；②对于任何一个具体的优化问题，调节遗传算法的参数可能会有利于更好的、更快的收敛，这些参数包括个体数目、交叉率和变异率，但对于这些参数的选择，现在还没有实用的上下限；③遗传算法在算法的精度、可行度、计算复杂性等方面，还没有有效的定量分析方法。

2. 遗传算法的应用

遗传算法的应用主要在以下四个方面：

1）遗传算法与优化技术的融合。为了产生有效的全局优化方法和提高遗传算法的计算性能，在遗传算法的大范围群体搜索性能中融入快速收敛的局部优化方法。

2）混合遗传算法。为改善单纯遗传算法的性能，将不同算法的优点有机结合。遗传算法容易产生早熟收敛、收敛速度慢、局部寻优能力较差，因此，将遗传算法与像梯度法、爬山法、模拟退火算法、禁忌搜索算法等一些启发式搜索且具有较强的局部搜索能力的算法相结合，以改善单纯遗传算法的运行效率和求解质量。

3）针对具体的研究和工程应用，合理地选择参数，研究参数设定数目更少或不需要参数设定的算法。

4）设计面向多个目标优化问题的遗传算法或者约束性优化问题的遗传算法。

5.4 群体智能

群体智能(Swarm Intelligence)受群居生物集体社会行为的启发，其特点是个体行为简单，但群体工作却能够突显出复杂(智能)的行为特征。

目前，群体智能研究领域主要有蚁群算法(蚂蚁觅食的过程)、粒子群算法(鸟群捕食的过程)、人工蜂群算法(蜜蜂采蜜的过程)、萤火虫算法(萤火虫相互吸引，改变位置的过程)、细菌觅食优化算法(细菌觅食行为的一种模拟过程)。群体智能方法的应用领域已扩展到多目标优化、数据分类、模式识别、神经网络训练、信号处理、决策支持等多个方面。

5.4.1 蚁群算法

1992年意大利学者Dorigo等受蚂蚁群体觅食行为的启发，提出了一种基于种群的模拟进化算法——蚁群算法。蚁群算法作为一种新兴的智能仿生类进化算法——蚂蚁系统，已经在许多领域得到了广泛应用。从蚂蚁系统开始，基本的蚁群算法得到了发展和完善，并在旅行商问题(Traveling Salesman Problem，TSP)以及许多优化问题求解中得到了验证。

1. 蚂蚁觅食

蚁群寻找食物时，总能找到一条最优的路径。因为蚂蚁在找食物时会在路上释放一种特殊的信息素。当它们碰到未走过的岔路口时，就随机选一条路径，同时释放出与路径长度成反比的信息素。路径越短，释放的激素浓度越大。

当后来的蚂蚁再次碰到这个岔路口时，一般会选择激素浓度较高的路径，这种概率相对较大，从而形成一个正反馈。最优路径上的激素浓度越来越大，而其他的路径上激素浓度却会随着时间的流逝而减少，最终整个蚁群会找出最优路径。

2. 蚁群算法的原理分析

如图 5-35a 所示，*A* 为蚁巢，*D* 为食物。蚂蚁同时从 *A* 点随机选择路线 *ABD* 或 *ACD* 出发。当走 *ABD* 的蚂蚁到达终点时，走 *ACD* 的蚂蚁刚好走到 *C* 点。

如图 5-35b 所示，*A* 为蚁巢，*D* 为食物。走 *ABD* 的蚂蚁走到终点后得到食物又返回到了起点 *A*，而走 *ACD* 的蚂蚁刚到达 *D* 点。

如图 5-35c 所示，所有蚂蚁都自主选择了将要行走的最短路径 *ABD* 路线，表现出了正反馈现象。

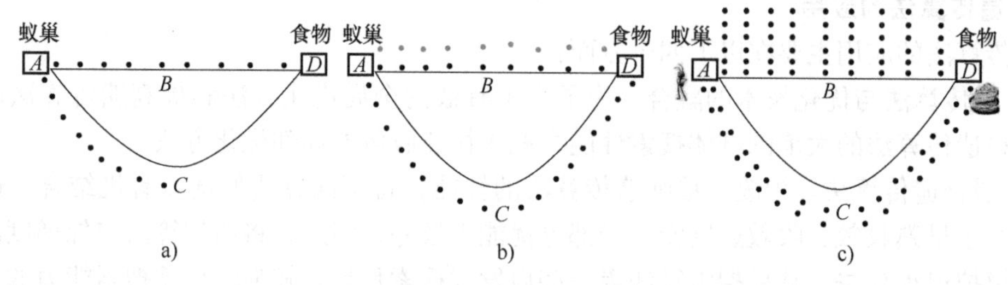

图 5-35　蚂蚁觅食过程

正反馈过程可类比大肠杆菌在人体内部觅食的过程。图 5-35 清楚地说明了蚂蚁算法的基本原理就是蚂蚁寻找最优路径的过程。

3. TSP 问题示例

TSP 算法开始时，把 m 只蚂蚁随机放到 n 座城市；把蚂蚁 k 的禁忌表 $tabu_k(s)$ 的第一个元素 $tabu_k(1)$ 设置为它当前所在城市；禁忌表的作用是防止蚂蚁走重复的路径，走过一个城市，就把它的编号加入到禁忌表。

设各路径上的信息素 $\tau_{ij}(0)=C$（C 为一较小的常数）；每只蚂蚁根据路径上的信息素和启发式信息（两城市间距离）独立地选择下一座城市；在时刻 t 蚂蚁 k 从城市 i 转移到城市 j 的概率为

$$P_{ij}^{k}(t)=\begin{cases}\dfrac{[\tau_{ij}(t)]^{\alpha}[\eta_{ij}(t)]^{\beta}}{\sum\limits_{s\in J_k(i)}[\tau_{is}(t)]^{\alpha}[\eta_{is}(t)]^{\beta}}, & j\in J_k(i)\\ 0, \quad j\notin J_k(i)\end{cases} \tag{5-40}$$

$$J_k(i)=\{1,2,\cdots,n\}-tabu_k,\quad \eta_{ij}=1/d_{ij} \tag{5-41}$$

式中，α、β 分别表示信息素和启发式因子的相对重要程度。当所有蚂蚁完成一次周游后，各路径上的信息素将进行更新。

更新方式有两种：

1）挥发，即所有路径上的信息素以一定的比例减少，模拟自然蚁群的信息素随时间挥发的过程。信息素的挥发为

$$\tau_{ij}(t+n)=(1-\rho)\tau_{ij}(t)+\Delta\tau_{ij} \tag{5-42}$$

2）增强，即给评价值"好"（有蚂蚁走过的好路径）的边增加信息素。边上信息素增加的总量及第 k 只蚂蚁在 L_{ij} 边上增加的信息素量为

$$\Delta\tau_{ij}=\sum_{k=1}^{m}\Delta\tau_{ij}^{k},\quad \Delta\tau_{ij}^{k}=\begin{cases}\dfrac{Q}{L_k}, & \text{蚂蚁 } k \text{ 经过边 } ij\\ 0, & \text{否则}\end{cases} \tag{5-43}$$

式中，$\rho(0<\rho<1)$ 表示路径上信息素的蒸发系数，Q 为正常数，L_k 表示第 k 只蚂蚁在本次周游中所走过路径的长度。

蚂蚁向下一个目标的运动是通过一个随机原则来实现的，即运用当前所在结点存储的信息，计算出下一步可达结点的概率，并按此概率实现一步移动，逐此往复，越来越接近最优解。蚂蚁找到一个解后，会评估该解或解的一部分的优化程度，并把评价信息保存在相关链接的信息素中。综上有

$$P_{ij}^{k}(t)=\begin{cases}\dfrac{[\tau_{ij}(t)]^{\alpha}[\eta_{ij}(t)]^{\beta}}{\sum\limits_{s\in J_k(i)}[\tau_{is}(t)]^{\alpha}[\eta_{is}(t)]^{\beta}}, & j\in J_k(i)\\ 0, \quad j\notin J_k(i)\end{cases} \tag{5-44}$$

$$J_k(i)=\{1,2,\cdots,n\}-tabu_k,\quad \eta_{ij}=1/d_{ij}$$

$$\tau_{ij}(t+n)=(1-\rho)\tau_{ij}(t)+\Delta\tau_{ij}$$

$$\Delta\tau_{ij}=\sum_{k=1}^{m}\Delta\tau_{ij}^{k},\quad \Delta\tau_{ij}^{k}=\begin{cases}\dfrac{Q}{L_k}, & \text{蚂蚁 } k \text{ 经过边 } ij\\ 0, & \text{否则}\end{cases} \tag{5-45}$$

4. 蚁群算法的局限性及改进

蚁群算法存在一些缺陷，如搜索进行到一定程度，所有个体发现的解完全一致，不能对解的空间进一步探索。它的改进主要集中在以下三个方面：

1）信息素的调整，如开始搜索前所有信息素水平设为最大值，扩大搜索范围，采用最值蚁群算法以减少停滞。

2）搜索速度的改进，如引入侦察蚁、搜索蚁、工蚁。

3）搜索策略的改善，如加入扰动、添加牵引力引导蚂蚁朝全局最优搜索。

蚁群算法理论的分析工具还很有限，目前现有的主要是马尔可夫链理论、适应值划分技术及漂移分析等方法。但这些方法比较复杂，还需要满足严格的条件才能使用，所以寻求新方法、新路径也是一个未来的研究方向。

5.4.2 粒子群算法

1995 年，Kennedy 与 Eberhart 基于鸟类族群觅食的信息传递启发，提出了粒子群算法。一群鸟在某个区域里随机搜寻食物，在这个区域里只有一块食物，所有的鸟都不知道食物具体在哪里，但是它们知道各自当前的位置离食物还有多远。而找到食物的最优策略是搜寻目前离食物最近的鸟的周围区域。

1. 粒子群算法的基本思想

在粒子群算法中，每个优化问题的潜在解都是搜索空间中的一只鸟，称之为粒子。所有的粒子都有一个由被优化的函数决定的适应值(Fitness Value)，同时还有一个速度决定它们飞行的方向和距离。粒子群算法初始化为一群随机粒子(随机解)，粒子们追随当前的最优粒子在解空间中迭代搜索。在每一次迭代中，粒子通过跟踪两个“极值”来更新自己：第一个极值就是粒子本身所找到的最优解，这个解称为个体极值(pbest)；另一个极值是整个种群目前找到的最优解，这个极值是全局极值(gbest)。

如果粒子的群体规模为N，则第$i(i=1,2,\cdots,N)$个粒子的位置可表示为x_i，它所经历过的“最好”位置记为$p_{\text{best}}[i]$，它的速度用v_i表示，群体中“最好”粒子的位置的索引号用$g_{\text{best}}[i]$表示。所以粒子i将根据下面的公式来更新自己的速度和位置：

$$v_{i+1}=\omega\times v_i+c_1\times \text{rand}()\times(p_{\text{best}}[i]-x_i)+c_2\times \text{rand}()\times(g_{\text{best}}[i]-x_i) \tag{5-46}$$

$$x_{i+1}=x_i+v_i \tag{5-47}$$

式中，c_1、c_2为常数，称为学习因子，通常$c_1=c_2=2$；rand()是[0, 1]上的随机数，w为惯性因子。

公式中多项式的三部分分别代表：

1）粒子先前的速度v_i：说明了粒子目前的状态，起到平衡全局搜索和局部搜索的作用。

2）认知部分(Cognition Modal)：表示粒子本身的思考，使粒子有了足够强的全局搜索能力，避免局部极小。

3）社会部分(Social Modal)：体现粒子间的信息共享。

这三部分共同决定了粒子的空间搜索能力。另外，粒子在不断根据速度调整自己的位置时，还要受到速度$[-v_{\max}, v_{\max}]$和位置$[-x_{\max}, x_{\max}]$限制。

2. 粒子群算法的流程

粒子群算法流程如图5-36所示，具体步骤如下：

1）初始化一群随机粒子，包括粒子的随机位置x和速度v。

2）计算每个粒子的适应度值。

3）对于每个粒子，将当前适应度值present与其经历过的最优位置pbest进行比较，如较好，则将其作为当前的最优位置，否则不变。

4）对于每个粒子，将其适应度值gresent与全局所经历过的最优位置gbest进行比较，如较好，则将其作为当前的最优位置，否则不变。

5）根据式(5-46)与式(5-47)给出的速度与位置更新计算公式，计算变化粒子的速度和位置。

6）如果得到的适应度值足够好或达到预设的最大迭代次数，则停止；否则返回第2)步。

3. 粒子群算法与遗传算法的比较

粒子群算法与遗传算法的区别有以下几点：

1）粒子群算法的个体为鸟(bird)或粒子(particle)，特征为位置(position)、速度(velocity)和邻居(neighborhood-group)；遗传算法的个体为染色体(chromosomes)，特征为基因(gene)。

2）粒子群算法是采用实数编码，遗传算法采用的是二进制编码(或者采用针对实数的遗传操作)。

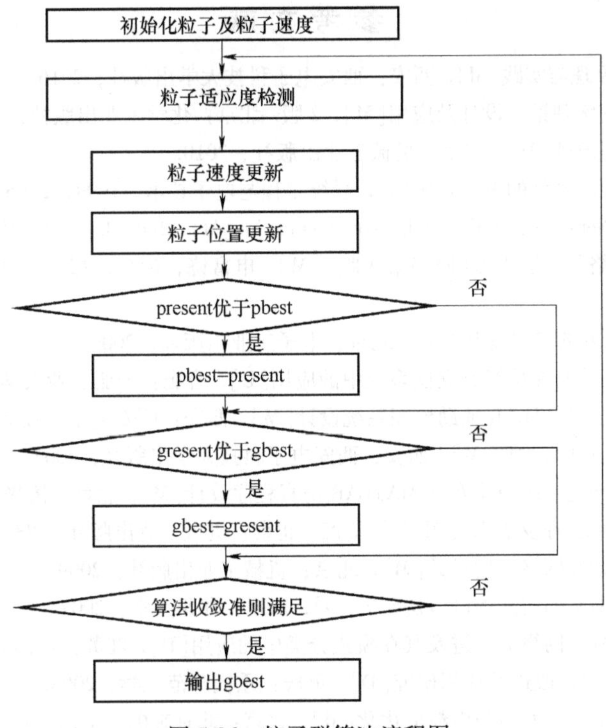

图 5-36 粒子群算法流程图

3）粒子还有一个重要的特点，就是有记忆。它通过“自我”学习和向“他人”学习，使其下一代能从先辈那里有针对性地继承更多的信息，从而能在更短的时间内找到最优解。

5.5 本章小结

本章首先介绍计算智能的基本概念，即借助自然界(生物界)规律的启示，根据其规律，设计出求解问题的算法。然后就计算智能主要研究领域：模糊计算、神经计算、演化计算、群计算智能等分别进行了介绍。简而言之，模糊理论启发于人类语言和思维中的模糊性概念；人工神经网络模仿人脑的生理构造和信息处理的过程，模拟人类的智慧；遗传算法模仿生物进化过程，群体智能也是模拟大自然的种群智慧。进而，针对重点方法结合具体案例进行了分析。

思考题与习题

5-1 简要说明模糊控制与神经网络的区别与联系。

5-2 仔细体会模糊系统和神经网络系统的等价性与内在联系。

5-3 试说明标准 BP 算法容易形成局部极小值的原因。

5-4 阐明径向基神经网络的结构特点和数学本质。

5-5 广义径向基神经网络对正规化网络进行了哪些改进？其改进的基本思想是什么？

5-6 神经网络的优化设计包含哪些方面的内容？

5-7 试说明基于遗传算法的神经网络优化的基本思想。

5-8 试说明基于粒子群算法的神经网络优化的基本思想。

参 考 文 献

[1] 陈雯柏．神经网络原理与实践[M]．西安：西安电子科技大学出版社，2016.

[2] 韩力群．人工神经网络理论、设计及应用[M]．2版．北京：化学工业出版社，2007.

[3] 马锐．人工神经网络原理[M]．北京：机械工业出版社，2010.

[4] 闻新．模糊系统和神经网络的融合技术[J]．系统工程与电子技术，1999，21(5)：55-58.

[5] HAYKIN S. Neural Networks：A Comprehensive Foundation[M]．2nd ed. 北京：机械工业出版社，2003.

[6] HAYKIN S. 神经网络与机器学习(原书第3版)[M]．申富饶，徐烨，郑俊，等译．北京：机械工业出版社，2011.

[7] 李国勇．神经模糊控制理论及应用[M]．北京：电子工业出版社，2009.

[8] 汪涛．模糊神经网络控制在单级倒立摆系统中的应用[D]．合肥：合肥工业大学，2004.

[9] 吴晓莉，林哲辉，等．MATLAB辅助模糊系统设计[M]．西安：西安电子科技大学出版社，2002.

[10] 赵文峰．控制系统设计与仿真[M]．西安：西安电子科技大学出版社，2002.

[11] 周开利，康耀红．神经网络模型及其MATLAB仿真程序设计[M]．北京：清华大学出版社，2005.

[12] 高隽．人工神经网络原理及仿真实例[M]．2版．北京：机械工业出版社，2007.

[13] 张德丰．MATLAB神经网络应用设计[M]．北京：机械工业出版社，2009.

[14] 王晓沛．基于神经网络的智能控制方法研究[D]．郑州：郑州大学，2007.

[15] 徐玲玲．几种竞争神经网络的改进及其在模式分类中的应用[D]．江苏：江南大学，2008.

[16] 黄丽．BP神经网络算法改进及应用研究[D]．重庆：重庆师范大学，2008.

[17] 刘希玉，刘弘．人工神经网络与微粒群优化[M]．北京：北京邮电大学出版社，2008.

[18] 于万波．混沌的计算实验与分析[M]．北京：科学出版社，2008.

[19] 杨歆．基于混沌的混合优化算法研究[D]．成都：电子科技大学，2005.

[20] 刘金琨．智能控制[M]．北京：电子工业出版社，2007.

[21] 董长虹．MATLAT神经网络与应用[M]．2版．北京：国防工业出版社，2007.

[22] 陈雯柏，吴小娟，湛力．一级倒立摆系统摆上舞蹈控制[J]．北京信息科技大学学报(自然科学版)，2009，24(1)：37-41.

[23] 徐丽娜．神经网络控制[M]．3版．北京：电子工业出版社，2009.

[24] 孙志军，薛磊，许阳明，等．深度学习研究综述[J]．计算机应用研究，2012，29(8)：2806-2810.

第 6 章

模式识别与机器学习

导读

本章主要围绕模式识别和机器学习的内容展开，包括分类算法原理和典型的分类方法、聚类算法原理和典型的聚类算法、回归算法原理和典型的回归算法、支持向量机、深度学习、降维处理算法等。

本章知识点

- 分类算法
- 聚类算法
- 回归算法
- 支持向量机
- 深度学习
- 降维算法

6.1 基本概念

随着计算机网络的飞速发展，采集、存储、传输的信息规模达到了前所未有的水平，产生了海量的信息。例如，根据国际权威机构 Statista 的统计和预测，全球数据量在 2019 年约达 41ZB，即 41 万亿个 GB。面对如此庞大的信息，单纯依靠人力处理是非常困难的，而模式识别(Pattern Recognition)与机器学习(Machine Learning)是非常有效的信息处理技术手段。

模式识别是研究如何使机器具有感知能力的科学，主要研究视觉模式和听觉模式的识别，如识别物体、地形、图像、字体(如签字)等，在日常生活各方面以及军事上都有广泛应用。具体而言，模式识别是指对表征事物或现象各种形式的(数值、文字和逻辑关系)信息进行处理和分析，以对事物或现象进行描述、辨认、分类和解释的过程，是信息科学和人工智能的重要组成部分。模式识别算法所识别的事件或过程可以是文字、声音、图像等具体对象，也可以是状态、程度等抽象对象。这些对象与数字形式的信息相区别，称为模式信息。模式识别从 19 世纪 50 年代兴起，是信息科学和人工智能的重要组成部分，主要被应用于图像分析与处理、语音识别、声音分类、通信、计算机辅助诊断、数据挖掘等方面。

机器学习是研究如何使机器(计算机)从经验和数据中获得知识或提高自身能力的科学。

机器学习可以描述为：对于某类任务和性能度量参数，如果一个计算机程序在任务上以度量参数衡量的性能随着经验的积累能够自我完善，那么称这个计算机程序可从经验中学习。不同于模式识别中强调提取特征给机器，从而让机器对未知的事物进行判断；机器学习更加注重从已知的经验数据（样本）中，通过某种特定的方法（算法），自己去寻找提炼（训练/学习）出一些规律（模型），进而用来判断或者预测一些未知的事情。

模式识别和机器学习是分别从实际工程和计算机科学的角度发展起来的知识。尽管模式识别、机器学习技术不断迭代，但不可否认的是，新技术的发展总是建立在原有技术的基础之上。尽管新的技术会不断占领潮流，但是这并不意味着旧有技术已经过时。同时随着技术和应用的发展，它们越来越融合，解决了很多共同问题（分类、聚类、特征选择、信息融合等），这两个领域的界限也越来越模糊。模式识别和机器学习的理论和方法可用来解决很多机器感知和信息处理的问题，其中包括图像/视频分析、文档分析、信息检索和网络搜索等，吸引了越来越多的研究者，理论和方法的进步促进了工程应用中识别性能的明显提高。

在人工智能领域，模式识别和机器学习技术都可完成判断或者预测，互有其独特和补充作用。例如，在图像识别等高维数据处理方向，机器学习的算法更加有效，但是在一些简单的色彩识别领域，参数维度相对单一，界定也相对明显，如果用大数据去建模计算，无疑是一种“大材小用”，而传统的模式识别算法更加合适。因此不同的算法，可以在不同领域发挥各自的效用。

人类是一个富有创造力的种族，能够通过已经发生的或者经历过的事情不断积累经验，并利用这些经验去应对新鲜事物和未知的世界，这就是人类无与伦比的学习能力。随着计算机技术的不断发展，在越来越多的领域，智能机器正在代替人类来完成人们的日常生产活动，并且取得了不错的效果。然而，在这些生产活动中，大多数还是体力劳动或者重复劳动，较少涉及智力活动，这就是机器的致命弱点——不具备思维性。假使机器能够像人一样思维、学习甚至创造，那么机器就能帮助人分担更多的生产活动（主要是智力活动），从而进一步提高生产效率。在这种情况下不断丰富和完善模式识别和机器学习领域的理论和实践知识，其最终目标是让机器模拟人类的思维和学习。

从广义的角度看，模式识别和机器学习就是利用机器对人思维的模拟，使机器学到新的技能，以实现机器性能的提高。本章将结合模式识别技术，重点介绍机器学习及相关算法。

6.1.1 研究分类

机器学习主要使用计算机模拟人类的学习活动，它是研究计算机识别现有知识、获取新知识、不断改善性能和实现自身完善的方法。因此，机器学习侧重于如何提高学习系统的泛化能力，或者说是机器在数据中发现模式并具有良好的推广能力。

模式识别是指对表征事物或现象各种形式的（数值、文字和逻辑关系）信息进行处理和分析，以对事物或现象进行描述、辨认、分类和解释的过程。模式识别侧重于利用计算机对要分析的客观事物通过某种模式算法对其进行分类，使识别到的结果最接近于待识别的客观事实。

1. 按机器学习策略划分

机器学习是学习与推理的紧密结合，在学习中使用的推理方法就是学习策略。目前在机器学习领域内的主流学习策略可以分为三类：搜索型策略、构造型策略和规划型策略。

（1）搜索型策略 顾名思义，搜索型策略是以搜索策略为基础去解决问题，常见的算法有状态空间法和误差反向传播算法。以状态空间法为例，它主要用一个三元组即 $\boldsymbol{x}$ 表示当前状态的集合向量、$\boldsymbol{u}$ 表示操作的集合向量、$\boldsymbol{y}$ 表示目标状态的集合向量。状态向量随着时间的变化在空间里形成一条轨迹，问题就转化为从某个初始状态出发去搜索一条能够到达目标状态的路径，该方法比较适合于简单问题的解决。

（2）构造型策略 构造型策略就如同建造大楼，总是先从最底层的地基开始，然后逐层往上，重复构造直至最后大楼建好。它主要体现了分层的思想，将学习的系统分为若干独立的子功能模块，该策略的设计过程比较复杂，可理解性比较差，难以处理海量数据。

（3）规划型策略 规划型策略就是将学习的过程转化为数学规划问题，最典型的就是支持向量机算法。此方法适合解决非线性问题，样本在预处理后被映射到一个高维的特征向量中，从而将非线性的实际问题转化为可用数学模型解决的线性问题。

2. 按机器学习方式划分

从机器学习的方式划分，机器学习可以分为五类：

（1）记忆学习 机器学习是机器通过记忆学习资料，避免接触其内部复杂的逻辑和关系的学习方式，是最简单的学习方式，故又被称作记忆学习。

（2）传授学习 传授学习又被称为指点学习，就是在学习的过程中，外部人为输入一些知识表达式以帮助学习过程的方式。

（3）演绎学习 演绎学习是学习系统已经习得一套知识体系，学习系统根据已有的知识体系对未知情况进行合理的推理，并将新的结论存储到知识体系中，包括知识改造、知识编译、宏操作等保真变换。

（4）归纳学习 归纳学习就是应用归纳法的一类学习方法，它又分为实例学习和观察与发现学习。实例学习就是系统提供各种实际的样例，从中归纳出这些样例的一般性规律；观察与发现学习就是从一般性环境中发现观察到的现象并形成理论，包括概念聚类、曲线拟合和构造分类等。

（5）类比学习 类比学习就是利用之前学习到的类似问题的解决方法来解决现有问题，发现现有问题和已知问题的共同点是这类学习的关键所在。

3. 按机器学习形式划分

从机器学习的形式划分，机器学习可以分为四类：

（1）监督学习 监督学习中最常用的就是分类问题，主要利用已知类别的样本构造分类器或调整分类器的参数，以达到要求的性能。

（2）无监督学习 该方法对不带类别的样本信息进行学习，常用的就是聚类。

（3）半监督学习 该方法是在大量文本信息未标注的基础上标注少量文本来辅助分类，该方法减少了标注所需的代价，某种意义上提高了机器学习的性能。

（4）强化学习 强化学习就是智能系统从环境到行为映射的学习，以使奖励信号函数值最大，也就是观察后再采取行动。

6.1.2 研究模型

任何一个过程都可以泛化成一个模型。机器学习的基本模型如图 6-1 所示，主要包括四个基本组成部分：环境、学习环节、知识库和执行环节。

在这个模型中，学习环节和执行环节是两个过程，学习环节通过对环境的学习构建知识库，同时不断地通过学习来改进知识库，而执行环节就是利用已有的知识库来解决当前的问题。

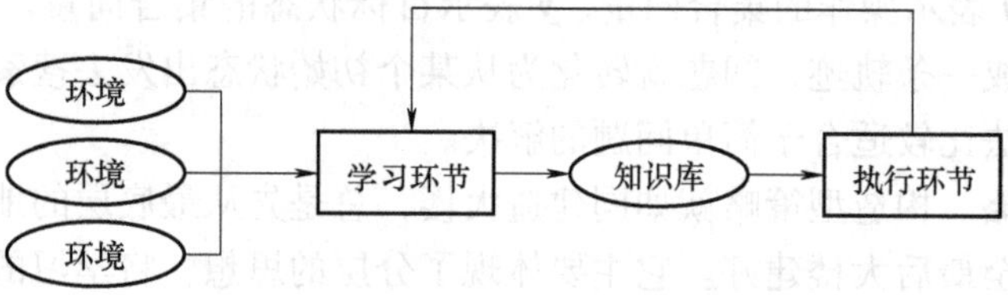

图 6-1　机器学习的基本模型

1. 环境

在机器学习的基本模型中，环境是系统外部的信息源，主要为学习提供信息和样本。环境信息的表现形式决定了机器学习能够解决的问题。例如，高度抽象化的信息适合解决广发性的问题；低抽象化的信息比较适合解决具体的或个别的问题。

信息表现的质量决定了学习过程的难易和效果，如果环境向系统提供的信息表述准确，机器在学习过程中能较容易归纳总结，取得不错的效果，否则达不到预期效果。

2. 学习环节

学习环节就是通过对外部环境所提供的信息进行学习，归纳总结出知识并不断反馈完善知识。环境所提供的信息必须经过学习环节反复的分析、对比、归纳、总结等过程才能获得相关知识。

3. 知识库

知识库是机器学习模型中用于存放学习环节获得知识的地方。知识库的表现形式和存储结构也是影响模型好坏的重要因素，在知识的表示方面应要参照以下基本原则：表达能力的强弱、推理的难度大小、修改的难易程度、是否便于扩充。

4. 执行环节

执行环节是学习系统最重要的环节，执行环节的最终效果也是衡量一个系统是否成功的指标。这个环节主要解决当前所面临的现实问题，将知识库中的知识应用于解决实际问题。同时，每次执行环节的结果都将反馈回学习环节中，从而进一步完善系统的学习。

6.1.3　研究内容

如果给定一个样本特征，希望预测其对应的属性值，如果其属性值是离散的，那么这是一个分类问题；反之，如果其属性值是连续的实数，则是一个回归问题。如果给定一组样本特征，没有对应的属性值，而是想发掘这组样本在维空间的分布，比如分析哪些样本靠得更近、哪些样本之间离得很远，这属于聚类问题。

无论是分类还是回归，都是想建立一个预测模型，给定一个输入，可以得到一个输出。区别只是在分类问题中，属性值是离散的；而在回归问题中是连续的。总的来说，两种问题的学习算法都很类似，所以在分类问题中用到的学习算法，在回归问题中也能使用。

分类问题最常用的学习算法包括贝叶斯估计(Bayes Estimate)、支持向量机(Support Vector Machine，SVM)、随机梯度下降(Stochastic Gradient Descent，SGD)、集成学习(Ensemble Learning)、k 最近邻(k-Nearest Neighbor，kNN)、决策树学习等；聚类算法包括 k-均值(k-means)、高斯混合模型(Gaussian Mixture Model，GMM)、基于密度的噪声应用空间聚类(Density-Based Spatial Clustering of Applications with Noise，DBSCAN)等几种；而回归问题也能使用最小二乘法、逻辑回归等算法以及其他线性回归算法；降维算法多采用主成分分

析(Principal Component Analysis，PCA)等算法，近些年深度学习以及相关算法更加丰富了该领域的应用和研究。

6.2　分类算法

6.2.1　二分类

首先考虑二类别分类问题 $y\in\{+1,-1\}$。在这种情况下，分类器的学习问题可以近似地定义为取值为+1、-1 的二值函数问题。

二值函数可以使用最小二乘法进行与回归算法相同的学习。测试模式 x 所对应的类别 y 的预测值 y'是由学习后的输出结果的符号决定的：

$$\hat{y}=\text{sgn}(f_\theta(x))=\begin{cases}+1 & (f_\theta(x)>0)\\ 0 & (f_\theta(x)=0)\\ -1 & (f_\theta(x)<0)\end{cases} \tag{6-1}$$

式中，$f_\theta(x)=0$ 是指实际上不会发生的事件，也就是小概率事件。如果利用输入为线性的模型为

$$f_\theta(\boldsymbol{x})=\boldsymbol{\theta}^{\mathrm{T}}\boldsymbol{x} \tag{6-2}$$

训练输出 y_i 表示为$\{+1/n_+,-1/n_-\}$。其中，n_+和 n_-分别代表正、负训练样本个数。通过设定，利用最小二乘学习进行模式识别，与线性判别分析算法一致。在线性判别分析中，当正、负两类样本的模式与协方差矩阵服从相同的高斯分布时，可以获得最佳的泛化能力。

分类问题使用函数的正、负符号来进行模式判断，函数值本身的大小并不重要。因此，分类问题中应用如式(6-3)所示的 0/1 损失，比 L2 损失得到的结果更佳。有

$$\frac{1}{2}(1-\text{sgn}(f_\theta(x)y)) \tag{6-3}$$

上式 0/1 损失等价为

$$\sigma(\text{sgn}(f_\theta(x)\neq y)=\begin{cases}1 & (\text{sgn}(f_\theta(x)\neq y)\\ 0 & (\text{sgn}(f_\theta(x)=y)\end{cases} \tag{6-4}$$

函数结果为 1 表示分类错误；函数结果为 0 表示分类正确。因此，0/1 损失可以用来对错误分类的样本个数进行统计。

6.2.2　多类别分类

在实际问题中，类别不止两类，比如英文字母的手写识别是 26 个类别，而汉字的识别则需要成百上千类别。下面介绍两种利用二分类解决多类别分类问题的方法。

1. 一对多法

$$\left.\begin{array}{l}\text{类别 }1\quad \text{vs}\quad \text{类别 }1\text{ 以外}\ \rightarrow\ \overrightarrow{f_1}\\ \text{类别 }2\quad \text{vs}\quad \text{类别 }2\text{ 以外}\ \rightarrow\ \overrightarrow{f_2}\\ \qquad\qquad \vdots\\ \text{类别 }c\quad \text{vs}\quad \text{类别 }c\text{ 以外}\ \rightarrow\ \overrightarrow{f_c}\end{array}\right\}\ \hat{y}=\underset{y=1\rightarrow c}{\text{argmax}}\hat{f}_y(x) \tag{6-5}$$

对于所有与 $y=1,2,\cdots,c$ 相对应的类别，设其标签为+1，剩余的 y 以外的所有类别，则

设其标签为-1。在对样本 x 进行分类时，利用从各个二类别分类问题中得到的 c 个识别函数

$$\hat{f}_1(x),\hat{f}_2(x),\cdots,\hat{f}_c(x) \tag{6-6}$$

对训练样本进行预测，并计算其函数值，其预测类别 y' 即为函数值最大的对应类。有

$$\hat{y}=\underset{y=1\to c}{\operatorname{argmin}}\hat{f}_y(x) \tag{6-7}$$

在一对多法中，从各个二类别的分类问题中训练得到 c 个识别函数 $\hat{f}_1(x),\hat{f}_2(x),\cdots,\hat{f}_c(x)$ 的输出，表示的是测试样本 x 属于类别 y 的概率，概率最大即为测试样本 x 所属的类别。

2. 一对一法

对于所有与 y，$y'=1,2,\cdots,c$ 相对应的类别，在任意两类之间训练一个分类器，属于类别 y 的标签设为+1，属于类别 y' 的标签设置为-1，如式(6-8)所示，利用二分类算法进行求解。有

$$\operatorname{sgn}(\hat{f}_{y,y'}(x))=\begin{cases}+1 & \Rightarrow \text{投票给类别 } y\\ 0 & \Rightarrow \text{不给任何类投票}\\ -1 & \Rightarrow \text{投票给类别 } y'\end{cases} \tag{6-8}$$

多类别分类：一对一法见表 6-1。

表 6-1 多类别分类：一对一法

/	类别 1	类别 2	类别 3	…	类别 c
类别 1	/	$\hat{f}_{12}$	$\hat{f}_{13}$	…	$\hat{f}_{1c}$
类别 2	/	/	$\hat{f}_{23}$	…	$\hat{f}_{2c}$
类别 3	/	/	/	…	$\hat{f}_{3c}$
⋮	/	/	/	/	⋮
类别 c	/	/	/	/	/

对样本 x 进行分类时，利用从各个二分类问题中得到的 $c(c-1)/2$ 个识别函数对训练样本进行预测，再用投票法决定其最终类别，得票数最多的类别就是样本 x 所属的类别。

一对多法和一对一法的主要区别有两方面：一方面，在一对多法中，对二类别问题进行了 c 次求解，而一对一法进行了 $c(c-1)/2$ 次求解。另一方面，对于每个二类别分类器，一对一法中需要两类的训练样本即可完成训练；而在一对多法中，每个二类别分类器需要所有类别的训练样本都参与才能完成。

6.2.3 贝叶斯分类

贝叶斯分类算法是基于贝叶斯定理和特征条件独立假设原则的分类方法，用概率统计的观点和方法来解决模式识别问题。贝叶斯分类通过给出的特征计算分类的概率，依据概率情况进行分类，是基于概率论的一种机器学习分类方法。贝叶斯分类算法必须满足两个条件：一是要决策分类的类别数是一定的；二是各类别总体的概率分布是已知的。

下面介绍一些基本概念：

样本：$\boldsymbol{x}\in\mathbf{R}^d$；

类别：$\omega=\omega_1,\omega=\omega_2,\cdots,\omega=\omega_c$；

先验概率：$P(\omega_1),P(\omega_2),\cdots,P(\omega_c)$；

样本分布密度：$p(\boldsymbol{x})$；

类条件概率密度：$p(\boldsymbol{x}|\omega_1),p(\boldsymbol{x}|\omega_2),\cdots,p(\boldsymbol{x}|\omega_c)$；

后验概率密度：$P(\omega_1|\boldsymbol{x}),P(\omega_2|\boldsymbol{x}),\cdots,P(\omega_c|\boldsymbol{x})$；

错误概率：$P(e|\boldsymbol{x})=\begin{cases}P(\omega_2|\boldsymbol{x}), & \text{if } \boldsymbol{x} \text{ is assigned to } \omega_1\\ P(\omega_1|\boldsymbol{x}), & \text{if } \boldsymbol{x} \text{ is assigned to } \omega_2\end{cases}$；

平均错误率：$P(e)=\int P(e|\boldsymbol{x})p(\boldsymbol{x})\mathrm{d}\boldsymbol{x}$；正确率：$P(c)=1-P(e)$。

常用的贝叶斯分类有最小错误率贝叶斯分类、最小损失贝叶斯分类等，可以针对具体问题选取合适的形式。不管选取何种形式，其基本思想均是要求判别归属时依概率进行最优决策，贝叶斯分类算法原理如图6-2所示。

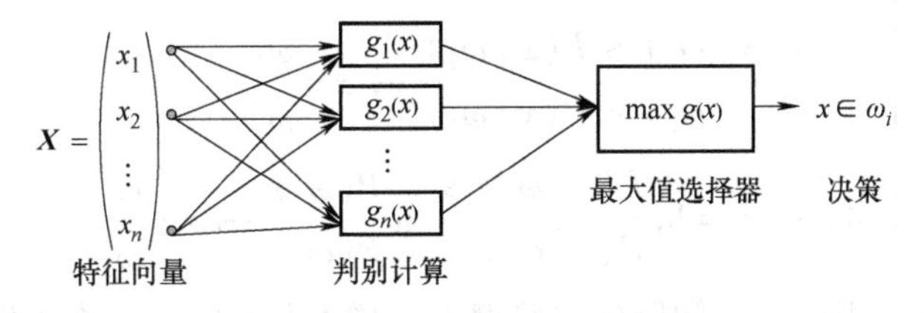

图6-2　贝叶斯分类算法原理

1. 最小错误率贝叶斯分类

最小错误率贝叶斯分类是统计模式识别的基本方法和基础，决策出发点是使分类的平均错误率最小，具体如下：假设需要分类的类别为 $\omega_i(i=1,2,\cdots,c)$，已知类先验概率 $P(\omega_i)$ 和类条件概率密度 $P(\boldsymbol{x}|\omega_i)(i=1,2,\cdots,c)$，则满足平均错误率最小 $\min P(e)=\int P(e|\boldsymbol{x})p(\boldsymbol{x})\mathrm{d}\boldsymbol{x}$ 为最佳分类策略。

下面以二分类为例，讲解贝叶斯求解公式：

已知

$$P(\omega_i),\quad p(x|\omega_i),\quad i=1,2 \tag{6-9}$$

因为

$$P(e|x)=\begin{cases}P(\omega_2|x), & \text{if assign } x\in\omega_1\\ P(\omega_1|x), & \text{if assign } x\in\omega_2\end{cases} \tag{6-10}$$

分类判决是使得 $P(e|x)$ 最小，即后验概率：

$$\text{如果 } P(\omega_1|x) \gtrless P(\omega_2|x),\quad \text{判决 } \begin{matrix}x\in\omega_1\\ x\in\omega_2\end{matrix} \tag{6-11}$$

由式(6-11)来确定哪一类的后验概率大，则判决为哪一类，即当 $P(\omega_1|x)$ 的概率大于 $P(\omega_2|x)$ 时，$x\in\omega_1$；当 $P(\omega_1|x)$ 的概率小于 $P(\omega_2|x)$ 时，$x\in\omega_2$。如图6-3所示。

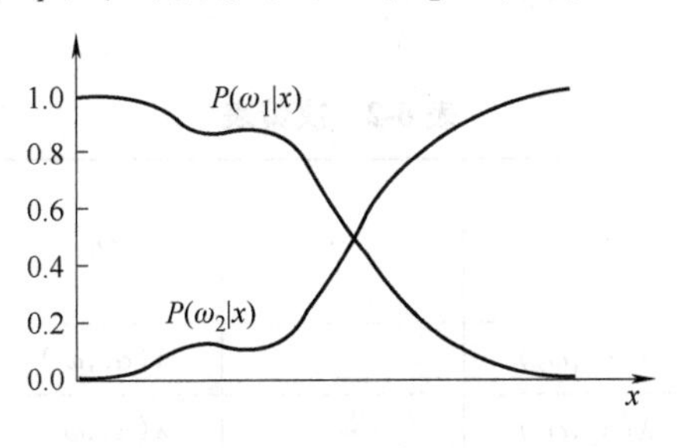

图6-3　后验概率

这其中最关键的是计算后验概率，由贝叶斯全概率公式可得

$$P(\omega_i \mid x)=\frac{p(x \mid \omega_i)P(\omega_i)}{p(x)}=\frac{p(x \mid \omega_i)P(\omega_i)}{\sum_{j=1}^{2} p(x \mid \omega_j)P(\omega_j)}, \quad i=1,2 \tag{6-12}$$

根据式(6-12)，可以得到二分类贝叶斯判决的四种格式，见式(6-13)：

$$\begin{cases}(1)\ P(\omega_1 \mid x) \underset{<}{>} P(\omega_2 \mid x) \Rightarrow x \in \begin{matrix}\omega_1\\ \omega_2\end{matrix} \\ (2)\ P(x \mid \omega_1)P(\omega_1) \underset{<}{>} P(x \mid \omega_2)P(\omega_2) \Rightarrow x \in \begin{matrix}\omega_1\\ \omega_2\end{matrix} \\ (3)\ \dfrac{P(x \mid \omega_1)}{P(x \mid \omega_2)} \underset{<}{>} \dfrac{P(x \mid \omega_2)}{P(x \mid \omega_1)} \Rightarrow x \in \begin{matrix}\omega_1\\ \omega_2\end{matrix} \\ (4)\ g(x)=\ln\dfrac{P(x \mid \omega_1)}{P(x \mid \omega_2)} \underset{<}{>} \ln\dfrac{P(\omega_2)}{P(\omega_1)} \Rightarrow x \in \begin{matrix}\omega_1\\ \omega_2\end{matrix}\end{cases} \tag{6-13}$$

由式(6-13)可知，根据具体问题的先验概率、样本分布密度、类条件概率密度、后验概率密度的基本情况，选取上述合适的形式，要求判别归属时依概率最大做出决策，分类的错误率最小。

上述分类推广到多类别分类情况，有

$$\text{If } P(\omega_i \mid x)=\max_{j=1,2,\cdots,c} P(\omega_j \mid x), \quad \text{then } x \in \omega_i \tag{6-14}$$

根据式(6-12)，可得第二种表示形式为

$$\text{If } p(x \mid \omega_i)P(\omega_i)=\max_{j=1,2,\cdots,c} p(x \mid \omega_j)P(\omega_j), \quad \text{then } x \in \omega_i \tag{6-15}$$

其中，判决的错误率为

$$P(e)=1-P(c)=1-\sum_{j=1}^{c}\int_{\Re_j} p(x \mid \omega_j)\,\mathrm{d}x \tag{6-16}$$

2. 最小风险贝叶斯决策

在某些情况下，需要引入风险的概念，这时求风险最小的决策则更为合理。比如对癌细胞的识别中，将正常人判别为癌症患者和将癌症患者判别为正常人的后果损失是完全不一样的，直接关系到病人的身体健康甚至生命安全。因此引入风险概念比仅仅依靠错误率似乎更恰当。

首先引入损失函数 λ

$$\lambda(\alpha_i,\omega_j), \quad i=1,2,\cdots,a;\ j=1,2,\cdots,m \tag{6-17}$$

式(6-17)表示当处于状态 ω_j 时且判决为 α_i 所带来的损失。采用表6-2来描述各种情况下的决策损失。

表 6-2　决策表

状态 / 损失 / 决策	ω_1	ω_2	…	ω_j	…	ω_m
α_1	$\lambda(\alpha_1,\omega_1)$	$\lambda(\alpha_1,\omega_2)$	…	$\lambda(\alpha_1,\omega_j)$	…	$\lambda(\alpha_1,\omega_m)$
α_2	$\lambda(\alpha_2,\omega_1)$	$\lambda(\alpha_2,\omega_2)$	…	$\lambda(\alpha_2,\omega_j)$	…	$\lambda(\alpha_2,\omega_m)$

（续）

决策＼损失＼状态	ω_1	ω_2	…	ω_j	…	ω_m
⋮	⋮	⋮		⋮		⋮
α_i	$\lambda(\alpha_i,\omega_1)$	$\lambda(\alpha_i,\omega_2)$	…	$\lambda(\alpha_i,\omega_j)$	…	$\lambda(\alpha_i,\omega_m)$
⋮	⋮	⋮		⋮		⋮
α_α	$\lambda(\alpha_\alpha,\omega_1)$	$\lambda(\alpha_\alpha,\omega_2)$	…	$\lambda(\alpha_\alpha,\omega_j)$	…	$\lambda(\alpha_\alpha,\omega_m)$

当引入“损失”的概念，考虑错判所造成的损失时，就不能只根据后验概率的大小来进行决策，而必须考虑所采取的决策是否使损失最小。因此在采取决策 α_i 情况下的条件期望损失即条件风险为

$$R(\alpha_i \mid x)=E[\lambda(\alpha_i \mid \omega_j)]=\sum_{j=1}^{m}\lambda(\alpha_i \mid \omega_j)P(\omega_j \mid x),\quad i=1,2,\cdots,a(a<m) \tag{6-18}$$

期望风险 R

$$R=\int R(\alpha(x) \mid x)P(x)\mathrm{d}x \tag{6-19}$$

反映对整个特征空间所有 x 的取值采取相应的决策 $\alpha(x)$ 所带来的平均风险。如果在采取每一个决策或行动时，都使其条件风险最小，则对所有的 x 做出决策时，其期望风险也必然最小。条件平均损失最小的判决也必然使总的平均损失最小。

因此最小风险贝叶斯决策规则为

$$\text{若 } R(\alpha_k \mid x)=\min_{i=1,2,\cdots,a}R(\alpha_i \mid x),\quad \text{则 } a=a_k \tag{6-20}$$

式(6-20)表明当在所有的 1 到 a 的类别中，取最小的最小风险值对应的决策，当 $R(\alpha_k \mid x)$是所有类别中最小的风险值时，判别为 $a=a_k$。

贝叶斯决策除了先验概率 $P(\omega_j)$ 及类条件概率密度 $P(x \mid \omega_j)$外，还需要适合的损失函数，但是实际工作中不容易找到，往往要分析错误决策造成损失的严重程度来确定。

计算步骤包括：

1）计算后验概率：

$$P(\omega_j \mid x)=\frac{p(x \mid \omega_j)P(\omega_j)}{\sum_{i=1}^{c}p(x \mid \omega_i)P(\omega_i)},\quad j=1,2,\cdots,c \tag{6-21}$$

2）计算风险：

$$R(\alpha_i \mid x)=\sum_{j=1}^{c}\lambda(\alpha_i \mid \omega_j)P(\omega_j \mid x),\quad j=1,2,\cdots,k \tag{6-22}$$

3）决策：

$$\alpha=\arg\min_{i=1,2,\cdots,k}R(\alpha_i \mid x) \tag{6-23}$$

6.2.4　决策树学习

决策树学习是根据数据样本的属性建立树状结构的一种决策模型，可解决分类和回归问题。常见的决策树算法包括分类与回归树(Classification And Regression Trees，CART)、ID3、C4.5 等。决策树学习的关键是根据数据中蕴含的指示信息提取出一系列的规则，依据这些

规则创建树结构的过程，即为机器学习的过程。

决策树模型应用广泛，许多机器学习算法都以决策树模型为基础，如随机森林、XGBoost 等算法。

1. 决策树分类的原理

决策树算法借助树的分支结构实现分类。决策树的示例如图 6-4 所示。其中：

1）树的内部结点表示对某个属性的判断，该结点的分支是对应的判断结果。

2）树的每个叶子结点代表一个类标签。

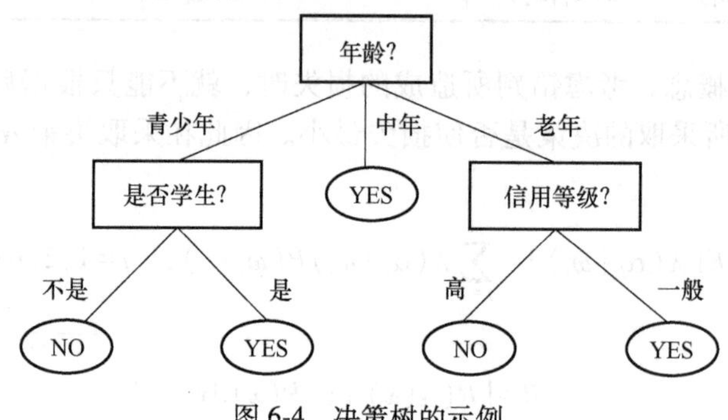

图 6-4　决策树的示例

图 6-4 所示为预测人是否会购买计算机的决策树。利用这棵树，对新记录进行分类，从根结点(年龄)开始，有如下判断：

1）如果某个人的年龄为中年，直接判断该人会购买计算机。

2）如果是青少年，则需要进一步判断是否是学生。

3）如果是老年则需要进一步判断其信用等级，直到叶子结点可以判定记录的类别。

决策树算法的优点有：

1）决策树算法能够建立人类能直接理解的规则，而贝叶斯、神经网络等算法没有此特性。

2）决策树算法的准确率也比较高，不需要了解背景知识即可进行分类，是一个非常有效的算法。

决策树算法的基本思想有：

1）输入：数据记录 D，包含类标的训练数据集。

2）过程：建立决策树模型主要分为两部分：属性列表 attributeList，候选属性集，用于在内部结点中做判断的属性；属性选择方法 AttributeSelectionMethod( )，选择最佳分类属性的方法。

3）输出：一棵决策树。

下面详细介绍决策树模型的建立过程：

1）构造一个结点 N。

2）如果数据记录 D 中的所有记录的类标都相同(记为 C 类)，则将结点 N 作为叶子结点标记为 C，并返回结点 N。

3）如果属性列表为空，则将结点 N 作为叶子结点标记为 D 中类标最多的类，并返回结点 N。

4）调用 AttributeSelectionMethod(D，attributeList)，选择最佳的分裂准则 splitCriterion。

5）将结点 N 标记为最佳分裂准则 splitCriterion。

6）如果分裂属性取值是离散的，并且允许决策树进行多叉分裂，则从属性列表中减去分裂属性。

7）对分裂属性的每一个取值 j，记 D 中满足 j 的记录集合为 D_j；如果 D_j 为空，则新建一个叶子结点 F，标记为 D 中类标最多的类，并且把结点 F 挂在 N 下。

8）否则，递归调用 GenerateDecisionTree(Dj，attributeList)得到子树结点 N_j，将 N_j 挂在 N 下。

9）返回结点 N。

算法的步骤1)、2)、3)都很简单，接下来进一步介绍步骤4)、5)、6)。

1）第4)步的最佳属性选择函数会在后续进行介绍，现在只需知道能找到一个准则，根据判断结点得到的子树的类别只含有一个类标。

2）第5)步根据分裂准则设置结点 N 的测试表达式。

3）在第6)步中，对应构建多叉决策树时，离散的属性在结点 N 及其子树中只用一次，用过之后就从可用属性列表中删除。

图6-4中，利用属性选择函数，确定的最佳分裂属性是年龄，年龄有三个取值，每一个取值对应一个分支，而后面不再用到年龄属性。算法的时间复杂度是 $O(k\times|D|\times\log(|D|))$，$k$ 为属性个数，$|D|$ 为记录集 D 的记录数。

2. 决策树的属性选择方法

属性选择方法指选择最好的属性作为分裂属性，即让每个分支记录的类别尽可能单一。它将所有属性列表的属性按某个标准排序，从而选出最好的属性。属性选择方法常用的有信息增益(Information Gain)、增益比率(Gain Ratio)、基尼指数(Gini Index)。

(1) 信息增益 信息增益基于香农的信息论，找出的属性 R 具有这样的特点：以属性 R 分裂前后的信息增益相比其他属性最大。信息的定义为

$$\text{Info}(D)=-\sum_{i=1}^{m}p_i\log_2(p_2)p_i \tag{6-24}$$

式中，m 表示数据集 D 中类别 C 的个数，表示 D 中任意一个记录属于 C_i 的概率，计算时 p_i=D 中属于 C_i 类的集合的记录个数为 $|D|$。Info(D)表示将数据集 D 不同的类分开需要的信息量。

Info 是信息论中的熵(Entropy)，表示不确定度的度量，如果某个数据集的类别的不确定程度越高，则其熵就越大。比如：

1）将一个立方体 A 抛向空中，记落地时着地的面为 f_1，f_1 的取值为$\{1,2,3,4,5,6\}$，f_1 的熵 $\text{entropy}(f_1)=-\left(\frac{1}{6}\log\left(\frac{1}{6}\right)+\cdots+\frac{1}{6}\log\left(\frac{1}{6}\right)\right)=-\log\left(\frac{1}{6}\right)=2.58$。

2）现把立方体 A 换为正四面体 B，记落地时着地的面为 f_2，f_2 的取值为$\{1,2,3,4\}$，f_2 的熵 $\text{entropy}(f_2)=-\left(\frac{1}{4}\log\left(\frac{1}{4}\right)+\cdots+\frac{1}{4}\log\left(\frac{1}{4}\right)\right)=-\log\left(\frac{1}{4}\right)=2$。

如果换成一个球 C，记落地时着地的面为 f_3，显然不管怎么扔着地都是同一个面，即 f_3 的取值为$\{1\}$，故其熵 $\text{entropy}(f_3)=-\log(1)=0$。可以看出，面数越多，熵值越大，当只有一个面的球时，熵值为0，表示不确定程度为0，即着地时向下的面是确定的。

简单地理解了熵，接着介绍信息增益。假设选择属性 R 作为分裂属性，在数据集 D 中，

R有k个不同的取值$\{v_1,v_2,\cdots,v_k\}$，将D根据R的值分成k组$\{D_1,D_2,\cdots,D_k\}$，按R进行分裂后，将数据集D不同的类分开还需要的信息量为

$$\text{Info}_R(D)=\sum_{j=1}^{K}\frac{|D_j|}{|D|}\times\text{Info}(D_j) \tag{6-25}$$

信息增益的定义为分裂前后，两个信息量只差

$$\text{Gain}(R)=\text{Info}(D)-\text{Info}_R(D) \tag{6-26}$$

信息增益 Gain(R)表示属性R给分类带来的信息量，寻找 Gain 最大的属性就能使分类尽可能地纯，即最可能地把不同的类分开。ID3 算法使用的就是基于信息增益的选择属性方法。

（2）增益比率　信息增益选择方法有一个很大的缺陷，即倾向于选择属性值多的属性。例如，在上述数据记录加姓名属性，假设 14 条记录中的每个人姓名不同，那么信息增益选择姓名作为最佳属性。按姓名属性分裂后，每个组只包含一条记录，每个记录只属于一类(要么购买计算机要么不购买)，因此纯度最高，以姓名作为测试分裂的结点下面有 14 个分支。但是这样的分类没有意义，没有任何泛化能力。增益比率对此进行改进，引入一个分裂信息为

$$\text{SplitInfo}_R(D)=-\sum_{j=1}^{k}\frac{|D_j|}{D}\times\log_2\left(\frac{|D_j|}{|D|}\right) \tag{6-27}$$

增益比率定义为信息增益与分裂信息的比率：

$$\text{GainRatio}(R)=\frac{\text{Gain}(R)}{\text{SplitInfo}_R(D)} \tag{6-28}$$

增益比率最大的属性作为最佳分裂属性。如果一个属性的取值很多，那么 $\text{SplitInfo}_R(D)$ 会变大，从而使 GainRatio(R)变小。

但增益比率也有以下缺点：

1）SplitInfo(D)可能取 0，此时没有计算意义。

2）当 SplitInfo(D)趋向于 0 时，GainRatio(R)的值变得不可信。

改进的措施就是在分母中加一个平滑，对所有的分裂信息取平均值：

$$\text{GainRatio}(R)=\frac{\text{Gain}(R)}{\text{SplitInfo}(D)+\text{SplitInfo}_R(D)} \tag{6-29}$$

（3）基尼指数　基尼指数是另外一种数据的不纯度的度量方法，其定义如下：

$$\text{Gini}(D)=1-\sum_{i=1}^{m}p_i^2 \tag{6-30}$$

D_1为D的一个非空真子集，D_2为D_1在D的补集，即$D_1+D_2=D$。对于属性R来说，有多个真子集，即 $\text{Gini}_R(D)$有多个值，选取最小的那个值作为R的基尼指数：

$$\Delta\text{Gini}(R)=\text{Gini}(D)-\text{Gini}_R(D) \tag{6-31}$$

将 Gini(R)增量最大的属性作为最佳分裂属性。

6.3　聚类算法

聚类(Clustering)是典型的无监督学习的一种，就是把对象集合分组为由彼此类似的对象组成的多个类的分析过程。聚类分析是按某一特征，对研究对象进行分类的多元统计方法，忽略特征及变量间的因果关系。分类结果应使类别间个体差异大，同类的个体差异要

小。与回归、支持向量机和决策树不同，聚类分析是在没有输出信息和给定划分类别的条件下，只利用输入样本$\{x_i\}_{i=1}^{n}$信息，根据样本相似度进行样本分组，属于无监督学习，该算法基于数据的内部结构寻找观察样本的自然族群(即集群)。聚类算法的应用案例包括细分客户、新闻聚类、文章推荐等。

聚类算法包括 k-均值(k-means)、吸引子传播(Affinity Propagation，AP)、层次聚类(Hierarchical/Agglomerative)、DBSCAN、GMM 等几种。

k- 均值聚类是一种通用目的的算法，聚类的度量基于样本点之间的几何距离(即在坐标平面中的距离)。集群是围绕在聚类中心的族群，呈现出类球状并具有相似的大小。k-均值聚类算法是推荐给初学者的算法，因为该算法十分简单，而且还足够灵活，面对大多数问题都能给出合理的结果。优点：k-均值聚类是最流行的聚类算法，因为该算法快速、简单，并且如果预处理数据和特征工程十分有效，那么该聚类算法将拥有令人惊叹的灵活性。缺点：该算法需要指定集群的数量，而 k 值的选择通常较难确定；另外，如果训练数据中的真实集群并不是类球状的，那么 k-均值聚类会得出一些比较差的集群。

AP 聚类算法是一种相对较新的聚类算法，该聚类算法基于两个样本点之间的图形距离(Graph Distances)确定集群。采用该聚类方法的集群拥有更小和不相等的大小。优点：该算法不需要指出明确的集群数量(但是需要指定「sample preference」和「damping」等超参数)。缺点：AP 聚类算法主要的缺点就是训练速度比较慢，并需要大量内存，因此也就很难扩展到大数据集中；另外，该算法同样假定潜在的集群是类球状的。

层次聚类最开始由一个数据点作为一个集群，对于每个集群，基于相同的标准合并集群，重复这一过程直到只留下一个集群，因此就得到了集群的层次结构。优点：层次聚类最主要的优点是集群不再需要假设为类球形，其也可以扩展到大数据集。缺点：该算法有点类似 k-均值聚类，需要设定集群的数量(即在算法完成后需要保留的层次数)。

DBSCAN 是一种基于密度的算法，它将样本点的密集区域组成一个集群。最近还有一种被称为 HDBSCAN 的新算法，它允许改变密度集群。优点：DBSCAN 不需要假设集群为球状，并且它的性能是可扩展的；此外，它不需要每个点都被分配到一个集群中，这降低了集群的异常数据。缺点：用户必须要调整集群密度的超参数，而 DBSCAN 对这些超参数非常敏感。

6.3.1　聚类算法的原理

聚类是根据样本数据点之间的相似性对数据点进行分类，同一簇类的数据点相似，否则反之。相似性衡量标准的选择，对于聚类的结果十分重要，通常是基于某种形式的距离来定义相似度的，距离越大，则相似度越小。良好的聚类效果如图 6-5 所示。

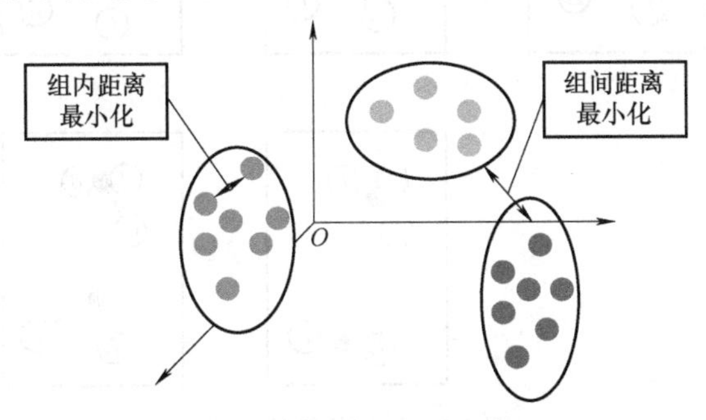

图 6-5　聚类效果示意图

聚类类型的区分依据是被划分好的聚类是否存在嵌套，如果有嵌套称作层次聚类，否则称作划分聚类，如图 6-6 所示。

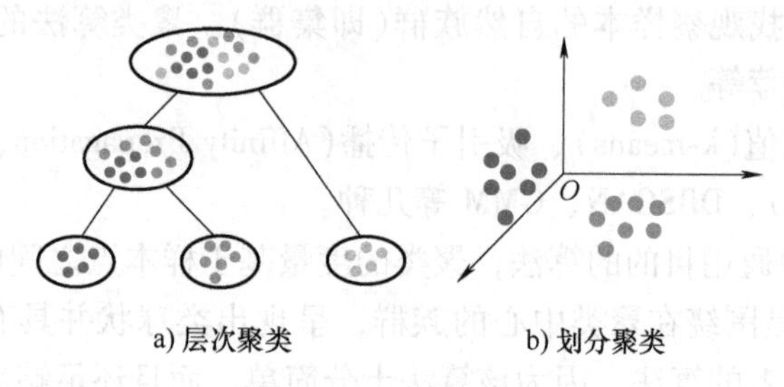

图 6-6　基础聚类算法

6.3.2　k-均值算法原理

1. 算法原理

下面介绍基础聚类算法——k-均值，它属于划分聚类。k-均值算法是通过不断地取离种子点最近均值以实现聚类，主要解决的问题如图 6-7 所示。从图中可以看出有四个点群，如何让机器找出该群点呢？于是引入 k-均值算法。

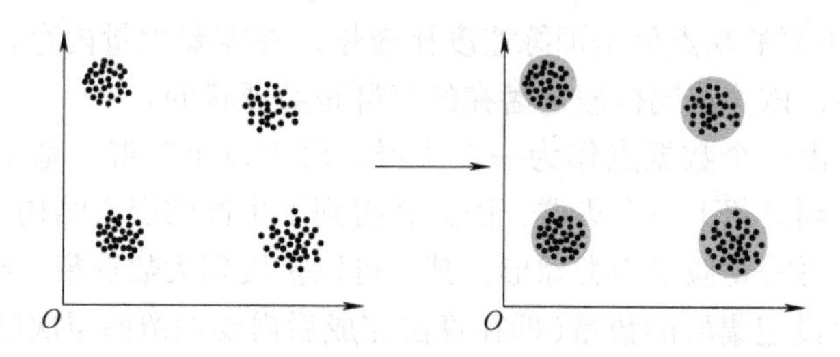

图 6-7　k-均值要解决的问题

k-均值算法原理如图 6-8 所示，A、B、C、D、E 是五个未知的输入点，黑色是聚类的种子点，共有两个种子点，$k=2$，k-均值的算法步骤如下：

1）在图 6-8 中随机取 k(这里 $k=2$)个聚类种子点。

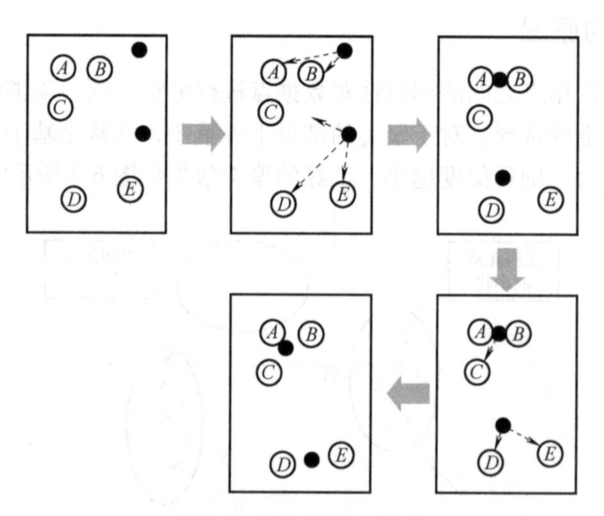

图 6-8　k-均值算法原理

2）求图 6-8 中所有未知点（A、B、C、D、E）到 k 个种子点的距离，假如点 P_i 离种子点 S_i 最近，那么 P_i 属于 S_i 点群（可以看到 A、B 属于靠上的种子点，C、D、E 属于靠下的种子点）。

3）移动种子点到属于它的“点群”的中心，得到更新后的聚类中心（见图 6-8 中的第三步）。

4）然后重复第 2）步和第 3）步，直到种子点没有移动（可以看到图 6-8 中的第四步上面的种子点聚合了 A、B、C，下面的种子点聚合了 D、E）。

k-均值的伪代码如下所示：

1）给各个簇中心 $\mu_1,\mu_2,\cdots,\mu_c$ 适当的初值。

2）更新样本 $x_1,x_2,\cdots,x_n$ 对应的簇标签 $y_1,y_2\cdots,y_n$，有

$$y_i \leftarrow \underset{y\in(1,2,\cdots,c)}{\operatorname{argmin}} \| x_i-\mu_y \|^2, \quad i=1,2,\cdots,n \tag{6-32}$$

3）更新各个簇中心 $\mu_1,\mu_2,\cdots,\mu_c$，有

$$\mu_y \leftarrow \frac{1}{n_y}\sum_{y_i=y} x_i, \quad y=1,2,\cdots,c \tag{6-33}$$

式中，n_y 为属于簇 y 的样本总数。

4）直到簇标签达到收敛精度为止，重复上述步骤 2）和 3）的计算。

一般来说，求点群中心点的算法可以使用各个点的 x/y 坐标的平均值，这里给出常用的距离公式：

1）欧氏距离（Euclidean Distance）公式为

$$d_{ij}=\sqrt{\sum_{k=1}^{n}(x_{ik}-x_{jk})^2} \tag{6-34}$$

2）曼哈顿距离（CityBlock Distance）公式为

$$d_{ij}=\sum_{k=1}^{n}|x_{ik}-x_{jk}| \tag{6-35}$$

2. 算法优化

由于 k-均值聚类算法的初始质心是随机选择或用户指定的，因此聚类的结果可能不是最优解，通常会产生以下问题：

1）用随机方式选择时，可能会选取孤立点、簇边缘点作为初始质心。

2）由于用户对文档集了解有限，用户指定初始质心时会带有主观性或随意性。

因此初始中心点的选择对聚类结果的影响很大，优质的初始中心点在效率和结果上更胜一筹。从上面的论述中可以看出，k-均值算法对初始中心点比较敏感，因此如何确定初始中心点是优化 k-均值算法的关键。

下面讲述的 k-均值++算法可以优化初始中心点的选择，其选择初始中心点的基本思想是初始中心点之间的相互距离要尽可能地远，具体的思路如下所示：

1）从输入的数据点集合中随机选择一个点作为第一个中心点。

2）计算每个点与最近一个中心点的距离。对于一个点，计算其与所有已有中心点的距离，选出最短的距离 $D(x)$ 保存到数组中。计算这个数组中元素的总和 sum($D(x)$)。

3）取一个随机值，用权重的方式来计算下一个中心点。

先取一个大于等于 0、小于等于 sum($D(x)$) 的随机值 Random；将 Random 依次减去数组元素 $D(x)$，若 Random<=0，则当前数组元素对应的点即为下一个中心点，否则重复步骤 2）和 3）。

6.3.3 GMM 算法

高斯混合模型(GMM)算法是基于多个高斯分布函数的线性组合算法，理论上可以拟合出任意类型的分布，通常用于解决同一集合下的数据包含多种不同分布的情况，是一种业界广泛使用的聚类算法。GMM 通过期望最大(Expectation Maximization，EM)算法进行训练，求出每一个样本属于多个分布中的哪个分布，并求出每一个分布对应的参数。

1. 算法原理

假定 GMM 由 k 个高斯分布线性叠加而成，那么概率密度函数如图 6-9 所示，函数为

$$p(x)=\sum_{k=1}^{K}\pi_k N(x\mid\mu_k,\Sigma_k) \tag{6-36}$$

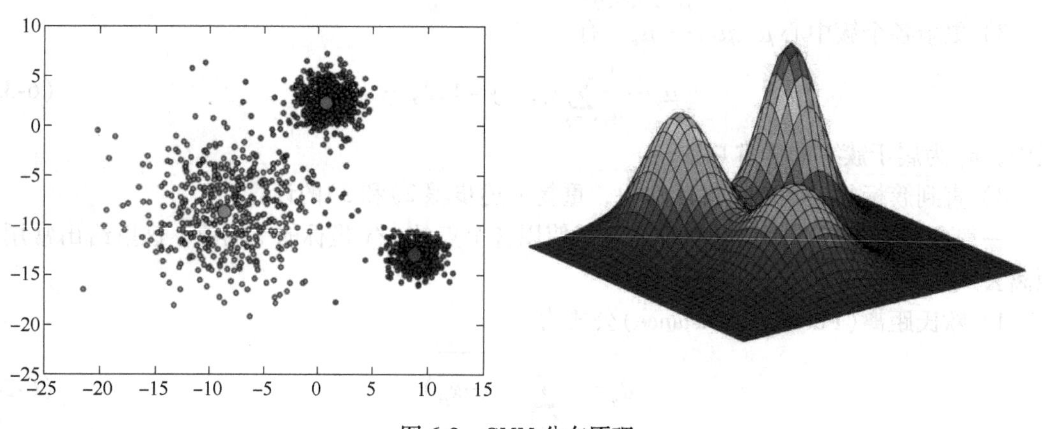

图 6-9 GMM 分布原理

即混合模型由 k 个成分组成，每个分布均为高斯分布函数 $N(x\mid\mu_k,\Sigma_k)$，π_k 为第 k 成分的权重，且满足

$$\sum_{k=1}^{K}\pi_k=1\quad(0\leqslant\pi_k\leqslant 1) \tag{6-37}$$

GMM 的定义本质上是一个概率密度函数，而概率密度函数在其作用域内的积分之和必然为 1。GMM 整体的概率密度函数是由若干个高斯分量的概率密度函数线性叠加而成的，而每一个高斯分量的概率密度函数的积分必然也是 1，所以要想 GMM 整体的概率密度积分为 1，就必须对每一个高斯分量赋予一个其值不大于 1 的权重，并且各个高斯分量的权重之和为 1。

比如一个学校中每个学生的身高分布，假设男生和女生的身高分别服从高斯分布 $N(\mu_1,\sigma_1)$ 和 $N(\mu_2,\sigma_2)$，则总的分布为

$$p(x)=\pi_1 N(\mu_1,\sigma_1)+\pi_2 N(\mu_2,\sigma_2) \tag{6-38}$$

式中，π_1 为男生分布的权重(即人数比例)，π_2 为女生分布的权重(即人数比例)，满足

$$\pi_1+\pi_2=1\quad(0\leqslant\pi_1,\pi_2\leqslant 1) \tag{6-39}$$

假设给定独立同分布的一组样本数据$(x_1,x_2,\cdots,x_n)$，如何求该校的分布参数$(\pi_1,\mu_1,\sigma_1,\pi_2,\mu_2,\sigma_2)$？

因此，GMM 就是假定数据符合 GMM 分布模型，根据数据推出 GMM 的多个高斯概率分布，则 k 个分布实际上就对应了 k 个聚类，要推出 GMM 的概率分布就要对其进行参数估计。

首先引入 k 维的随机变量 z，z_k 表示第 k 类被选中的概率，即

$$\sum_{k=1}^{K} z_k = 1, \quad z_k \in \{0,1\} \tag{6-40}$$

$$p(z_k = 1) = \pi_k \tag{6-41}$$

则变量 z 的联合分布概率为

$$p(z) = \prod_{k=1}^{K} \pi_k^{z_k} \tag{6-42}$$

被选中的第 k 类数据服从正态分布，用条件概率可以表示为

$$p(x_i \mid z_k = 1) = N(x_i \mid \mu_k, \Sigma_k) \tag{6-43}$$

则用变量 z 表示 X 的条件概率为

$$p(x_i \mid z) = \prod_{k=1}^{K} N(x_i \mid \mu_k, \Sigma_k)^{z_k} \tag{6-44}$$

则进一步求得 X 的概率密度为

$$p(x_i) = \sum_z p(z) p(x_i \mid z) = \sum_z \left(\prod_{k=1}^{K} \pi_k^{z_k} \prod_{k=1}^{K} N(x_i \mid \mu_k, \Sigma_k)^{z_k} \right) \tag{6-45}$$

代入公式得

$$p(x_i) = \sum_k \pi_k N(x_i \mid \mu_k, \Sigma_k) \tag{6-46}$$

求解 GMM 参数采用 EM 算法计算，该算法是由 Dempster、Laind 和 Rubin 在 1977 年提出的一种求参数的极大似然估计方法，可以广泛地应用于处理缺损数据、截尾数据等带有噪声的不完整数据。

针对不完整数据集，EM 算法主要应用于以下两种情况的参数估计：一是由于观测过程中本身的错误或局限性导致的观测数据自身不完整；二是数据没有缺失，但是无法得到似然函数的解析解，或似然函数过于复杂，难以直接优化分析，而引入额外的缺失参数能使得简化后的似然函数便于参数估计。

对于每个数据点 X_i 来说，它由第 k 个高斯类生成的概率可以用后验概率 $\gamma(i,k)$ 来表示

$$\begin{aligned} \gamma(i,k) &= p(z_k = 1 \mid x_i) \\ &= \frac{p(z_k = 1) p(x_i \mid z_k = 1)}{\sum_{j=1}^{K} (p(z_j = 1) p(x_i \mid z_j = 1))} \\ &= \frac{\pi_k N(x_i \mid \mu_k, \Sigma_k)}{\sum_{j=1}^{K} (\pi_k N(x_i \mid \mu_k, \Sigma_k))} \end{aligned} \tag{6-47}$$

这便是目标函数，分母是 $p(x)$，即 x 发生的概率，x 是什么？是观测信号，输入就是观测信号，那么 $p(x)=1$ 无须质疑。

构造似然函数找到这样一组参数，它所确定的概率分布生成的这些给定的数据点的概率最大：

$$\begin{aligned} p(x) &= \prod_{i=1}^{N} p(x_i) \\ \lg(p(x)) &= \sum_{i=1}^{N} \lg(p(x_i)) = \sum_{i=1}^{N} \lg\left(\sum_k \pi_k N(x_i \mid \mu_k, \Sigma_k) \right) \end{aligned} \tag{6-48}$$

根据最大似然参数估计算法，分别对 μ_k、Σ_k 求导，零导数为 0，求得参数估计值分别为

$$\mu_k = \frac{1}{N_k}\sum_{i=1}^{N}\gamma(i,k)x_i \tag{6-49}$$

$$\Sigma_k = \frac{1}{N_k}\sum_{i=1}^{N}\gamma(i,k)(x_i-\mu_k)(x_i-\mu_k)^{\mathrm{T}} \tag{6-50}$$

$$N_k = \sum_{i=1}^{N}\gamma(i,k) \tag{6-51}$$

$$\pi_k = N_k/N \tag{6-52}$$

2. 算法步骤

1）初始化参数：根据当前的观测信号，初始化均值 μ_k、协方差矩阵 Σ_k、混合系数 π_k。

2）E 步骤：求后验概率

$$\gamma(i,k) = \frac{\pi_k N(x_i \mid \mu_k, \Sigma_k)}{\sum_{j=1}^{K}(\pi_k N(x_i \mid \mu_k, \Sigma_k))} \tag{6-53}$$

3）M 步骤：通过下列重估共识修正参数

$$\mu_k = \frac{1}{N_k}\sum_{i=1}^{N}\gamma(i,k)x_i \tag{6-54}$$

$$\Sigma_k = \frac{1}{N_k}\sum_{i=1}^{N}\gamma(i,k)(x_i-\mu_k)(x_i-\mu_k)^{\mathrm{T}} \tag{6-55}$$

$$N_k = \sum_{i=1}^{N}\gamma(i,k) \tag{6-56}$$

4）重复迭代步骤 2）、3），直到似然函数收敛(最大)，即

$$\lg(p(x)) = \sum_{i=1}^{N}\lg\left(\sum_{k}\pi_k N(x_i \mid \mu_k, \Sigma_k)\right) \tag{6-57}$$

可以看出，GMM 先计算所有数据对每个分模型的响应度，根据响应度计算每个分模型的参数，然后迭代。GMM 具有自己的特点，但是与 k-均值算法有很多的相同点：GMM 中数据对高斯分量的响应度相当于 k-均值中的距离计算，GMM 中的根据响应度计算高斯分量参数相当于 k-均值中计算分类点的位置；它们都通过不断迭代达到最优。不同的是：GMM 模型给出的是每一个观测点由哪个高斯分量生成的概率，而 k-均值直接给出一个观测点属于哪一类。

6.3.4 DBSCAN 算法

相对于其他的大部分基于距离的聚类算法，DBSCAN 是一种比较有代表性的基于密度的聚类算法，这是一种基于密度的对噪声鲁棒的空间聚类算法。该算法利用基于密度的聚类的概念，即要求聚类空间中的一定区域内所包含对象(点或其他空间对象)的数目不小于某一给定阈值。与划分和层次聚类方法不同，它将簇定义为密度相连的点的最大集合，能够把具有足够高密度的区域划分为簇，并可在噪声的空间数据库中发现任意形状的聚类。

k-均值聚类算法采用距离计算，适合于处理类似球形的簇。但现实中会有各种形状需要分类，图 6-10 中的两张图分别呈现环形和不规则的形状，此时传统距离聚类算法就不太适应了，而 DBSCAN 这类以密度为基础的算法则有了“用武之地”。DBSCAN 基于密度聚类，其显著优点是聚类速度快且能够有效处理噪声点和发现任意形状的空间聚类，通常适合于对

较低维度数据聚类分析，对远离密度核心的噪声点具有鲁棒性，无须提前设定聚类簇的数量。

图 6-10　DBSCAN 分类

需要说明的是：这里所说的密度为基于中心的密度，即通过数据集中特定点 A 的 Eps 半径之内的点的计数个数(包括本身)来估计，其中密度很大程度上依赖于半径，DBSCAN 密度计算如图 6-11 所示。

1. 算法原理

基于密度定义，可以将点分为三类：稠密区域内部的点(核心点)、稠密区域边缘上的点(边界点)、稀疏区域中的点(噪声或背景点)。其中：

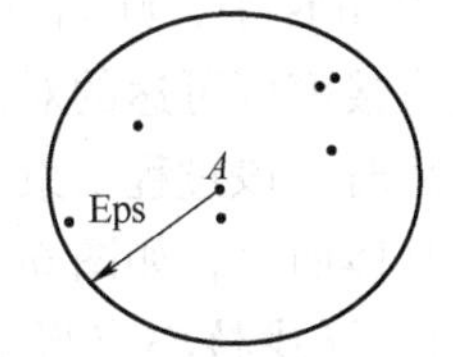

图 6-11　DBSCAN 密度计算

核心点(Core Point)：在半径 Eps 内含有超过 MinPts 数目的点，则该点为核心点，这些点都是在簇内的，用 $N_{\text{Eps}}(p)$ 表示核心点 p 的 Eps 半径内的点的集合，称为核心点 Eps 邻域，即

$$N_{\text{Eps}}(p)=\{q \mid q\in D,\text{distance}(p,q)\leqslant \text{Eps}\}$$

边界点(Border Point)：在半径 Eps 内点的数量小于 MinPts，但是在核心点的邻居。

噪声点(Noise Point)：任何不是核心点或边界点的点。

MinPts：给定点在 E 领域内成为核心对象的最小领域点数。

DBSCAN 算法原理如图 6-12 所示。

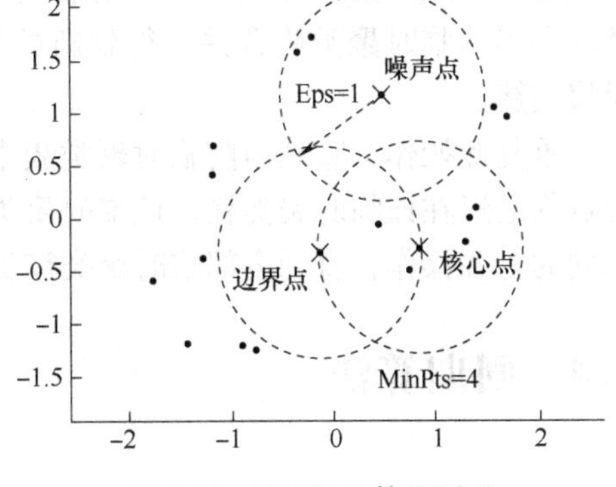

图 6-12　DBSCAN 算法原理

直接密度可达(Directly Density-reachable)：给定一个对象集合 D，如果点 q 在核心点 p 的 Eps 邻域内，即 $\text{distance}(p,q)\leqslant \text{Eps}$，则称 q 从核心点 p 出发时是直接密度可达。

密度可达(Density-reachable)：对于样本集合 D，存在一串样本点 $p_1,p_2,p_3,\cdots,p_n$，如果其中连续两个点都是直接密度可达，假设 $p_1=p$ 为核心点，$p_n=q$，则 p 密度可达 q。

密度相连(Density-connected)：如果存在一个对象 $o\in D$，使对象 p 和 q 都是从 o 关于 Eps 和 MinPts 密度可达的，那么对象 p 到 q 关于 Eps 和 MinPts 密度相连。

举例如图 6-13 所示，设 MinPts=3，Eps 为某半径值，请求 M、P、Q、R、S、O 样本点之间关系。

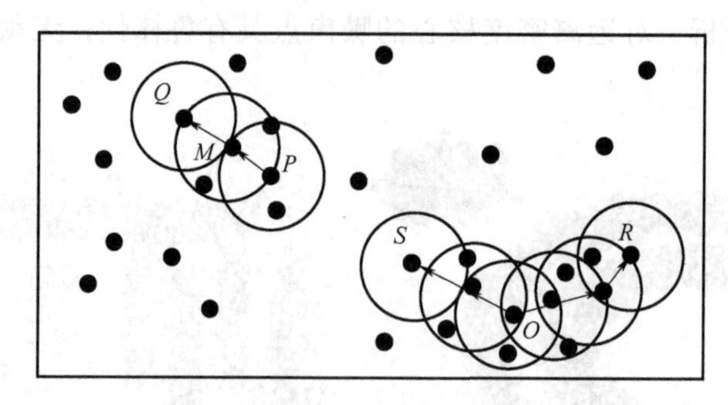
Q
M
P
S
R
O

图 6-13 采样点分布

可以求得，*M*、*P*、*O* 和 *R* 的 Eps 近邻均包含三个以上的点，因此该四个点为核心点；*M* 是从 *P*“直接密度可达”；而 *Q* 则是从 *M*“直接密度可达”；基于上述结果，*Q* 是从 *P*“密度可达”，但 *P* 从 *Q* 无法“密度可达”(非对称)。类似地，*S* 和 *R* 从 *O* 是“密度可达”的；*O*、*R* 和 *S* 均是“密度相连”的。

2. 算法步骤

DBSCAN 通过检查数据集中每个点的 Eps 邻域来搜索簇，如果点 *p* 的 Eps 邻域包含的点多于 MinPts 个，则创建一个以 *p* 为核心对象的簇。然后，DBSCAN 迭代地聚集从这些核心对象直接密度可达的对象，这个过程可能涉及一些密度可达簇的合并。当没有新的点添加到任何簇时，该过程结束。

具体而言，如图 6-14 所示，DBSCAN 的算法实现步骤分为两步：

1）寻找核心点形成临时聚类簇。扫描全部样本点，如果某个样本点 *R* 半径范围内点数目≥MinPoints，则将其纳入核心点列表，并将其密度直达的点形成对应的临时聚类簇。

2）合并临时聚类簇得到聚类簇。对于每一个临时聚类簇，检查其中的点是否为核心点，如果是，将该点对应的临时聚类簇和当前临时聚类簇合并，得到新的临时聚类簇。

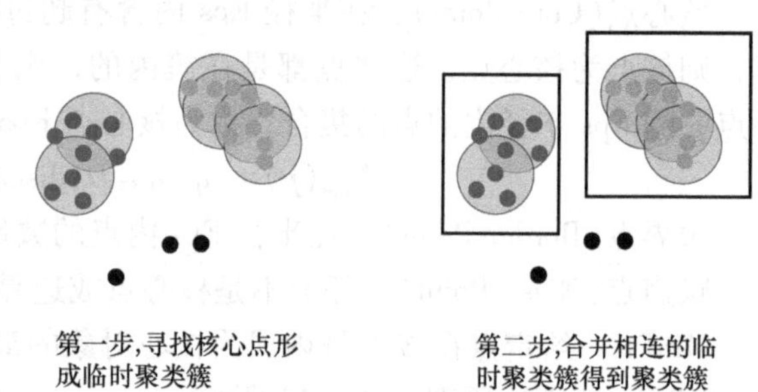
第一步,寻找核心点形成临时聚类簇
第二步,合并相连的临时聚类簇得到聚类簇

图 6-14 DBSCAN 的算法实现步骤

重复此操作，直到当前临时聚类簇中的每一个点要么不在核心点列表，要么其密度直达的点都已经在该临时聚类簇，该临时聚类簇升级成为聚类簇。继续对剩余的临时聚类簇进行相同的合并操作，直到全部临时聚类簇被处理。

6.4 回归算法

6.4.1 回归算法原理

回归分析(regression)的单词原型是 regress，其大致的意思是“回退、退化、倒退、倒推”。其实回归分析是借用“倒退、倒推”的含义。简单地说，回归分析就是“由果索因”的过程，是一种归纳的思想：当看到大量的事实所呈现的样态，推断出原因或客观蕴含的关系；

当看到大量的观测而来的向量(数字)是某种样态，设计一种假说来描述出它们之间蕴含的关系。

回归方法是一种对数值型连续随机变量进行预测和建模的监督学习算法，使用案例一般包括房价预测、股票走势或测试成绩等连续变化的案例。回归任务的特点是标注的数据集具有数值型的目标变量，也就是说，每一个观察样本都有一个数值型的标注真值以监督算法。

在机器学习领域，最常用的回归有两大类：一类是线性回归，另一类是非线性回归。

线性回归是处理回归任务最常用的算法之一。该算法的形式十分简单，它期望使用一个超平面拟合数据集(只有两个变量时就是一条直线)。如果数据集中的变量存在线性关系，那么其就能拟合得非常好。在实践中，简单的线性回归通常被使用正则化的回归方法如最小绝对收缩和选择算法(Least Absolute Shrinkage and Selection Operator，LASSO)回归、岭回归(Ridge Regression)和弹性网络回归(Elastic-Net Regression)所代替，正则化其实就是一种对过多回归系数采取惩罚以减少过拟合风险的技术。当然，还得确定惩罚强度以让模型在欠拟合和过拟合之间达到平衡。优点：线性回归的理解与解释都十分直观，并且还能通过正则化来降低过拟合的风险；另外，线性模型很容易使用随机梯度下降和新数据更新模型权重。缺点：线性回归在变量是非线性关系时表现很差；其也不够灵活以捕捉更复杂的模式，添加正确的交互项或使用多项式很困难并需要大量时间。

回归树(决策树的一种)通过将数据集重复分割为不同的分支而实现分层学习，分割的标准是最大化每一次分离的信息增益，这种分支结构让回归树很自然地学习到非线性关系。集成方法如随机森林(Random Forest，RF)或梯度提升机(Gradient Boosting Machine，GBM)则组合了许多独立训练的树，这种算法的主要思想就是组合多个弱学习算法而成为一种强学习算法。在实践中RF通常很容易有出色的表现，而GBM则更难调参，不过通常GBM具有更高的性能上限。优点：决策树能学习非线性关系，对异常值也具有很强的鲁棒性；集成学习在实践中表现非常好，其经常赢得许多经典的(非深度学习)机器学习竞赛。缺点：无约束的单棵树很容易过拟合，因为单棵树可以保留分支(不剪枝)，并直到其记住了训练数据；集成方法可以削弱这一缺点的影响。

6.4.2　最小二乘法

最小二乘法(Least Square，LS)属于有监督回归，回归同样是预测问题，预测的目标往往是连续的变量。比如根据房屋的面积、地理位置、建筑年代等对房屋销售价格进行预测，销售价格是一个连续的变量。

机器学习的监督学习模型的任务重点在于，根据已有经验的知识对未知样本的目标预测。根据目标预测变量的类别不同，监督学习任务分为分类学习和回归预测。

本节主要介绍回归中最基本的算法——最小二乘法，但是由于过拟合可能降低模型的性能，需要在最小二乘法中增加约束条件。

回归的关键是找到一个目标函数，目标函数会把每个属性集 X 映射到一个连续值 y，利用最小误差判断目标函数拟合输入数据的优劣。回归的误差函数分为绝对误差和平方误差。

1. 最小二乘法的原理

最小二乘法的原理如图6-15所示，它是一种进行线性回归的方法，是对模型的输出

$f_\theta(\boldsymbol{x})$ 和训练集输出 $\{y_i\}=1\rightarrow n$ 的平方误差为最小时的参数 $\boldsymbol{\theta}$ 进行学习，即该直线尽可能地拟合这组点。

核心原理为

$$J_{\mathrm{LS}}(\boldsymbol{\theta})=\frac{1}{2}\sum_{i=1}^{n}(f_\theta(x_i)-y_i)^2 \tag{6-58}$$

$$\hat{\boldsymbol{\theta}}_{\mathrm{LS}}=\underset{\theta}{\operatorname{argmin}} J_{\mathrm{LS}}(\boldsymbol{\theta}) \tag{6-59}$$

式中，LS 是 Least Square 的缩写，1/2 是为了约去对 J_{LS} 进行微分时得到的系数 2，平方误差为每一次观测残差的 L2 范数。最小二乘法也称为 L2 范数损失最小化法。

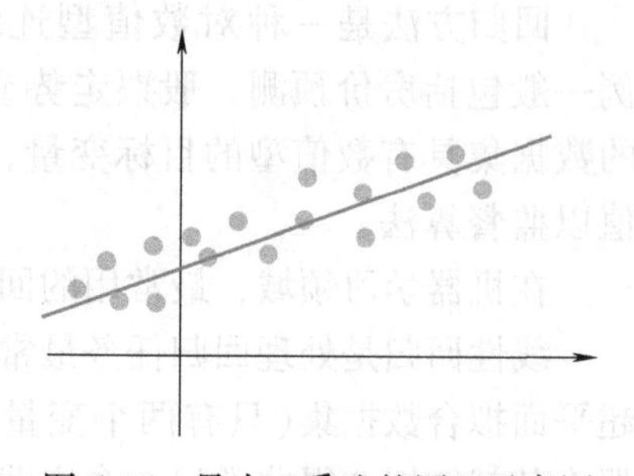

图 6-15　最小二乘法的原理示意图

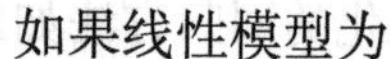

如果线性模型为

$$f_\theta(\boldsymbol{x})=\sum_{j=1}^{b}\theta_j\phi_j(\boldsymbol{x})=\boldsymbol{\theta}^{\mathrm{T}}\phi(\boldsymbol{x}) \tag{6-60}$$

训练样本的平方差 J_{LS} 表示为

$$J_{\mathrm{LS}}(\boldsymbol{\theta})=\frac{1}{2}\|\boldsymbol{\Phi\theta}-\boldsymbol{y}\|^2 \tag{6-61}$$

式中，$\boldsymbol{y}=(y_1,y_2,\cdots,y_n)$ 是训练输入的 n 维向量，$\boldsymbol{\Phi}$ 是下式中定义的 $n\times b$ 阶矩阵，也称设计矩阵：

$$\boldsymbol{\Phi}=\begin{pmatrix}\phi_1(x_1) & \cdots & \phi_b(x_1)\\ \vdots & \ddots & \vdots\\ \phi_1(x_n) & \cdots & \phi_b(x_n)\end{pmatrix} \tag{6-62}$$

训练样本的平方差 J_{LS} 的参数向量 $\boldsymbol{\theta}$ 的偏微分可以计算得到：

$$\nabla_\theta J_{\mathrm{LS}}=\left(\frac{\partial J_{\mathrm{LS}}}{\partial\theta_1},\cdots,\frac{\partial J_{\mathrm{LS}}}{\partial\theta_b}\right)=\boldsymbol{\Phi}^{\mathrm{T}}\boldsymbol{\Phi\theta}-\boldsymbol{\Phi}^{\mathrm{T}}\boldsymbol{y} \tag{6-63}$$

令偏微分等于 0，取极值，最小二乘关系可以表示为下式：

$$\boldsymbol{\Phi}^{\mathrm{T}}\boldsymbol{\Phi\theta}=\boldsymbol{\Phi}^{\mathrm{T}}\boldsymbol{y} \tag{6-64}$$

方程式 $\hat{\boldsymbol{\theta}}_{\mathrm{LS}}$ 使用设计矩阵 $\boldsymbol{\Phi}$ 的广义逆矩阵 $\boldsymbol{\phi}^{\dagger}$ 来计算，得出

$$\hat{\boldsymbol{\theta}}_{\mathrm{LS}}=\boldsymbol{\Phi}^{\dagger}\boldsymbol{y} \tag{6-65}$$

若 $\boldsymbol{\Phi}^{\dagger}\boldsymbol{\Phi}$ 有逆矩阵，广义逆矩阵 $\boldsymbol{\Phi}^{\dagger}$ 可以表示为

$$\boldsymbol{\Phi}^{\dagger}=(\boldsymbol{\Phi}^{\dagger}\boldsymbol{\Phi})^{-1}\boldsymbol{\Phi}^{\mathrm{T}} \tag{6-66}$$

对顺序为 i 的训练样本的平方差通过权重 $\omega_i\geqslant 0$ 进行加权，然后再采用最小二乘学习，这称为加权最小二乘学习法，即

$$\min_\theta\frac{1}{2}\sum_{i=1}^{n}\omega_i(f_\theta(x_i)-y_i)^2 \tag{6-67}$$

加权最小二乘学习法与没有权重时相同，通过式(6-68)可以进行求解，其中 $\boldsymbol{W}$ 是以 $w_1,w_2,\cdots,w_n$ 为对角元素的对角阵：

$$(\boldsymbol{\Phi}^{\mathrm{T}}\boldsymbol{W\Phi})^{\dagger}\boldsymbol{\Phi}^{\mathrm{T}}\boldsymbol{Wy} \tag{6-68}$$

2. 最小二乘法的优化

最小二乘法是机器学习算法中的基础算法，但其对含有噪声的学习经常有过拟合的弱点，因为学习模型对于训练样本而言过于复杂。因此，下面将介绍能够控制模型复杂程度的、带有约束条件的最小二乘法。

参数线性模型为

$$f_\theta(\boldsymbol{x})=\sum_{j=1}^{b}\theta_j\phi_j(\boldsymbol{x})=\boldsymbol{\theta}^{\mathrm{T}}\phi(\boldsymbol{x}) \tag{6-69}$$

参数$\{\theta_j\}_{j}=1\to b$可自由设置，使用的是如图6-16所示的全体参数空间。

部分空间约束的最小二乘法是通过把参数空间限制在一定范围内，来防止过拟合现象，表示为

$$\min_{\theta} J_{\mathrm{LS}}(\boldsymbol{\theta})\quad 约束条件\ \boldsymbol{P\theta}=\boldsymbol{\theta} \tag{6-70}$$

式中，$\boldsymbol{P}$是满足$\boldsymbol{P}^{\wedge}2=\boldsymbol{P}$和$\boldsymbol{P}'=\boldsymbol{P}$的$b\times b$维矩阵，表示矩阵$\boldsymbol{P}$的值域$R(\boldsymbol{P})$的正交投影矩阵。部分空间约束的最小二乘法如图6-17所示。

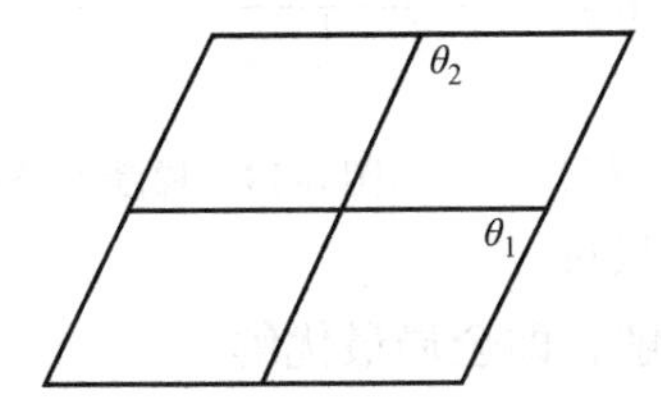

图6-16　一般的最小二乘法

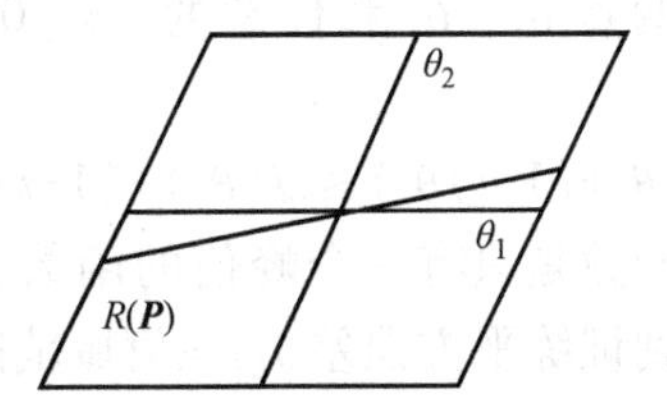

图6-17　部分空间约束的最小二乘法

通过$\boldsymbol{P\theta}=\boldsymbol{\theta}$的约束条件，参数$\boldsymbol{\theta}$就不会偏移到值域$R(\boldsymbol{P})$的范围外。部分空间约束的最小二乘法的解$\hat{\boldsymbol{\theta}}$是将最小二乘法的设计矩阵$\boldsymbol{\Phi}$置换为$\boldsymbol{\Phi P}$的方式求得：

$$\hat{\boldsymbol{\theta}}=(\boldsymbol{\Phi P})^{\dagger}\boldsymbol{y} \tag{6-71}$$

部分空间约束的最小二乘法中只使用参数空间的一部分，但是正交投影矩阵$\boldsymbol{P}$的设置有很大的自由度，实际操作有很大难度。因此，引入L2约束的最小二乘学习法，即

$$\min_{\theta} J_{\mathrm{LS}}(\boldsymbol{\theta})\quad 约束条件\ \|\boldsymbol{\theta}\|^2\leqslant R \tag{6-72}$$

图6-18所示为L2约束的最小二乘法的参数空间。

L2约束的最小二乘法是以参数空间的原点为圆心，在一定半径范围的圆内(大部分是超球)进行求解，R表示圆的半径。L2约束的最小二乘法的解$\hat{\boldsymbol{\theta}}$就可以通过下式求得：

$$\hat{\boldsymbol{\theta}}=\underset{\theta}{\operatorname{argmin}}\left[J_{\mathrm{LS}}(\boldsymbol{\theta})+\frac{\lambda}{2}\|\theta\|^2\right] \tag{6-73}$$

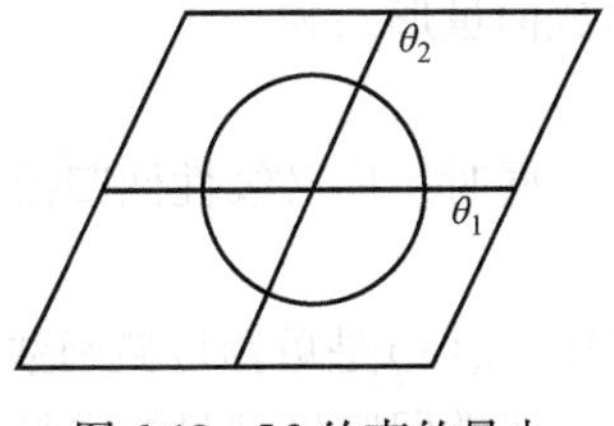

图6-18　L2约束的最小二乘法的参数空间

上式的第一项$J_{\mathrm{LS}}(\boldsymbol{\theta})$表示对训练样本的拟合程度，通过与第二项的“约束”相结合，来防止对训练样本的过拟合。对上述目标函数进行关于$\boldsymbol{\theta}$的偏微分，并设为零，即可求得最小的训练损失。

L2约束的最小二乘法的解为

$$\hat{\boldsymbol{\theta}}=(\boldsymbol{\Phi}^{\mathrm{T}}\boldsymbol{\Phi}+\lambda\boldsymbol{I})^{-1}\boldsymbol{\Phi}^{\mathrm{T}}\boldsymbol{y} \tag{6-74}$$

式中，$\boldsymbol{I}$是单位矩阵，在L2约束的最小二乘法中，通过将矩阵$\boldsymbol{\Phi}^{\mathrm{T}}\boldsymbol{\Phi}$和$\lambda\boldsymbol{I}$相加提高其正则性，进而就可以更稳定地进行逆矩阵求解。因此，L2约束的最小二乘法也称为L2正则化的最小二乘法，其实刚才讲的“约束”项正是正则项，λ为正则化参数。

3. 最小二乘解的性质

首先来考虑设计矩阵$\boldsymbol{\Phi}$的奇异值分解：

$$\boldsymbol{\Phi}=\sum_{k=1}^{\min(n,b)}\boldsymbol{K}_k\boldsymbol{\psi}_k\boldsymbol{\varphi}_k^{\mathrm{T}} \tag{6-75}$$

式中，三个参量分别称为奇异值、左奇异向量、右奇异向量。奇异值全部是非负的，奇异向量满足正交性：

$$\boldsymbol{\psi}_i^{\mathrm{T}}\boldsymbol{\psi}_{i'}=\begin{cases}1, & i=i'\\0, & i\neq i'\end{cases},\quad \boldsymbol{\psi}_j^{\mathrm{T}}\boldsymbol{\psi}_{j'}=\begin{cases}1, & j=j'\\0, & j\neq j'\end{cases} \tag{6-76}$$

设计矩阵 $\boldsymbol{\Phi}$ 的维数为 $n\times b$，当训练样本数 n 或参数个数 b 非常大时，可以使用随机梯度算法(SGD)，它是指沿着训练平方误差 $J_{\mathrm{LS}}(\boldsymbol{\theta})$ 的梯度下降，对参数 $\boldsymbol{\theta}$ 进行学习的算法。梯度下降示意图如图 6-19 所示。

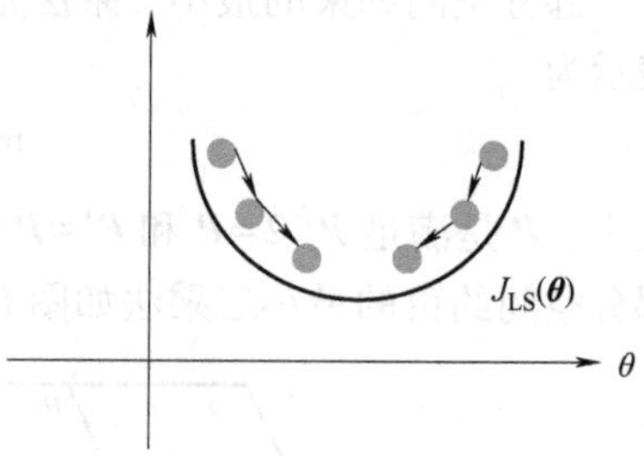

线性模型的训练平方误差 J_{LS} 为凸函数。凸函数是指对于任意的两点 θ_1、θ_2 和任意的 $t\in[0,1]$，都有下式成立：

$$J(t\theta_1+(1-t)\theta_2)\leqslant tJ(\theta_1)+(1-t)J(\theta_2) \tag{6-77}$$

图 6-19　梯度下降示意图

因为凸函数是只有一个峰值的函数，所以通过梯度法就可以得到训练平方误差 J_{LS} 在值域范围内的最优解，即全局最优解。

6.4.3　逻辑回归

逻辑回归(Logistic Regression)可以用来回归和分类，主要是二分类，即逻辑回归给出的这个样本属于正类或负类的概率。

1. 逻辑回归算法原理

假设数据集 $D=\{(x_1,y_1),(x_2,y_2),\cdots,(x_n,y_n)\}$，其中 $y_i\in R$，逻辑回归试图学习一个模型尽可能准确地预测真实的输出标记，线性回归模型的计算方法如下：

$$f(\boldsymbol{x})=w_0x_0+w_1x_1+\cdots+w_nx_n+b \tag{6-78}$$

写成向量形式为

$$f(\boldsymbol{x})=\boldsymbol{w}^{\mathrm{T}}\boldsymbol{x}+b \tag{6-79}$$

同时，广义线性回归模型为

$$y=g^{-1}(\boldsymbol{w}^{\mathrm{T}}\boldsymbol{x}+b) \tag{6-80}$$

式中，$g(\cdot)$ 是单调可微函数。

线性回归模型只能进行回归学习，如果针对分类任务，则需在广义线性回归模型中找一个单调可微函数，将分类任务的真实标记 y 与线性回归模型的预测值联系起来。

逻辑回归是处理二分类问题的，输出标记 $y=\{0,1\}$，且线性回归模型的预测值 $z=\boldsymbol{wx}+b$ 是一个实值，将实值 z 转化成 0/1，使用单位阶跃函数：

$$y=\begin{cases}0, & z>0\\0.5, & z=0\\1, & z<0\end{cases} \tag{6-81}$$

由式(6-81)可知，当预测值 z 大于 0 判断为正例，小于 0 则判断为反例，等于 0 则可任意判断。

单位阶跃函数为非连续函数，可以采用连续函数——sigmoid 函数取代单位阶跃函数：

$$y=\frac{1}{1+\mathrm{e}^{-z}} \tag{6-82}$$

sigmoid 函数近似单位阶跃函数，同时单调可微，如图 6-20 所示。

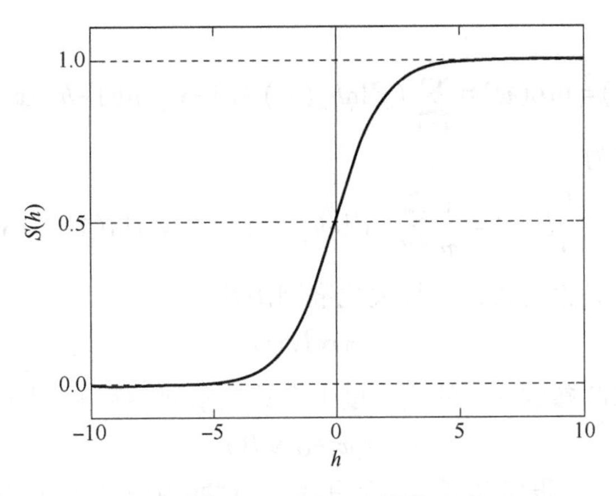

图 6-20 sigmoid 函数

将线性回归模型结合 sigmoid 函数，实现逻辑回归模型的预测函数，用于二分类问题：

$$y=\frac{1}{1+\mathrm{e}^{-(\boldsymbol{w}^{\mathrm{T}}\boldsymbol{x}+b)}} \tag{6-83}$$

对式(6-83)变换为

$$\ln\frac{y}{1-y}=\boldsymbol{w}^{\mathrm{T}}\boldsymbol{x}+b \tag{6-84}$$

y 是样本 $\boldsymbol{x}$ 为正例的概率，则 $1-y$ 便是其反例的可能性。两者的比值为 $\boldsymbol{x}$ 作为正例的相对可能性，这也是逻辑回归被称为对数几率回归的原因。

2. 逻辑回归模型优化

逻辑回归的预测函数为

$$y=\frac{1}{1+\mathrm{e}^{-(\boldsymbol{w}^{\mathrm{T}}\boldsymbol{x}+b)}} \tag{6-85}$$

$$\ln\frac{y}{1-y}=\boldsymbol{w}^{\mathrm{T}}\boldsymbol{x}+b \tag{6-86}$$

将式中的 y 视为类后验概率估计 $p(y=1\mid\boldsymbol{x})$，则上式可以改写为

$$\ln\frac{p(y=1\mid\boldsymbol{x})}{p(y=0\mid\boldsymbol{x})}=\boldsymbol{w}^{\mathrm{T}}\boldsymbol{x}+b \tag{6-87}$$

求解上式有

$$p(y=1\mid\boldsymbol{x})=\frac{\mathrm{e}^{\boldsymbol{w}^{\mathrm{T}}\boldsymbol{x}+b}}{1+\mathrm{e}^{\boldsymbol{w}^{\mathrm{T}}\boldsymbol{x}+b}}=h_w(\boldsymbol{x}) \tag{6-88}$$

$$p(y=0\mid\boldsymbol{x})=\frac{1}{1+\mathrm{e}^{\boldsymbol{w}^{\mathrm{T}}\boldsymbol{x}+b}}=1-h_w(\boldsymbol{x}) \tag{6-89}$$

下面先给出求解参数 w 的思路：

1）建立目标函数。定义一个准则函数 $J(w)$，利用准则函数求解参数 w 合并上述两个式子可得

$$p(y\mid x,w)=(h_w(x))^{y}(1-h_w(x))^{1-y} \tag{6-90}$$

式中，$y=\{0,1\}$，是一个二分类问题，所以 y 只是取两个值：0 或是 1，可得似然函数为

$$L(w)=\prod_{i=1}^{m}p(y^i\mid x^i w)=\prod_{i=1}^{m}(h_w(x^i))^{y^i}(1-h_w(x^i))^{1-y^i} \tag{6-91}$$

对上式取对数有

$$l(w)=\ln L(w)=\sum_{i=1}^{m}(y^i\ln h_w(x^i)+(1-y^i)\ln(1-h_w(x^i))) \tag{6-92}$$

因此定义准则函数为

$$J(w)=\frac{1}{m}l(w)=\frac{1}{m}\sum_{i=1}^{m}(y^i\ln h_w(x^i)+(1-y^i)\ln(1-h_w(x^i))) \tag{6-93}$$

目标函数为最大化似然函数，即最大化准则函数：

$$\max_w J(w) \tag{6-94}$$

2）梯度上升算法求解参数 w。使用梯度上升算法求解参数 w，因此参数 w 的迭代式为

$$w_{j+1}=w_j+\alpha\,\nabla J(w_j) \tag{6-95}$$

式中，α 是正的比例因子，设定步长的“学习率”，对准则函数 $J(w)$ 进行微分可得

$$\frac{\partial J(w_j)}{\partial w_j}=\nabla J(w_j)=\frac{1}{m}\sum_{i=1}^{m}(h_w(x^i-y^i)x_j^i) \tag{6-96}$$

所以得到最终参数 w 的迭代式为

$$w_{j+1}=w_j+\alpha\frac{1}{m}\sum_{i=1}^{m}(h_w(x^i-y^i)x_j^i) \tag{6-97}$$

上式将 $1/m$ 去掉不影响结果，因此等价于下式：

$$w_{j+1}=w_j+\alpha\sum_{i=1}^{m}(h_w(x^i-y^i)x_j^i) \tag{6-98}$$

至此得出 w 的迭代公式，其实可以在引入数据的情况下进行 w 的计算，进而进行分类。但是数据基本都是以矩阵和向量的形式引入的，所以需对上面 w 的迭代公式进行向量化，以方便实例应用中的使用。

3）w 迭代公式向量化。首先对于数据集 $\boldsymbol{x}$ 来说，均是以矩阵的形式引入的，即

$$\boldsymbol{x}=\begin{pmatrix}x^1\\ \vdots\\ x^m\end{pmatrix}=\begin{pmatrix}x_0^1 & \cdots & x_n^1\\ \vdots & & \vdots\\ x_0^m & \cdots & x_n^m\end{pmatrix} \tag{6-99}$$

式中，m 数据的个数，n 是数据的维度，即数据特征的数量。标签 $\boldsymbol{y}$ 也是以向量的形式引入的，即

$$\boldsymbol{y}=\begin{pmatrix}y^1\\ \vdots\\ y^m\end{pmatrix} \tag{6-100}$$

参数 $\boldsymbol{w}$ 向量化为

$$\boldsymbol{w}=\begin{pmatrix}w_0\\ \vdots\\ w_n\end{pmatrix} \tag{6-101}$$

定义 $\boldsymbol{M}=\boldsymbol{xw}$，所以

$$\boldsymbol{M}=\boldsymbol{xw}=\begin{pmatrix}w_0x_0^1+ & \cdots & +w_nx_n^1\\ \vdots & & \vdots\\ w_0x_0^m+ & \cdots & +w_nx_n^m\end{pmatrix} \tag{6-102}$$

定义上面提到的 sigmoid 函数为

$$g(\boldsymbol{x})=\frac{1}{1+\mathrm{e}^{-(\boldsymbol{w}^{\mathrm{T}}\boldsymbol{x}+b)}} \tag{6-103}$$

定义估计的误差损失为

$$\boldsymbol{E}=h(\boldsymbol{x})-\boldsymbol{y}=\begin{pmatrix} g(M^1)-y^1 \\ \vdots \\ g(M^m)-y^m \end{pmatrix}=\begin{pmatrix} e^1 \\ \vdots \\ e^m \end{pmatrix}=g(\boldsymbol{A})-\boldsymbol{y} \tag{6-104}$$

在此基础上，可以得到步骤 2) 中得到的参数迭代时向量化的式子为

$$\boldsymbol{w}_{j+1}=\boldsymbol{w}_j+\alpha\boldsymbol{x}^{\mathrm{T}}\boldsymbol{E} \tag{6-105}$$

至此完成了参数 $\boldsymbol{w}$ 迭代公式的推导。

6.5　支持向量机

支持向量机(SVM)可以使用一个称为核函数的技巧扩展到非线性分类问题，而该算法本质上就是计算两个称为支持向量的观测数据之间的距离。SVM 算法寻找的决策边界即最大化其与样本间隔的边界，因此支持向量机又称为大间距分类器。

从线性可分模式分类角度看，SVM 的主要思想是：建立一个最优决策超平面，使得该平面两侧距平面最近的两类样本之间的距离最大化，从而对分类问题提供良好的泛化能力。根据 cover 定理，将复杂的模式分类问题非线性地投射到高维特征空间可能是线性可分的，因此只要特征空间的维数足够高，则原始模式空间能变换为一个新的高维特征空间，使得在特征空间中模式以较高的概率为线性可分的。此时，应用支持向量机算法在特征空间建立分类超平面，即可解决非线性可分的模式识别问题。

6.5.1　支持向量机原理

在二维空间中的样本分布，如果可以用一条线还能将样本分开，则称这些样本数据是线性可分的，反之称为线性不可分。在一维线性空间中，线性函数是一个点，二维空间中是一条线，三维空间是一个平面，统称超平面。

在二维空间中以仅有两类样本的分类问题为例，如图 6-21 所示，若一条线能够将圆圈和叉两类样本分开，这条线就是超平面。

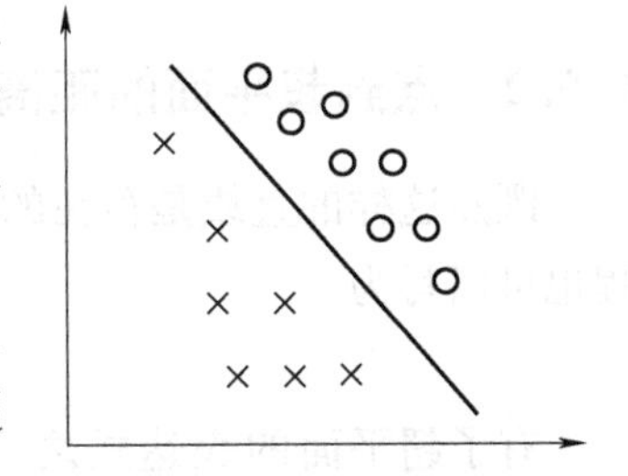

图 6-21　两类样本的分类问题

这条线可以表示为

$$f(\boldsymbol{x})=w_1x_1+w_2x_2+b \tag{6-106}$$

如果推广到更高维空间，以便让推导更有普遍性，在 n 维空间，分类函数表示为

$$f(\boldsymbol{x})=w_1x_1+w_2x_2+b=(w_1,\ \cdots,\ w_n)\begin{pmatrix} x_1 \\ \vdots \\ x_n \end{pmatrix}=\boldsymbol{w}^{\mathrm{T}}\boldsymbol{x}+b \tag{6-107}$$

在二维空间中，当测试点代入 $f(\boldsymbol{x})$ 使 $f(\boldsymbol{x})>0$ 时，则该点在直线上方，说明属于圆圈类；相反，若使 $f(\boldsymbol{x})<0$，则该点在直线的下方，说明属于叉类。

为了量化表达，用 y 表示点属于的类别，$y=1$ 表示圆圈，$y=-1$ 表示叉，则可以表示为

$$y=\begin{cases}1, & f(\boldsymbol{x})\geqslant 0\\ -1, & f(\boldsymbol{x})<0\end{cases} \tag{6-108}$$

当测试点落在直线上，则需要重新调整超平面，使其能将两类样本分开，SVM 的基本思想是选取能够最充分地把正负样本进行分离的最优超平面，如图 6-22 所示。

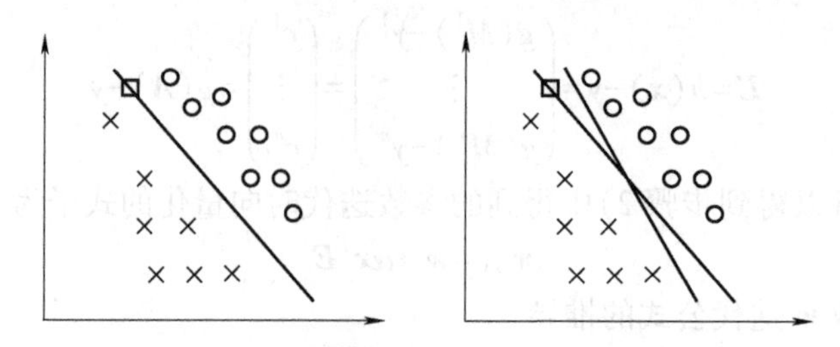

图 6-22　测试点落在直线的问题及解决办法

超平面的衡量标准是几何间隔——样本点到线段的垂直距离。图 6-23、图 6-24 的两个灰色线段即几何间隔，其中支持向量分别是距离超平面的几何间隔最小的正样本和负样本，同时几何间隔越大，说明超平面把样本分得越清晰。所以选择的超平面，它到一组样本点的几何间隔一定要是最大的——最大间隔分类器。SVM 的基本思想及原理如图 6-23 和图 6-24 所示。

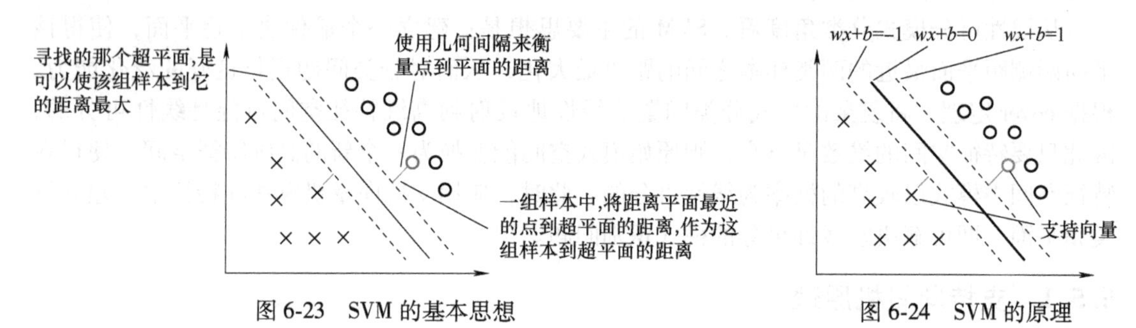

图 6-23　SVM 的基本思想　　　　图 6-24　SVM 的原理

6.5.2　点到超平面的距离公式

既然这样的直线是存在的，那么怎样寻找这样的直线呢？与二维空间类似，超平面的方程也可以写为

$$\boldsymbol{w}^{\mathrm{T}}\boldsymbol{x}+b=0$$

有了超平面的表达式之后，就可以计算样本点到平面的距离了。假设样本点 $P(x_1, x_2, \cdots, x_n)$，其中 x_n 表示为第 n 个特征变量。那么该点到超平面的距离 d 为

$$d=\frac{|w_1x_1+w_2x_2+\cdots+w_nx_n+b|}{\sqrt{w_1^2+w_2^2+\cdots+w_n^2}}=\frac{|\boldsymbol{w}^{\mathrm{T}}\boldsymbol{x}+b|}{\|\boldsymbol{w}\|} \tag{6-109}$$

式中，$\|\boldsymbol{w}\|$ 为超平面的范数，常数 b 类似于直线方程中的截距。

6.5.3　最大间隔的优化模型

基于数据点到超平面的距离，在超平面确定的情况下，能够找出所有支持向量，然后计算出间隔(margin)。每一个超平面都对应着一个间隔，目标就是找出所有间隔中最大的那个值对应的超平面，即确定 $\boldsymbol{w}$、b 使得间隔最大。目标函数可以写为

$$\arg\max_{w,b}\left\{[y(\boldsymbol{w}^{\mathrm{T}}\boldsymbol{x}+b)]\frac{1}{\|\boldsymbol{w}\|}\right\} \tag{6-110}$$

式中，y 表示数据点的标签，且其为-1 或 1。不管数据点在平面的正方向(即+1 类)，还是在平面的负方向时(即-1 类)，$y(\boldsymbol{w}^{\mathrm{T}}\boldsymbol{x}+b)$都是正值。

进一步简化为

$$\begin{gathered}\operatorname{argmax}\left(\frac{1}{\|\boldsymbol{w}\|}\right)\\ \text{s. t.}\ \ y(\boldsymbol{w}^{\mathrm{T}}\boldsymbol{x}+b)-1\geqslant 0\end{gathered} \tag{6-111}$$

为了后面计算的方便，将目标函数等价替换为

$$\min\frac{1}{2}\|\boldsymbol{w}\|^{2} \tag{6-112}$$

分离边缘最大化等价于使权值向量的范数$\|\boldsymbol{w}\|$最小化。因此，满足式的条件且使$\|\boldsymbol{w}\|$最小的分类超平面就是最优超平面。

该约束优化问题的代价函数是 $\boldsymbol{w}$ 的凸函数，且关于 $\boldsymbol{w}$ 的约束条件是线性的，因此可用拉格朗日系数方法解决约束最优问题。应用拉格朗日乘子法如下：

$$L(\boldsymbol{w},b,\alpha)=\frac{1}{2}\|\boldsymbol{w}\|-\sum_{i=1}^{n}\alpha_i[y_i(\boldsymbol{w}^{\mathrm{T}}\boldsymbol{x}+b)-1] \tag{6-113}$$

式中，$\alpha_i\geqslant 0$，称为拉格朗日系数。式中的第一项为代价函数，第二项非负，因此最小化代价函数就转化为求拉格朗日函数的最小值。求 L 对 $\boldsymbol{w}$ 和 b 偏导，并使结果为 0，即

$$\begin{cases}\dfrac{\partial L(\boldsymbol{w},b,\alpha)}{\partial \boldsymbol{w}}=0\Rightarrow \boldsymbol{w}=\displaystyle\sum_{i=1}^{n}\alpha_i y_i\boldsymbol{x}_i\\ \dfrac{\partial L(\boldsymbol{w},b,\alpha)}{\partial b}=0\Rightarrow \displaystyle\sum_{i=1}^{n}\alpha_i y_i=0\end{cases} \tag{6-114}$$

代入计算得

$$\begin{aligned}L(\alpha)&=\frac{1}{2}\sum_{i,j=1}^{n}\alpha_i\alpha_j y_i y_j\boldsymbol{x}_i^{\mathrm{T}}\boldsymbol{x}_j-\sum_{i,j=1}^{n}\alpha_i\alpha_j y_i y_j\boldsymbol{x}_i^{\mathrm{T}}\boldsymbol{x}_j-b\sum_{i=1}^{n}\alpha_i y_i+\sum_{i=1}^{n}\alpha_i\\ &=\sum_{i=1}^{n}\alpha_i-\frac{1}{2}\sum_{i,j=1}^{n}\alpha_i\alpha_j y_i y_j\boldsymbol{x}_i^{\mathrm{T}}\boldsymbol{x}_j\end{aligned} \tag{6-115}$$

原问题的对偶问题为

$$\max L(\alpha)=\sum_{i=1}^{n}\alpha_i-\frac{1}{2}\sum_{i,j=1}^{n}\alpha_i\alpha_j y_i y_j\boldsymbol{x}_i^{\mathrm{T}}\boldsymbol{x}_j \tag{6-116}$$

s. t.

$$\begin{cases}\displaystyle\sum_{i=1}^{n}\alpha_i y_i=0\\ \alpha_i>0,\quad i=1,2,\cdots,n\end{cases} \tag{6-117}$$

该对偶问题的 KKT 条件为

$$\begin{cases}\alpha_i\geqslant 0\\ y_i f(x_i)-1\geqslant 0\\ \alpha_i[y_i f(x_i)-1]=0\end{cases} \tag{6-118}$$

至此，似乎问题就能够被完美地解决了，但这里有个假设——数据必须是百分之百可分

的，而实际中的数据几乎都不那么“干净”，或多或少都会存在一些噪点。为此，下面将引入松弛变量来解决这种问题。

6.5.4 松弛变量

由上一节的分析可知实际中很多样本数据都不能够用一个超平面把数据完全分开。如果数据集中存在噪点，那么在求超平面时就会出现很大问题。松弛变量的原理如图 6-25 所示，其中一个蓝点偏差太大，如果把它作为支持向量的话所求出来的 margin 就会比不算入它时要小得多。更糟糕的情况是如果这个蓝点落在了红点之间，那么就找不出超平面了。

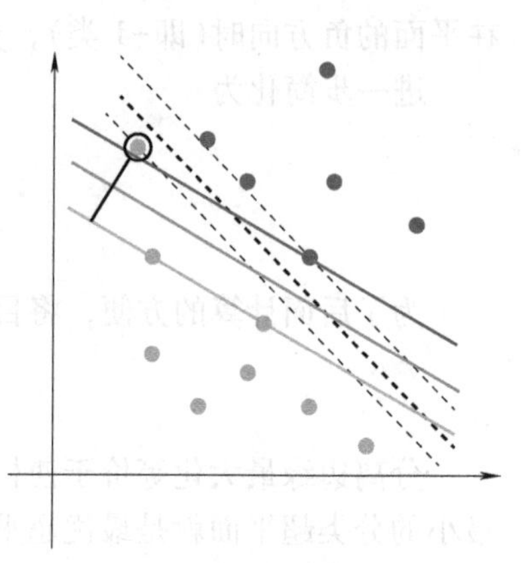

图 6-25 松弛变量的原理

将上述原理用于非线性可分模式的分类时，会有些样本不能满足 $dp(\boldsymbol{w}^{\mathrm{T}}\boldsymbol{x}_p+b)\geqslant 1$ 的约束，而出现分类误差。因此需要适当放宽该式的约束，引入一个松弛变量 ξ 来允许一些数据可以处于分隔面错误的一侧。这时新的约束条件变为

$$y_i(\boldsymbol{w}^{\mathrm{T}}\boldsymbol{x}_i+b)\geqslant 1-\xi_i,\quad i=1,2,\cdots,n \tag{6-119}$$

式中，松弛变量 $\xi_i\geqslant 0$，用于度量数据点与线性可分理想条件的偏离程度。当 $0\leqslant\xi_i\leqslant 1$ 时，数据点落入分离区域的内部，且在分类超平面的正确一侧；当 $\xi_i>1$ 时，数据点进入分类超平面的错误一侧；当 $\xi_i=0$ 时，相应的数据点即为精确满足公式的支持向量 $\boldsymbol{X}_s$。

如果 ξ 足够大时，那么任意的超平面都符合条件。因此需要让 ξ 的总量尽可能地小，所以新的目标函数变为

$$\min\left(\frac{1}{2}\|\boldsymbol{w}\|^2+C\sum_{i=1}^{n}\xi_i\right) \tag{6-120}$$

式中，参数 C 是用于控制“最大化间隔”和“保证大部分的点的函数间隔都小于 1”这两个目标的权重。

整理上述模型，得到支持向量机表示：

$$\begin{aligned}&\min\frac{1}{2}\|\boldsymbol{w}\|^2+C\sum_{i=1}^{n}\xi_i\\&\text{s.t. }\ \xi_i\geqslant 0,\quad i=1,2,\cdots,n\\&\qquad y_i(\boldsymbol{w}^{\mathrm{T}}\boldsymbol{x}_i+b)\geqslant 1-\xi_i,\quad i=1,2,\cdots,n\end{aligned} \tag{6-121}$$

新的拉格朗日函数变为

$$L(\boldsymbol{w},b,\xi,\alpha,\tau)=\frac{1}{2}\|\boldsymbol{w}\|^2+C\sum_{i=1}^{n}\xi_i-\sum_{i=1}^{n}\alpha_i[y_i(\boldsymbol{w}^{\mathrm{T}}\boldsymbol{x}_i+b)-1+\xi_i]-\sum_{i=1}^{n}\tau_i\xi_i \tag{6-122}$$

接下来将拉格朗日函数转化为其对偶函数，首先让 L 分别对 $\boldsymbol{w}$、b 和 ξ 求偏导，并令其为 0，结果如下：

$$\begin{aligned}&\frac{\partial L}{\partial \boldsymbol{w}}=0\Rightarrow\boldsymbol{w}=\sum_{i=1}^{n}\alpha_i y_i\boldsymbol{x}_i\\&\frac{\partial L}{\partial b}=0\Rightarrow\sum_{i=1}^{n}\alpha_i y_i=0\\&\frac{\partial L}{\partial \xi_i}=0\Rightarrow C-\alpha_i-\tau_i=0,\quad 其中\ i=1,2,\cdots,n\end{aligned} \tag{6-123}$$

代入原式化简之后得到和原来一样的目标函数：

$$\max L(\alpha)=\sum_{i=1}^{n}\alpha_i-\frac{1}{2}\sum_{i,j=1}^{n}\alpha_i\alpha_j y_i y_j \boldsymbol{x}_i^{\mathrm{T}}\boldsymbol{x}_j \tag{6-124}$$

通过添加松弛变量的方法，现在能够解决数据更加混乱的问题。通过修改参数 C，可以得到不同的结果，而 C 的大小取多少比较合适，则需要根据实际问题进行调节。

6.5.5 支持向量机的优化

对于非线性情况，可以通过非线性变换将原空间的非线性问题转化为高维空间中的线性问题，然后在变换的空间内再求最优超平面。但这种非线性变换一般比较复杂，因此不易实现。高维空间中的内积运算可以用原空间内的核函数来实现，在最优超平面中采用适当的核函数 $K(\boldsymbol{x}_i\cdot\boldsymbol{x}_j)$ 可以将样本映射到高维空间，在高维空间实现线性分类，计算复杂度没有增加，这就是 SVM 的理论基础。

一般情况下，SVM 引入松弛项 $\{\zeta\}_{i=1}^{n}$，$\zeta_i>0$ 和惩罚因子 C 表示允许错分样本的存在，期望分类器在经验风险和推广性能间能获得较好的折中。此时有

$$\begin{cases}\text{Maximize}:Q(a)=-J(\boldsymbol{w},b,a)=\displaystyle\sum_{i=1}^{n}a_i-\frac{1}{2}\sum_{i=1}^{n}\sum_{j=1}^{n}a_i a_j y_i y_j K(\boldsymbol{x}_i\cdot\boldsymbol{x}_j)\\ \text{s.t.}\ \displaystyle\sum_{i=1}^{n}a_i y_i=0,\quad 0\leqslant a_i\leqslant C,\ i=1,2,\cdots,n\end{cases} \tag{6-125}$$

相应地，分类函数变为

$$f(\boldsymbol{x})=\operatorname{sgn}\left\{\sum_{i=1}^{n}a_i^{*}y_i K(\boldsymbol{x}_i,\boldsymbol{x}_j)+b\right\} \tag{6-126}$$

式(6-125)和式(6-126)为 SVM 的基本公式。

不同的核函数会形成不同的支持向量机算法，常用的核函数有：

1）线性核函数：$K(\boldsymbol{x}_i,\boldsymbol{x}_j)=\boldsymbol{x}_i\cdot\boldsymbol{x}_j$。

2）多项式核函数：$K(\boldsymbol{x}_i,\boldsymbol{x}_j)=(s(\boldsymbol{x}_i\cdot\boldsymbol{x}_j)+c)^d$，其中 s、c、d 为参数。显然，线性核函数是多项式核函数的特例。

3）径向基核函数：$K(\boldsymbol{x}_i,\boldsymbol{x}_j)=\exp\left(-\dfrac{|\boldsymbol{x}_i\cdot\boldsymbol{x}_j|^2}{\sigma^2}\right)$，其中 σ 为参数。

4）sigmoid 核函数：$K(\boldsymbol{x}_i,\boldsymbol{x}_j)=\tanh(s(\boldsymbol{x}_i\cdot\boldsymbol{x}_j)+c)$，其中 s、c 为参数。

6.6 深度学习

自 2006 年起，深度学习（Deep Learning，DL）已经成为机器学习研究中的一个新兴领域，通常也叫作深层结构学习或分层学习，是一种基于无监督特征学习和特征层次结构的学习方法。其本质是通过构建多隐层的模型和海量训练数据来学习更有用的特征，从而最终提升分类或预测的准确性。

由人的视觉系统的信息处理分级可知，高层的特征是低层特征的组合，从低层到高层的特征表示越来越抽象，越来越能表现语义或者意图，抽象层面越高，存在的可能猜测就越少，就越利于分类。

传统机器学习算法一般为含单层非线性变换的浅层学习结构。浅层模型的一个共性是仅

含单个将原始输入信号转换到特定问题空间特征的简单结构。典型的浅层学习结构包括传统隐马尔可夫模型(Hidden Markov Model, HMM)、条件随机场(Conditional Random Field, CRF)、最大熵模型(Maximum Entropy Model, Max Ent)、支持向量机(SVM)、核回归及仅含单隐层的多层感知器(Multi-Layer Perceptron, MLP)等。浅层结构的局限性在于有限的样本和计算单元情况下对复杂的函数表示能力有限，针对复杂分类问题其泛化能力受到一定的制约。

深度学习可以通过学习一种深层非线性网络结构，实现复杂函数逼近，表征输入数据分布式表示，并展现了强大的从少数样本中集中学习数据及本质特征的能力。与浅层学习相比，深度学习强调了模型结构的深度，通常有5~10多层的隐层结点；明确突出了特征学习的重要性，通过逐层特征变换，将样本在原空间的特征表示变换到一个新特征空间，可以使数据的特征表示信息更丰富，从而使分类或预测更加容易。与人工规则构造特征的方法相比，利用大数据来学习特征，更能够刻画数据的丰富内在信息。

6.6.1 基本思路与训练过程

深度学习的基本思路是自动地学习特征，假设有一输入为I，其输出是O，设计一个深度学习算法S(有n层)，则$\mathrm{I} \Rightarrow S_1 \Rightarrow S_2 \Rightarrow \cdots \Rightarrow S_n \Rightarrow \mathrm{O}$，通过不断调整系统中参数，使得它的输出仍然是输入I，那么就可以自动地获取得到输入I的一系列层次特征，即$S_1, S_2, \cdots, S_n$。

深度学习训练过程：

第一步：采用自下而上的无监督学习。

1）逐层构建单层神经元。

2）每层采用wake-sleep算法进行调优。每次仅调整一层，逐层调整。

wake阶段：认知过程，通过外界的特征和向上的权重(认知权重)产生每一层的抽象表示(结点状态)，并且使用梯度下降修改层间的下行权重(生成权重)。

sleep阶段：生成过程，通过上层概念(Code)和向下的生成(Decoder)权重，生成下层的状态，再利用认知(Encoder)权重产生一个抽象景象。利用初始上层概念和新建抽象景象的残差，使用梯度下降修改层间向上的认知(Encoder)权重。

第二步：自顶向下的监督学习。这一步是在第一步学习获得各层参数的基础上，在最顶的编码层添加一个分类器(如逻辑回归、SVM等)，而后通过带标签数据的监督学习，利用梯度下降法去微调整个网络参数。

深度学习是一个框架，包括多个重要算法：

1）自动编码器(AutoEncoder)。

2）稀疏自动编码器(Sparse AutoEncoder, SAE)。

3）限制玻尔兹曼机(Restricted Boltzmann Machine, RBM)。

4）深信度网络(Deep Belief Network, DBN)。

5）卷积神经网络(Convolutional Neural Network, CNN)。

不同的模型要解决不同的问题，才能达到更好的效果，下面主要介绍卷积神经网络原理、典型网络的结构分析及训练方法。

6.6.2 卷积神经网络原理

卷积神经网络(CNN)最早由Yann LeCun提出并应用在手写字体识别上，它是一种多层的卷积神经网络，擅于处理大图像的相关机器学习问题。卷积神经网络通过一系列方法，能够将数据量庞大的图像识别问题不断降维，最终使其能够被训练。卷积神经网络每层由多个二维平面组成，而每个平面由多个独立神经元组成。CNN 是第一个真正成功训练多层网络结构的学习算法，CNN 原理如图 6-26 所示。

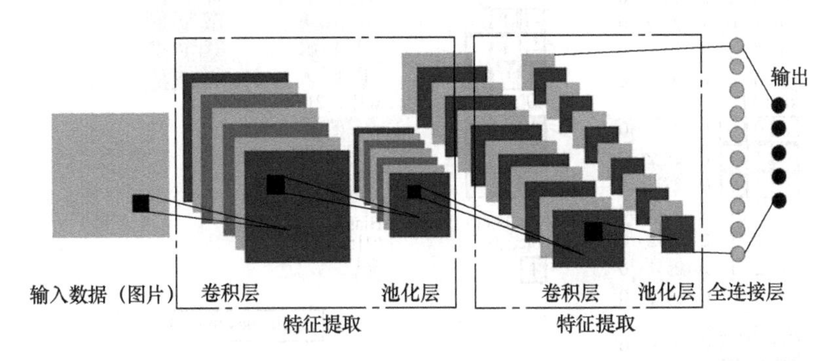

图 6-26　CNN 原理图

1. 数据输入层

数据输入层要做的处理主要是对原始图像数据进行预处理，其中包括：①去均值：把输入数据各个维度都中心化为 0；②归一化：幅度归一化到同样的范围；③PCA/白化：用 PCA 降维，白化是对数据各个特征轴上的幅度归一化。

2. 卷积层

卷积层是卷积神经网络最重要的一个层次，也是“卷积神经网络”的名字来源。在卷积层有两个关键操作：①局部关联，即每个神经元看作一个滤波器(Filter)；②窗口滑动，即 Filter 对局部数据计算。

如图 6-27 所示，原图像是 7×7×3 大小，有 63 个神经元，假设一种卷积核只提取出图像的一种特征，这里采用 3 个卷积核卷积提取不同的 3 个特征，得到了如图 6-27 所示的卷积后的输出特征图(Feature Map)。所以每个层一般都会有多张特征图，同一张特征图上的神经元共用一个卷积核，这大大减少了网络参数的个数。

卷积运算的特点是通过卷积运算，可以使原信号特征增强，并且降低噪声。

3. 激励层

激励层的作用是用来加入非线性因素，把卷积层输出结果进行非线性映射。和前馈神经网络一样，将卷积所得的特征图经过激励层的线性组合和偏移后，会加入非线性增强模型的拟合能力。

常用的激活函数有 sigmoid、tanh、修正线性单元(Rectified Linear Unit，ReLU)等，sigmoid 和 tanh 函数常见于全连接层，ReLU 函数常见于卷积层。

在卷积神经网络中，激活函数一般使用 ReLU，它的特点是收敛快，求梯度简单。该算法为 max(0,T)，即对于输入的负值，输出全为 0，对于正值，则原样输出。

4. 池化层

图像具有一种“静态性(Stationarity)”的属性，为了有效地减少计算量，可以对图像某一个区域上的特征取平均值(或最大值)，这种聚合的操作就叫作池化(Pooling)或者下采样。池化可以将输入图像进行缩小，减少像素信息，只保留重要信息。

池化的操作也很简单，通常情况下，池化区域是 2×2 大小，然后按一定规则转换成相

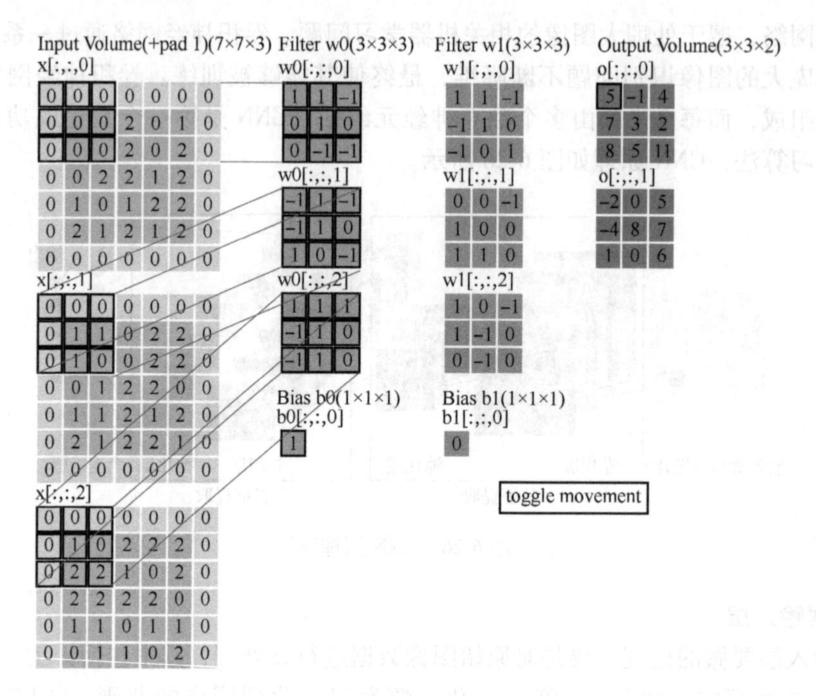

图 6-27　卷积示意图

应的值，池化层用的方法有最大池化(Max Pooling)和平均池化(Average Pooling)，而实际用得较多的是最大池化，以这个值作为结果的像素值。

图 6-28 显示了 2×2 池化区域的最大池化结果。

对于每个 2×2 的窗口选出最大的数作为输出矩阵的相应元素的值，比如输入矩阵第一个 2×2 的窗口中，取该区域的最大值即 max(1,1,5,6)，最大的数是 6，那么输出矩阵的第一个元素就是 6，以此类推。

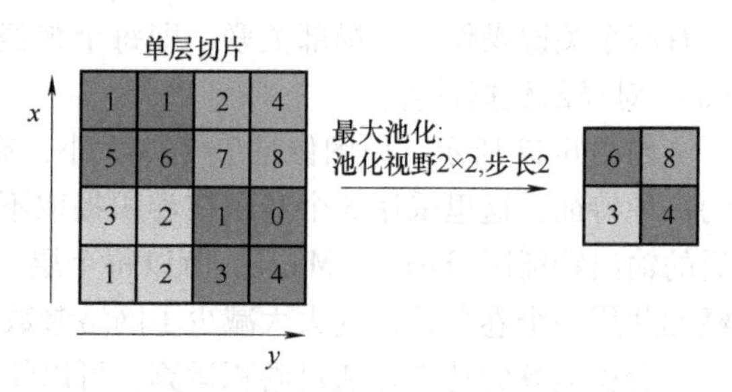

图 6-28　池化原理

最大池化保留了每一小块内的最大值，即相当于保留了这一块最佳的匹配结果(值越接近 1 表示匹配越好)。也就是说，它不会具体关注窗口内到底是哪一个地方匹配了，而只关注是不是有某个地方匹配上了。通过加入池化层，图像缩小了，能在很大程度上减少计算量，降低机器负载。

5. 全连接层

通过加大网络的深度，增加更多层的卷积、激活函数、池化等特征提取网络后并经过全连接层后，就得到了深度神经网络。全连接层的两层之间所有神经元都有权重连接，在卷积神经网络尾部，也就是与传统的神经网络神经元的连接方式是一样的。全连接层在整个卷积神经网络中起到“分类器”的作用，对结果进行识别分类。

由于神经网络属于监督学习，在模型训练时，根据训练样本对模型进行训练，从而得到全连接层的所有连接的权重。在利用该模型进行结果识别时，根据刚才提到的模型训练得出来的权重，以及经过前面的卷积、激活函数、池化等深度网络计算出来的结果，在全连接层中进行加权求和，得到各个结果的预测值，然后取值最大的作为识别的结果。

6.6.3　LeNet 网络原理

LeNet 诞生于 1994 年，由深度学习领域三巨头之一的 Yan LeCun 提出，他也被称为“卷积神经网络之父”。LeNet 主要用来进行手写字符的识别与分类，准确率达到了 98%，并在美国的银行中投入了使用，被用于读取北美约 10%的支票。LeNet 奠定了现代卷积神经网络的基础。

LeNet 是一个最典型的卷积神经网络，由卷积层、池化层、全连接层组成，输入图像为 32×32 的图片，其网络结构如图 6-29 所示，是一个 6 层网络结构：3 个卷积层、2 个下采样层和 1 个全连接层(图中 C 代表卷积层，S 代表下采样层，F 代表全连接层)。其中，C5 层也可以看成是一个全连接层，因为 C5 层的卷积核大小和输入特征图的大小一致，都是 5×5。

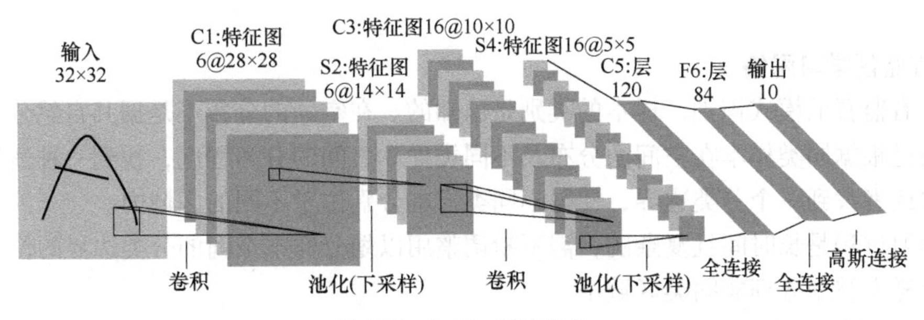

图 6-29　LeNet 网络结构

1. 输入层

图片大小为 32×32×1，其中 1 表示为黑白图像，只有一个 channel。

2. 卷积层

经过深度(个数)6 个滤波器即卷积核，每个滤波器提取输入图像的一种特征，每个滤波器大小为 5×5，卷积步长(Stride)为 1，卷积运算后得到一个卷积层 C1。

该卷积层由 6 个特征图组成，每个特征图边长的计算过程为 output_h = (originalSize_h-kernelSize_h)/stride+1。

所以，卷积层的每一个特征图的边长为 conv1_h = (32-5)/1+1 = 28，尺寸为 28×28。由于同一特征图共享权值，所以该层总共 6 个特征图即共计有 6×(5×5+1) = 156 个参数。

3. 池化层

卷积层之后是池化层，也叫下采样层或子采样层(Subsampling)。池化层利用图像局部相关性的原理，对图像进行子抽样，保留有用信息的同时减少数据处理量。池化层不会减少特征图的数量，只会缩减其尺寸，因此池化层 S2 仍然有 6 个特征图。

常用的池化方法有最大池化和平均池化。池化过程是非重叠的，S2 中的每个点对应 C1 中 2×2 的区域(也叫感受野)即 kernelSize = 2，步长 stride = 2，所以 pool1_h = (conv1_h-kernelSize)/stride+1 = (28-2)/2+1 = 14。池化后的特征图尺寸为 14×14。

之后的深度(个数)16 的卷积和 2×2 的池化过程与此类似，然后是两个全连接层和一个输出层。

4. 全连接层

全连接的意思就是 C5 中的每个卷积核在 S4 中所有 16 个特征图上进行卷积操作，即 C5

中的每个结点均与前一层中的每个结点相连。输出层是一个十维的向量，对每个输入的样本进行判断，若输出结果为 0001000000，则说明模型判定输入的手写数字为 3。

C5 和 F6 的神经元数量分别为 120 和 84。

经过计算，LeNet-5 系统总共需要大约 13 万个参数，这与前面提到的全连接系统每个隐藏层就需要百万个参数有着天壤之别，极大地减少了计算量。在以上的识别系统中，每个特征图提取后都紧跟着一个用来求局部平均与二次提取的亚取样层。这种特有的两次特征提取结构使得网络对输入样本有较高的畸变容忍能力。也就是说，卷积神经网络通过局部感受野、共享权值和亚取样来保证图像对位移、缩放、扭曲的鲁棒性。

6.6.4 卷积神经网络的训练

基于神经网络的模式识别方法主要分为有监督学习网络和无监督学习网络，下面予以简单介绍：

1. 有监督学习网络

对于有监督的模式识别，样本的类别是已知的。在空间的分布不是据其自然分布倾向来划分，而是根据同类样本在空间的分布及不同类样本之间的分离程度，找到一种适当的空间划分方法或者找到一个分类边界，使得不同类样本分别位于不同的区域内。

该学习过程是长时间且复杂的，需不断调整用以划分样本空间的分类边界的位置，使尽可能少的样本被划分到非同类区域中。

2. 无监督学习网络

无监督学习网络更多的是用于聚类分析，与有监督学习网络的区别是样本的类别是未知的。

卷积神经网络的本质是一种从输入到输出的映射，能够学习大量的输入与输出之间的映射关系，而不需要任何输入和输出之间的精确的数学表达式，利用有监督学习训练卷积神经网络。

样本集是由形如(输入向量，理想输出向量)的向量对构成的，该向量是模拟的系统的实际“运行”结果。训练之前，随机数进行初始化不同的小随机数。

1）随机数的“小”保证网络不会因权值过大而进入饱和状态，从而导致训练失败。

2）随机数的“不同”保证网络可以正常地学习。用相同的数去初始化权矩阵，网络则无能力学习。

卷积神经网络算法与神经网络算法的训练类似，由两个阶段组成，主要包括四步：

第一阶段：向前传播阶段。

1）从样本集中取一个样本(X,Y_p)，X 为网络的输入。

2）计算相应的实际输出 O_p。

在此阶段，信息从输入层经过逐级变换，传送到输出层。这个过程也是网络在完成训练后正常运行时执行的过程，在此过程中，网络执行的计算为

$$O_p=F_n(\cdots(F_2(F_1(X_pW^{(1)})W^{(2)})\cdots)W^{(n)}) \tag{6-127}$$

第二阶段：向后传播阶段。

3）计算实际输出 O_p 与相应的理想输出 Y_p 的差。

4）按极小化误差的方法反向传播调整权矩阵。

6.7 降维

降维是指在保证数据的代表性特性或者分布不变的情况下，将高维数据转化为低维数据的过程。如果已知图像空间经过降维后，保留了图像中有意义的内容，则表示执行了很好的降维。

对于更高维的数据，即使能描述分布，但如何精确地找到这些主成分的轴？如何衡量提取的主成分到底占了整个数据的多少信息？这些都是必须解决的问题，这时需要使用主成分分析的处理方法。

6.7.1 数据降维

假设三维空间中有分布在过原点斜面的一系列点，如果用自然坐标系 x、y、z 表示这些数据，需使用三个维度。把 x、y、z 坐标系进行旋转后，使数据所在平面与 x、y 平面重合，旋转后的坐标系记为 x'、y'、z'，那么这组数据就可以用 x'和 y'两个维度表示。同时，可通过两个坐标系的变换矩阵来恢复原始的表达方式。这样就实现了数据降维。

将数据按行和列排成一个矩阵，其秩为 2，那么数据间是相关的，数据构成的过原点的向量的最大线性无关组包含 2 个向量，所以开始假设平面过原点。若平面不过原点，将数据中心化，即将坐标原点平移到数据中心。

关于特征选择的问题，需要剔除的特征主要是和类标签无关的特征。很多特征和类标签有关，但存在噪声或者冗余，因此需要用一种特征降维的方法来减少特征数，减少噪声和冗余，减少过度拟合的可能性。

6.7.2 主成分分析(PCA)原理

假设训练输入高维样本 $\{x\}_{i=1}^{n}$，想要把其变为低维的训练样本 $\{z\}_{i=1}^{n}$，可以通过 x_i 的线性变换求解 z_i，使用维数 $M\times D$ 的投影矩阵 $\boldsymbol{T}$，即

$$z_i=\boldsymbol{T}x_i \tag{6-128}$$

在求解 z_i 时，称为线性降维，如图 6-30 所示。

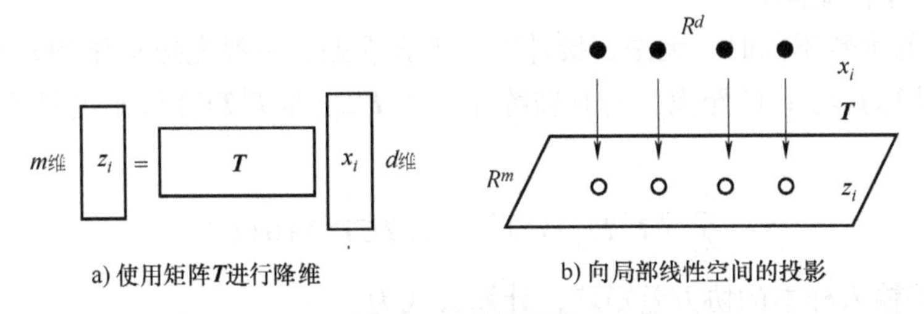

图 6-30　线性降维

假设输入样本 $\{x\}_{i=1}^{n}$的平均值为 0，即

$$\frac{1}{n}\sum_{i=1}^{n}x_i=0 \tag{6-129}$$

如果均值不是 0，则需要预先减去平均值，使训练输入样本的平均值保持为 0，即

$$x_i\leftarrow x_i-\frac{1}{n}\sum_{i'=1}^{n}x_{i'} \tag{6-130}$$

这种变换称为中心化，如图 6-31 和图 6-32 所示。

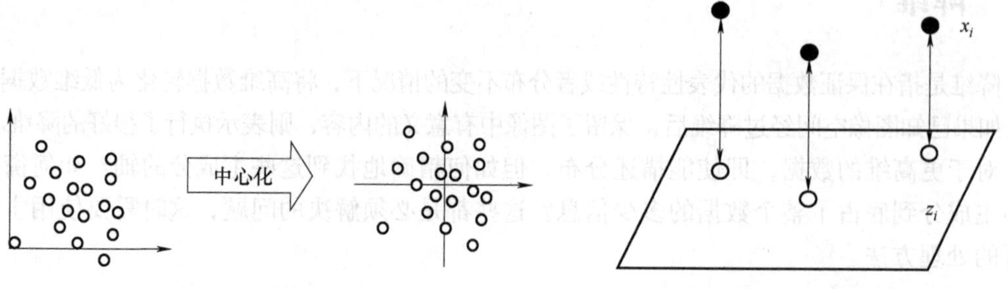

图 6-31　数据中心化

图 6-32　主成分分析是再现原始所有数据的降维方法

下面介绍基本的无监督线性降维方法——主成分分析（PCA），PCA 降维的基本思想如图 6-33 所示。

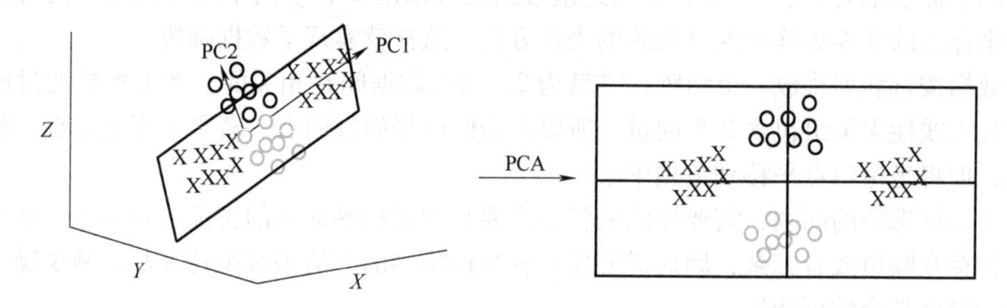

图 6-33　PCA 降维的基本思想

PCA 的思想是将 n 维特征映射到 k 维上（$k<n$），这 k 维是全新的正交特征。这 k 维特征称为主成分，是重新构造出来的 k 维特征，而不是简单地从 n 维特征中去除其余 $n-k$ 维特征。

降维后的输入样本 z_i 是原始输入样本 x_i 的正投影的约束条件下，设计投影矩阵 $\boldsymbol{T}$，让 z_i 和 x_i 尽可能相似。z_i 是 x_i 的正投影这一假设，与投影矩阵 $\boldsymbol{T}$ 满足 $\boldsymbol{T}\boldsymbol{T}^{\mathrm{T}}=\boldsymbol{I}_m$ 是等价的。其中，$\boldsymbol{I}_m$ 表示 $m\times m$ 的单位矩阵。

当 z_i 和 x_i 的维数不同时，无法直接计算其平方误差。一般先把 m 维的 z_i 通过 $\boldsymbol{T}^{\mathrm{T}}$ 变换到 d 维空间，再计算其与 x_i 的距离。所有训练样本的 $\boldsymbol{T}^{\mathrm{T}}z_i$（即 $\boldsymbol{T}^{\mathrm{T}}\boldsymbol{T}x_i$）与 x_i 的平方距离和，可用下式表示：

$$\sum_{i=1}^{n}\|\boldsymbol{T}^{\mathrm{T}}\boldsymbol{T}x_i-x_i\|^2=-\mathrm{tr}(\boldsymbol{T}\boldsymbol{C}\boldsymbol{T}^{\mathrm{T}})+\mathrm{tr}(\boldsymbol{C}) \tag{6-131}$$

式中，$\boldsymbol{C}$ 为训练输入样本的协方差矩阵，计算公式为

$$\boldsymbol{C}=\sum_{i=1}^{n}x_i x_i^{\mathrm{T}} \tag{6-132}$$

综上，主成分分析的学习过程可用下式表示：

$$\max_{\boldsymbol{T}\in\boldsymbol{R}^{m\times d}}\mathrm{tr}(\boldsymbol{T}\boldsymbol{C}\boldsymbol{T}^{\mathrm{T}})\quad 约束条件\ \boldsymbol{T}\boldsymbol{T}^{\mathrm{T}}=\boldsymbol{I}_m \tag{6-133}$$

由于矩阵 $\boldsymbol{C}$ 的固定值问题，有

$$\boldsymbol{C}\boldsymbol{\zeta}=\boldsymbol{\lambda}\boldsymbol{\zeta} \tag{6-134}$$

将固定值和相对应的固定向量表示为 $\lambda_1\geqslant\cdots\geqslant\lambda_d\geqslant 0$ 和 $\zeta_1\geqslant\zeta_2\geqslant\cdots\geqslant\zeta_d$，这样主成分分

析的问题可用下式计算：

$$\boldsymbol{T}=(\zeta_1,\zeta_2,\cdots,\zeta_d)^{\mathrm{T}} \tag{6-135}$$

6.8　本章小结

模式识别和机器学习是分别从实际工程和计算机科学发展起来的，它们都能实现判别或预测，互有特点又相互补充，本章首先介绍了模式识别和机器学习的基本概念和分类，然后分别介绍了典型的算法。分类算法模块中介绍了二分类、多类别分类、贝叶斯分类和决策树学习；聚类算法模块中介绍了典型 k-均值算法原理、GMM 算法、DBSCAN 算法；回归算法模块中介绍了回归算法原理、最小二乘法、逻辑回归算法；然后讲解了支持向量机的基本原理；深度学习模块介绍了卷积神经网络及典型的 LeNet 网络原理；降维模块介绍了主成分分析(PCA)原理。

思考题与习题

6-1　简述模式识别与机器学习研究的共同问题和各自的研究侧重点。

6-2　简述有监督学习和无监督学习的区别。

6-3　简述线性分类器与非线性分类器的区别以及优缺点。

6-4　简述最小损失贝叶斯决策与最小风险贝叶斯决策的主要区别。

6-5　描述 SVM 算法的基本原理及流程。

6-6　简述 k-均值算法的基本原理和关键参数。

6-7　简述 PCA 降维算法的流程。

6-8　简述卷积神经网络的基本结构。

6-9　欠拟合和过拟合的原因分别有哪些？如何避免？

6-10　给出逻辑回归的模型、原理。

6-11　如何理解损失函数？贝叶斯的损失函数是什么？

6-12　简述神经网络中激活函数的作用。

参 考 文 献

[1] 周志华. 机器学习[M]. 北京：清华大学出版社，2016.

[2] 张学工. 模式识别[M]. 3 版. 北京：清华大学出版社，2010.

[3] PETER H. 机器学习实战[M]. 李锐，李鹏，曲亚东，等译. 北京：人民邮电出版社，2013.

[4] 李航. 统计学习方法[M]. 2 版. 北京：清华大学出版社，2019.

[5] 西奥多里蒂斯，库特龙巴斯. 模式识别(第四版)[M]. 李晶皎，王爱侠，王骄，等译. 北京：电子工业出版社，2016.

第7章 人工智能系统的硬件基础

导读

当1956年“人工智能”的概念出现时，人们对其发展前景充满了憧憬，但是很快人们就发现由于硬件条件的限制，很多美好的想法只是纸上谈兵，而无法付诸实践。之后，人工智能的发展起起伏伏，有高潮有低谷，几乎每一次高潮都伴随着新的计算、存储设备的出现，几乎每一次低谷都是由于计算、存储能力的缺陷导致的。进入21世纪，人工智能的发展迎来了大爆发，而数据量和运算能力的大幅度提升无疑是十分重要的原因之一。作为人工智能的三大要素，数据、算法、算力撑起人工智能核心技术在工业、生活等诸多领域的应用，三者在不同阶段发挥各自的作用，缺一不可。算力作为人工智能技术的基础保障，算力的提升将对人工智能技术的发展进步及其在行业内的应用起到根本性的作用。

本章从人工智能系统硬件基础的角度，介绍了主流的平台和技术，首先对云计算、边缘计算的概念和原理进行了介绍，之后对嵌入式系统以及现场可编程门阵列(Field Programmable Gate Array，FPGA)的基本原理、开发方法和开放资源进行了详细的介绍。

本章知识点

- 身边的云计算
- 云计算的时代背景以及发展过程
- 嵌入式系统的基本原理及分类方式
- 嵌入式系统的开发方法及开放资源
- FPGA的原理及发展趋势
- FPGA的开发方法及开放资源

7.1 人工智能基础设施

算力是基于芯片、加速计算、服务器等软硬件技术和产品的完整系统，也是承载人工智能应用的基础平台，算力的提升是一个系统工程；同时，云计算的发展改变了算力的部署方式和获得方式，降低了算力的成本，有效降低了人工智能的门槛。

7.1.1　云计算

在科技飞速发展以及网络带宽、硬件计算能力都在不断提升的今天，硬件技术的不断发展为 IT 基础设施的流通创造了关键的条件。当 IT 基础设施具备流通性时，有关企业开始考虑转向 IT 基础设施提供商的角色。如果 IT 基础设施能够像水电一样流通并且实现按需收费，便是狭义上的云计算。把 IT 资源从基础设施扩展至软件服务、各种网络应用、数据存储，就引出了广义上的云计算，这也就意味着 IT 资源能够通过网络实现交付和使用。

云计算技术的最终实现需要虚拟化、SDN 网络、存储和负载均衡等旧有技术，可以说，云计算是旧有技术的整合，却能够带来生活和生产方式以及商业模式的转变，是颠覆性的商业和应用模式。

1. 云计算的定义

云计算是一种能够通过网络以便利的、按需付费的方式获取计算资源(包括网络、服务器、存储、应用和服务等)并提高其可用性的模式，这些资源来自一个共享的、可配置的资源池，并能够以最省力和无人干预的方式获取和释放。云计算模式具有五个关键功能，还包括三种服务模式和四种部署模式，如图 7-1 所示。

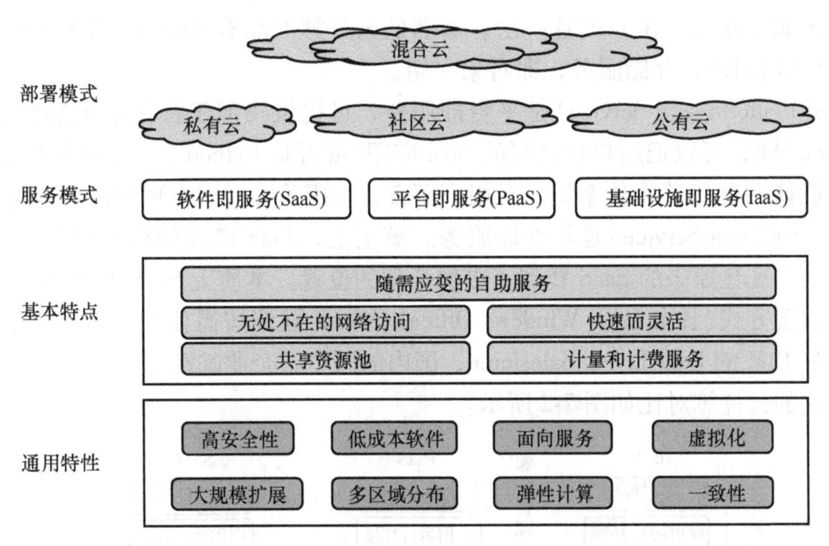

图 7-1　云计算模式

云计算技术发展的主线可以总结为如下几点：

1) 网格计算(包括分布式计算、机群和集群、并行与超级计算、高性能计算等)体系架构提供基础设施(计算节点、存储资源等)。

2) 中间件(包括面向服务的体系结构(Service-Oriented Architecture，SOA)、网络服务(Web Services)、多租户(Multi-Tenancy)、虚拟机监视器(Hypervisor)、单机虚拟化等技术和网格中间件(Grid Middleware)、数字版权管理(Digital Rights Management，DRM)、无进展生存时间(Progression Free Survival，PFS)、多机虚拟化、效用计算等技术)提供可互操作的业务集成平台和在其上建立的应用软件。

一个企业多年累积下来的内部计算资源，包括各种型号、运行各种操作系统(Operating System，OS)的机器和存储系统，可使用云计算把它们转换成一个高效的云计算系统：使用以 Hypervisor 为主的单机虚拟化技术，把计算资源整合为运行少数几种需要的 OS 机组；使用多机虚拟化技术也就是分布式机群和集群技术，把所有的计算资源整合为一个或多个为不同用途服务的系统；使用面向服务的体系结构（SOA）、网络服务（Web Services）、效用（Utility）计算、多租户（Multi-Tenancy）等技术提供给企业的外部用户使用。

2. 云计算的分类

按照部署模式，云计算可以分为如下几种：

1）公有云通常指第三方提供商为用户提供的能够使用的云，公有云一般可通过 Internet 访问使用，使用成本低廉。

2）私有云是为一个客户单独使用而构建的，因而能提供对数据、安全性和服务质量的最有效控制。企业拥有基础设施，并可以控制在此基础设施上部署应用程序的方式。私有云可部署在企业数据中心的防火墙内，也可以将它们部署在一个安全的主机托管场所。

3）混合云，顾名思义，就是目标架构中公有云和私有云的结合。由于安全和控制原因，并非所有的企业相关信息都能放置在公有云上，这样大部分已经应用云计算的企业将会使用混合云模式。很多企业将选择同时使用公有云和私有云，有一些也会同时建立公众云。

按照服务模式，云计算可以分为如下几种：

1）IaaS（Infrastructure as a Service）是基础设施即服务，是一种提供 CPU、网络、存储等基础硬件的云服务模式。在 IaaS 这一层，著名的云计算产品有 Amazon 的 S3（Simple Storage Service），提供给用户云存储服务，即对象存储。

2）PaaS（Platform as a Service）是平台即服务，可提供类似于操作系统层次的服务与管理。比如 SinaSAE，可以把用户自己写的 Java 应用（或者是 Python 应用）放在 Sina 的 SAE 里运行，SAE 就像一个“云”操作系统，对用户而言，不用关心程序在哪台机器上运行。

3）SaaS（Soft as a Service）是软件即服务。事实上，SaaS 概念的出现要早于云计算，只不过云计算的出现让原来的 SaaS 找到了更加合理的位置。本质上 SaaS 的理念是：有别于传统的许可证付费方式（比如购买 Windows Office），SaaS 强调按需使用付费。著名的 SaaS 产品很多，比如 IBM 的 LotusLive、Salesforce，国内的阿里云企业邮箱等。

三种模式的云计算对比如图 7-2 所示。

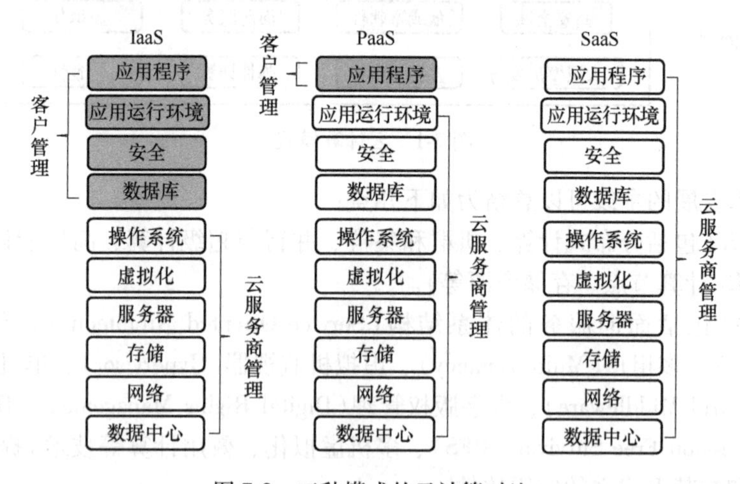

图 7-2　三种模式的云计算对比

一般情况下，云计算通常按照服务模式进行划分，而更一般的情况下，提到云计算系统就是指 IaaS 系统。可以说，IaaS 是整个云计算系统最核心的部分，也是最难实现的部分。

3. 云计算的佼佼者——OpenStack

OpenStack 是一个面向 IaaS 层的开源项目，用于实现公有云和私有云的部署及各种资源的管理。由于拥有众多大公司的行业背书和数以千计的社区成员，OpenStack 被看作是云计算的未来。目前 OpenStack 基金会里已有 500 多个企业赞助商，遍布世界 170 多个国家，其中不乏 HP、Cisco、Dell、IBM 等，Google 也在 2015 年 7 月加入基金会。

OpenStack 含九个核心项目：

1）计算(Compute)——Nova。

2）网络和地址管理——Neutron。

3）对象存储(Object)——Swift。

4）块存储(Block)——Cinder。

5）身份(Identity)——Keystone。

6）镜像(Image)——Glance。

7）UI 界面(Dashboard)——Horizon。

8）测量(Metering)——Ceilometer。

9）编配(Orchestration)——Heat。

其中有三个最核心的架构服务单元，分别是计算基础架构 Nova、存储基础架构 Swift 和虚拟网络服务 Neutron，下面予以简单介绍：

1）Nova 是 OpenStack 云计算架构控制器，管理 OpenStack 云里的计算资源、网络、授权和扩展需求。Nova 不能提供本身的虚拟化功能，它是使用 libvirt 的应用程序接口(Application Program Interface，API)来支持虚拟机管理程序交互，并通过 Web 服务接口开放它的所有功能并兼容亚马逊 Web 服务的 EC2 接口。

2）Swift 为 OpenStack 提供分布式的、最终一致的虚拟对象存储。通过分布式地穿过结点，Swift 有能力存储数十亿计的对象，Swift 具有内置冗余、容错管理、存档、流媒体的功能，并且可高度扩展，不论大小(多个 PB 级别)和能力(对象的数量)。

3）Neutron 是在 Havana 版本时由 Quantum 改为 Neutron 的。Neutron 是 OpenStack 最核心项目之一，提供云计算环境下的虚拟网络功能。

这三者的关系如图 7-3 所示。

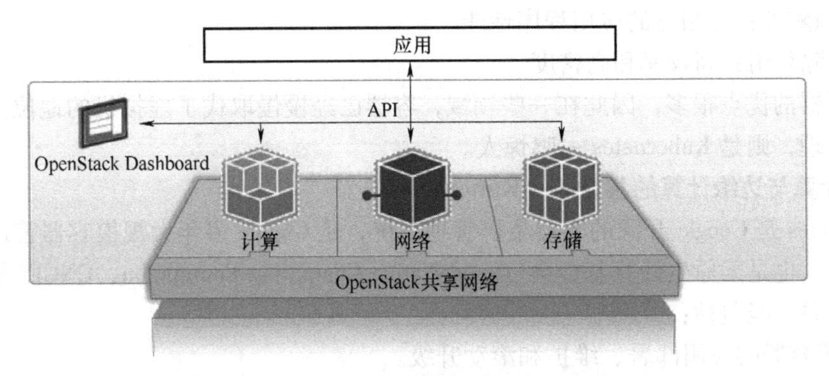

图 7-3　计算基础架构、存储基础架构和虚拟网络服务关系图

来自全球 10 多个国家的 60 多家领军企业，包括 IBM、Redhat、Cisco、Dell、Intel 以及 Microsoft 都参与到了 OpenStack 的项目中，并且全球使用 OpenStack 技术的云平台还在不断地增加。云计算众多领军企业的加入，使 OpenStack 逐渐成为一个行业标准，而

OpenStack 项目的初衷就是制定一套开源云平台的软件标准。

经过几年的发展，OpenStack 的云操作系统已通过全球大型公有云和私有云技术验证。OpenStack 在我国的发展趋势也非常好，包括携程、小米都开始利用 OpenStack 建立云计算环境，整合企业架构以及治理公司内部的 IT 基础架构。

4. PaaS 服务的兴起——容器

容器(Container)是一种便携式、轻量级的操作系统级虚拟化技术。它使用命令空间隔离不同的软件运行环境，并通过镜像内置软件的运行环境，从而使得容器可以很方便地在任何地方运行。

由于容器体积小且启动快，因此可以在每个容器镜像中打包一个应用程序。这种一对一的应用镜像关系拥有很多好处，如使用容器不需要与外部的基础架构环境绑定，因为每一个应用程序都不需要外部依赖，更不需要与外部的基础架构环境依赖，因此完美解决了从开发到生产环境的一致性问题，容器比虚拟机更加透明，这有助于监测和管理，尤其是容器进程的生命周期由基础设施管理，而不是被进程管理器隐藏在容器内部。最后，每个应用程序用容器封装，管理容器部署就等同于管理应用程序部署。

容器的优点还包括以下方面：

1）敏捷的应用程序创建和部署：与虚拟机镜像相比，容器镜像更易用、更高效。

2）持续开发、集成和部署：提供可靠与频繁的容器镜像构建、部署和快速简便的回滚(镜像是不可变的)。

3）开发与运维的关注分离：在构建/发布时即创建容器镜像，从而将应用与基础架构分离。

4）开发、测试与生产环境的一致性：在便携式计算机上运行和云上运行一样。

5）可观测：不仅显示操作系统的信息和度量，还显示应用自身的信息和度量。

6）云和操作系统的分发可移植性：可运行在 Ubuntu、RHEL、CoreOS、物理机、GKE 以及其他任何地方。

7）以应用为中心的管理：从传统的硬件上部署操作系统提升到操作系统中部署应用程序。

8）松耦合、分布式、弹性伸缩、微服务：应用程序被分成更小、更独立的模块，并可以动态管理和部署，而不是运行在专用设备上的大型单体程序。

9）资源隔离：可预测的应用程序性能。

10）资源利用：高效率和高密度。

由于容器的优点很多，因此在一些领域，容器已经慢慢取代了虚拟机的地位。而针对容器集群的管理，则是 Kubernetes 一鸣惊人。

5. 云计算与边缘计算的集合——Kubernetes

Kubernetes 是 Google 开源的容器集群管理系统，是 Google 多年大规模容器管理技术 Borg 的开源版本，也是云原生计算基金会(Cloud Native Computing Foundation，CNCF)最重要的项目之一，主要功能包括：

1）基于容器的应用部署、维护和滚动升级。

2）负载均衡和服务发现。

3）跨机器和跨地区的集群调度。

4）自动伸缩。

5）无状态服务和有状态服务。

6）广泛的 Volume 支持。

7）插件机制保证扩展性。

Kubernetes 发展非常迅速，已经成为容器编排领域的领导者。Kubernetes 提供了很多功能，它可以简化应用程序的工作流，加快开发速度。通常一个成功的应用编排系统需要有较强的自动化能力，这也是为何 Kubernetes 被设计作为构建组件和工具的生态系统平台，以便更轻松地部署、扩展和管理应用程序。

用户可以使用标签(Label)以自己的方式组织管理资源，还可以使用注释(Annotation)来自定义资源的描述信息，比如为管理工具提供状态检查等。

此外，Kubernetes 控制器也是构建在与开发人员和用户使用的相同的 API 之上。用户还可以编写自己的控制器和调度器，也可以通过各种插件机制扩展系统的功能。这种设计使得在 Kubernetes 上构建各种应用系统非常方便。

Kubernetes 主要由以下几个核心组件组成：

1）etcd 保存了整个集群的状态。

2）apiserver 提供了资源操作的唯一入口，并提供认证、授权、访问控制、API 注册和发现等机制。

3）controller manager 负责维护集群的状态，比如故障检测、自动扩展、滚动更新等。

4）scheduler 负责资源的调度，按照预定的调度策略将 Pod 调度到相应的机器上。

5）kubelet 负责维护容器的生命周期，同时也负责 Volume(CVI)和网络(CNI)的管理。

6）container runtime 负责镜像管理以及 Pod 和容器的真正运行(CRI)。

7）kube-proxy 负责为 Service 提供集群内部的服务发现和负载均衡。

Kubernetes 的架构如图 7-4 所示。

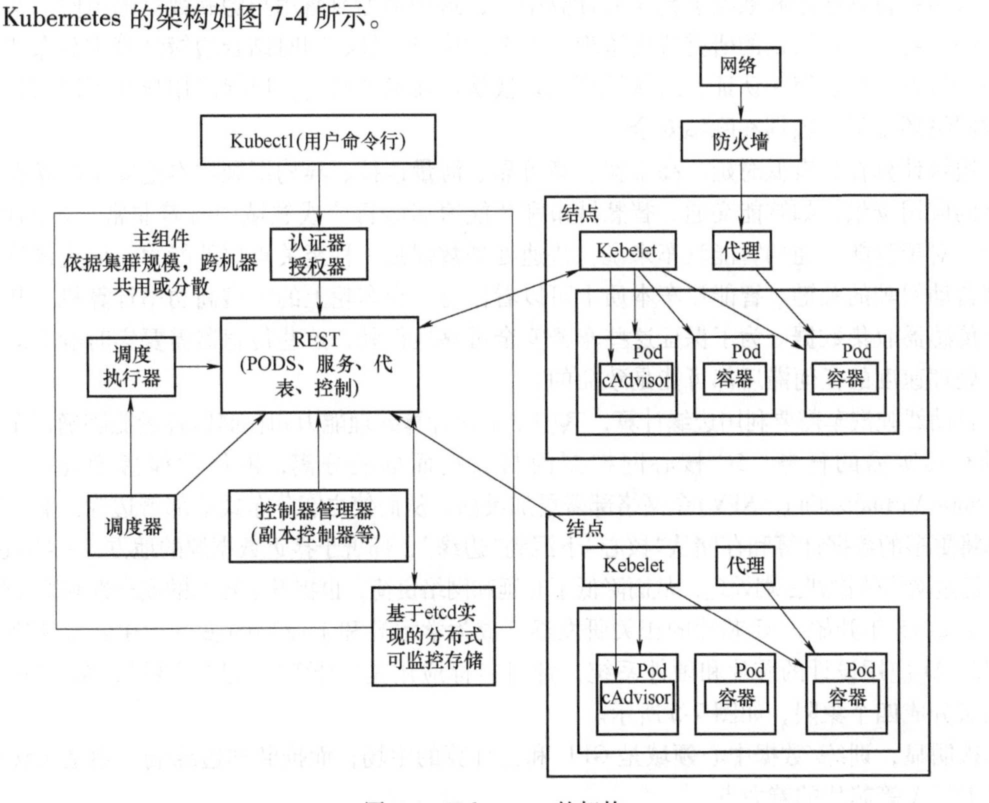

图 7-4　Kubernetes 的架构

由于 Kubernetes 的兴起，边缘计算与云计算的结合越来越紧密了。

7.1.2 边缘计算

边缘计算是指靠近物或数据源头的一侧，采用网络、计算、存储、应用核心能力为一体的开放平台。网络边缘侧可以是从数据源到云计算中心之间的任意功能实体，这些实体搭载着融合网络、计算、存储、应用核心能力的边缘计算平台，为终端用户提供实时、动态和智能的计算服务。与在云端中进行处理和算法决策不同，边缘计算是将智能和计算推向更接近实际的行动端，而云计算需要在云端进行计算，主要的差异体现在多源异构数据处理、带宽负载和资源浪费、资源限制及安全和隐私保护等方面。

边缘计算处理数据中心明显的优势有以下几点：

1）边缘计算可以实时或更快地进行数据处理和分析，让数据处理更靠近数据源而不是外部数据中心或者云，可以缩短延迟时间。

2）在成本方面上可以大大减少经费预算。企业在本地设备上的数据管理解决方案所花费的成本要大大低于云和数据中心网络。

3）减少网络流量。随着物联网设备数量的增加，数据生成持续以创纪录的速度增长。其结果是网络带宽变得更加有限，导致更大的数据“瓶颈”。

4）提高应用程序运行效率。通过降低延迟级别，应用程序可以更高效、更快速地运行。

5）个性化。通过边缘计算，可以持续学习，根据个人的需求调整模型，带来个性化互动体验。

还有一个特别重要的问题是安全和隐私保护。网络边缘数据涉及个人隐私，传统的云计算模式需要将这些隐私数据上传至云计算中心，这将增加泄露用户隐私数据的风险。在边缘计算中，身份认证协议的研究应借鉴现有方案的优势之处，同时结合边缘计算中分布式、移动性等特点，加强统一认证、跨域认证和切换认证技术的研究，以保障用户在不同信任域和异构网络环境下的数据和隐私安全。

边缘计算在具有低时延、高带宽、高可靠、海量连接、异构汇聚和本地安全隐私保护等特点的应用场景，如智能交通、智慧城市和智能家居等行业或领域中有着非常突出的优势。例如，对于智能交通的智能汽车来说，快速处理数据是一种至关重要的能力，而边缘计算是实现自动驾驶的关键。智能汽车本质上可以看作是一台车轮上的大型高功率计算机，其通过多个传感器收集数据。为了保证这些车辆安全可靠地行驶，这些传感器需要实时响应周围环境，处理速度的任何滞后都可能是致命的。

自动驾驶汽车需要利用边缘计算，其中本地化计算处理能力和存储器容量能够确保车辆和AI执行其所需的任务。5G 核心网控制面与数据面彻底分离，网络功能虚拟化（Network Functions Virtualization，NFV）令网络部署更加灵活，从而使之能分布式地部署边缘计算。边缘计算将更多的数据计算和存储从“核心”下沉到“边缘”，部署于接近数据源的地方，一些数据不必再经过网络传输到云端处理，从而降低了时延和网络负荷，也提升了数据的安全性和隐私性。

从 2015 年开始，AI 芯片的相关研发逐渐成为学术界和工业界的热点。在云端和终端有专门为 AI 应用设计的芯片和硬件系统，针对目标应用是“训练”还是“推断”，AI 芯片的目标领域分成四个象限，如图 7-5 所示。

很明显，训练/数据中心领域是 GPU 和云计算的主场；而推断和边缘端，则是边缘计算以及 FPGA 等芯片的着力点。

图 7-5　AI 芯片的目标领域

7.2　嵌入式系统概述

7.2.1　嵌入式系统原理

由于嵌入式系统发展涉及电子、通信、传感与测量、控制等众多学科，其应用范围又非常广泛，因此很难为嵌入式系统找到一个严格的、公认的定义。这里将嵌入式系统描述为：嵌入式系统是以应用为中心，以现代计算机技术为基础，能够根据用户需求(功能、可靠性、成本、体积、功耗、环境等)灵活裁剪软硬件模块的专用计算机系统。

根据上面对嵌入式系统的描述，不难发现相比一般的计算机系统，嵌入式系统具有如下特性：

1) 嵌入式系统强调以满足用户的特定需求为目标，而不同于 PC 那样定位在通用信息处理。对于绝大多数功能完整的嵌入式系统而言，往往希望用户打开电源即可直接享用其功能，无须二次开发或仅需少量配置操作。

2) 嵌入式系统一般是服务于特定应用的专用系统，它并不强调系统的通用性和可扩展性，相比一般的计算机系统，嵌入式系统往往对可靠性、实时性有较高要求。这与通用的微型计算机技术在出发点上是不同的，嵌入式系统的这种专用性通常也导致嵌入式系统是一个软硬件紧密集成的最终系统，因为只有这样才能更有效地提高整个系统的可靠性并降低成本，并为用户带来更好的使用体验。

3) 嵌入式系统是以现代计算机技术为核心的，嵌入式系统的最基本支撑技术大致包括集成电路设计技术、系统结构技术、传感与检测技术、嵌入式操作系统(Embedded OS，EOS)和实时操作系统(Real-Time Operating System，RTOS)技术、资源受限系统的高可靠软件开发技术、系统形式化规范与验证技术、通信技术、低功耗技术、特定应用领域的数据分析、信号处理和控制优化技术等，这些技术都是围绕计算机基本原理，集成进特定的专用设备，而形成了一个嵌入式系统。所以，嵌入式系统本质上是各种计算机技术的集大成者。

4) 嵌入式系统一般能够根据需求的不同灵活地裁剪软硬件，以满足不同应用场景下差异性的指标要求(如功能、性能、可靠性、成本、功耗等)。根据需求的不同，灵活裁剪软硬件、组建符合要求的最终系统是嵌入式技术发展的必然技术路线。

嵌入式系统可以按嵌入式处理器的位数、应用领域、实时性、软件结构等进行分类：

按嵌入式处理器的位数，嵌入式系统可分为4位、8位、16位、32位和64位。目前，32位嵌入式系统正成为主流发展趋势，高度复杂的、高速的嵌入式系统已开始采用64位嵌入式处理器。

按应用领域，嵌入式系统可分为信息家电类、移动终端类、通信类、汽车电子类、工业控制类等，图7-6所示为常见的嵌入式系统示例。

图7-6　常见的嵌入式系统示例

按实时性，嵌入式系统可分为嵌入式实时系统和嵌入式非实时系统。根据实时性的强弱，嵌入式实时系统可进一步分为硬实时系统和软实时系统。其中，硬实时系统对系统响应时间有严格的要求，如果不能满足系统响应时间，则会引起系统崩溃或致命的错误，如飞机的飞控系统，如果不能及时控制飞机的飞行，则可能造成致命的后果。软实时系统对系统响应时间有要求，但是如果不能满足系统响应时间，不会导致系统出现崩溃或致命的错误，如一台喷墨打印机平均处理周期从2ms延长到6ms，其后果不过是打印速度从3页每分钟下降到1页每分钟。

按软件结构，嵌入式系统可分为循环轮询系统、前后台系统、单处理器多任务系统、多处理器多任务系统等。

下面简单介绍按软件结构分类的嵌入式系统：

1. 循环轮询系统

最简单的软件结构是循环轮询(Polling Loop)，程序依次检查系统的每个输入条件，一旦条件成立，就进行相应的处理，如图7-7和图7-8所示。

循环轮询系统的优点主要是：

1）对于简单的系统而言，便于编程和理解。

2）没有中断的机制，程序运行良好，不会出现随机问题。

而其缺点包括：

1）由于其具有不确定性，因此其应用领域有限。

2）对于有大量I/O服务的应用不容易实现。

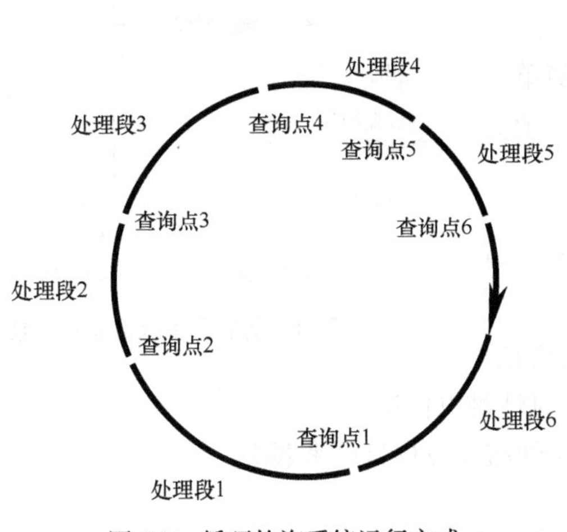

图 7-7　循环轮询系统运行方式

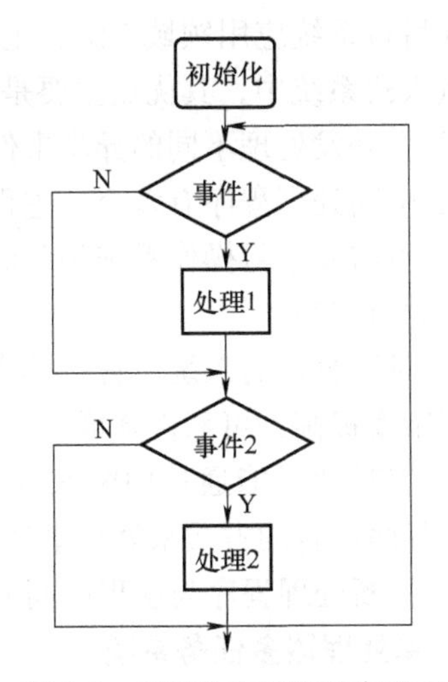

图 7-8　循环轮询系统程序流程

3）程序规模大，不便于调试。由此看来，循环轮询系统更适用于慢速或非常快速的简单系统。

2. 前后台系统

前后台(Foreground/Background)系统又称为中断驱动系统，后台是一个一直在运行的系统(通常后台又称为主程序)，前台是由一些中断处理过程组成的。当有一个前台事件(外部事件)发生时引起中断，中断后台运行，转为前台处理，处理完成后又回到后台。

前后台系统的一种极端情况是：后台只是一个简单的循环，不处理任何事情，所有其他工作都由中断处理程序完成。但大多数情况是中断只处理那些需要快速响应的事件，并且把I/O设备的数据放到内存的缓冲区中，再向后台发送信号，其他工作由后台来完成，如对这些数据进行运算、存储、显示、打印等处理。前后台系统的软件运行方式如图 7-9 所示，程序流程如图 7-10 所示。前后台系统需要考虑的是：中断的现场保护和恢复、中断嵌套、中断处理过程与主程序的协调(共享资源)问题。系统的性能主要由中断延迟时间(Interrupt Latency Time)、响应时间(Response Time)和恢复时间(Recovery Time)来刻画，如图 7-11 所示。

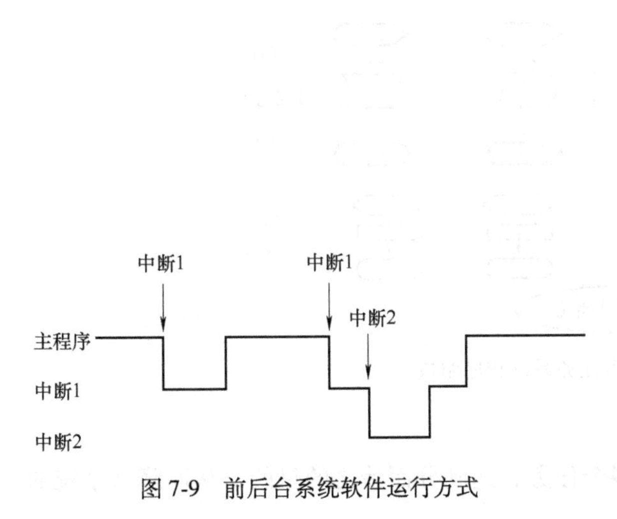

图 7-9　前后台系统软件运行方式

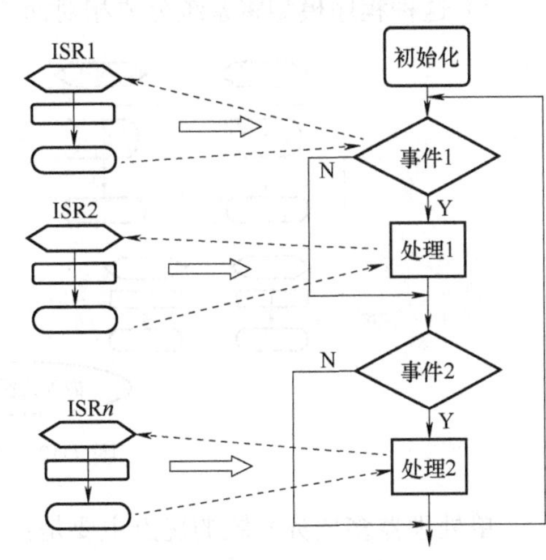

图 7-10　前后台系统程序流程

前后台系统应用领域广泛，主要应用在一些小型的嵌入式系统中，其优点主要是：

1）可并发处理不同的异步事件，设计简单。

2）中断处理程序有多个，主程序只有一个。

3）不需要学习操作系统相关的知识。

其缺点包括：

1）对于复杂的系统而言，其主程序设计复杂，系统复杂度提高，可靠性降低。

2）实时性只能通过中断来保证，如果采用中断与主程序结合的方式来处理事件，则其实时性难以保证。

3）中断处理程序与主程序间的共享互斥问题需应用自己来解决。

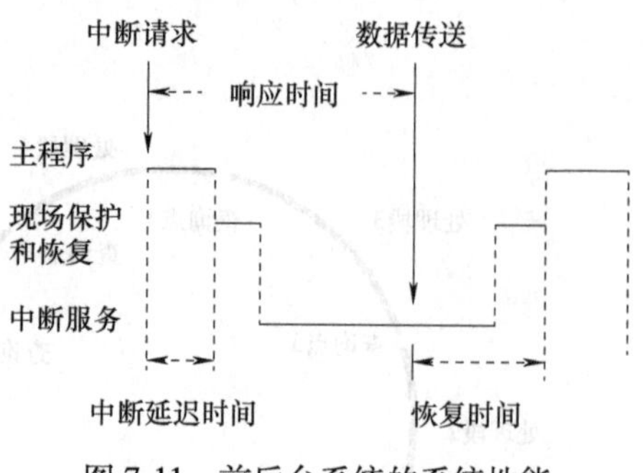

图 7-11　前后台系统的系统性能

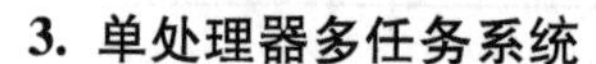

3. 单处理器多任务系统

对于一个较复杂的嵌入式系统来说，当采用中断处理程序加一个后台主程序软件结构难以实时地、准确地、可靠地完成系统的需求时，或存在一些互不相关的过程需要在一个计算机中同时处理时，就需要采用多任务系统。对于降低系统的复杂性而言，保证系统的实时性和可维护性是必不可少的。嵌入式多任务系统的实现必须有嵌入式多任务操作系统的支持，操作系统主要完成任务切换、任务调度、实时时钟管理、中断管理及通信、同步、互斥等功能。多任务系统实际上是由多个任务、多个中断处理过程、嵌入式操作系统组成的有机整体，如图 7-12 所示。在多任务系统中，每个任务是顺序执行的，并行性通过操作系统来完成，任务之间、任务与中断处理程序之间的通信、同步和互斥也需要操作系统的支持。单处理器多任务系统目前已广泛应用于 32 位嵌入式系统，其主要特点如下：

1）多个顺序执行的任务并行运行。

2）从宏观上看，所有的任务同时运行，每个任务运行在自己独立的 CPU 上。

3）实际上，不同的任务共享同一个 CPU 和其他硬件，因此需要嵌入式操作系统来对这些共享的设备和数据进行管理。

4）每个任务一般被编制成无限循环的程序，等待特定的输入，执行相应的处理。

5）这种程序模型将系统分成相对简单的、相互合作的模块。

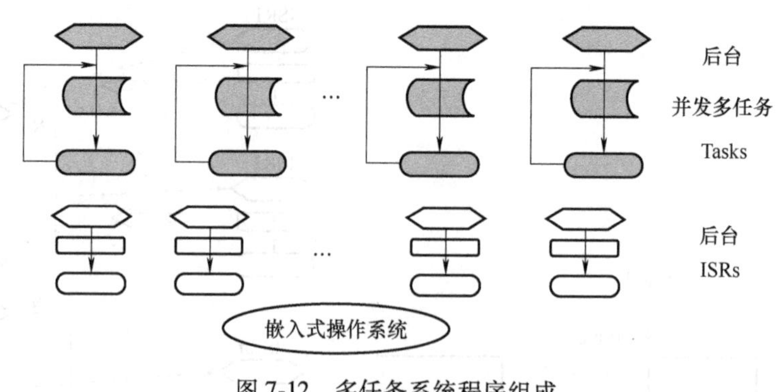

图 7-12　多任务系统程序组成

单处理器多任务系统的优点主要是：

1）将复杂的系统分解成相对独立的多个任务，达到分而治之的目的，从而降低系统的复杂性。

2）保证系统的实时性。

3）系统的模块化好，可维护性高。

其缺点包括：

1）需要采用一些新的软件设计方法。

2）需要对每个共享资源进行互斥。

3）导致任务间的竞争。

4）需要使用嵌入式操作系统，增加系统的开销。

4. 多处理器多任务系统

当有些工作用单处理器来处理难以完成时，就需要增加处理器，这就是多处理器系统的由来。在单处理器系统中，多个任务在宏观上看是并发的，但在微观上看仍是顺序执行的；在多处理器系统中，多个任务可以分别在不同的处理器上执行，宏观上看是并发的，微观上看也是并发的。前者称为伪并发性，后者称为真并发性。多处理器系统又称为并行处理器系统，可分为单指令流多数据流（Single-Instruction Stream Multiple-Data Stream，SIMD）系统和多指令流多数据流（Multiple-Instruction Stream Multiple-Data Stream，MIMD）系统。MIMD 系统又可分为紧耦合系统和松耦合系统两种，嵌入式系统大都是 MIMD 系统。紧耦合系统是多个处理器通过共享内存空间来交换信息的系统；而在松耦合系统中，多个处理器是通过通信线路来连接和交换信息的。

7.2.2 嵌入式系统开发方法

嵌入式系统的开发过程大致可分为以下几个步骤：需求分析、架构与概要设计、详细设计与开发、测试与反馈。

1. 需求分析

需求分析阶段的根本目的是明确用户对开发嵌入式系统和产品的要求，明确用户究竟需要一个怎样的产品。从技术角度看，需求分析文档是对用户要求的明确总结；从商务角度看，需求分析文档是用户和开发人员双方都认可的目标文档，需求分析中的条款往往也是开发活动需要达到的目标。

对需求的凝练和总结需要系统分析师对目标应用领域有较深入的了解，与客户具有良好的沟通技能，对技术手段有深刻的领会。实际中的困难之一是用户往往不能很好地总结其需求，这就需要系统分析师加以沟通和总结，并且帮助用户考虑那些用户都没有认真考虑的潜在问题。

常见的需求项目包括以下几方面：

（1）功能需求

1）基本功能是什么？什么样的工作环境？

2）有哪些输入？模拟量还是数字量？如果是模拟量，输入信号的范围和阻抗如何？

3）有哪些输出？输出的是模拟量还是数字量？

4）有哪些人机交互手段？LCD 还是 LED？是否支持蜂鸣器？

5）采用何种通信手段？RS232 串口、485 串口、USB 接口还是网络接口？

6）提供何种调试手段、升级手段、自我校正或维护手段？

7）采用何种电源和能量供给手段？用电池、市电还是 USB 供电等？

8）功耗如何？

9）质量和体积如何？

10）外观如何？现场如何安装和部署？

（2）性能需求

1）整体运行速度如何？各模块运行速度又如何？特别是各模块间是否匹配？是否存在“瓶颈”？

2）内部存储器大小？可存储数据量多少？

（3）可靠性需求

1）抗干扰性和电磁兼容性(EMC)特性如何？

2）能承受何种幅度的输入？能承受何种规模的过载输出？

3）整体寿命如何？一些易损元器件如电解电容的最大使用寿命如何？

4）程序跑飞或其他故障情况下是否能够自我检查并恢复和重新启动？

5）对实时性要求如何？

6）对响应时间(快速性)要求如何？

7）对可靠性还有什么其他期望？

（4）成本需求

1）总体成本如何？包含器件成本、制造成本、人力成本、运营成本、维护成本等。

2）供货渠道是否稳定？供货风险是高还是低？

需求分析的结果依具体项目有所区别，对开发方而言，需求分析宜详细不宜精简，甚至要把用户潜在的还没有提出的需求考虑在内。

2. 架构与概要设计

架构设计规定了整个系统的大致技术路线，而概要设计则可以认为是其更加具体的描述。嵌入式系统是一个软硬件集成的系统，较通常的纯软件系统或纯硬件系统在架构与概要设计阶段需要考虑得更多：

1）系统的层次、剖面或模块划分。层次是按照横向对系统进行分层，剖面是按照纵向对系统进行分列，横纵交织的单元就构成一个个模块。这种划分在硬件设计和软件设计中都是存在的，而在软件设计中尤为重要。合理地划分既需要深刻地认识整个目标系统，通常也带有较多的经验成分。

2）系统软硬件交互的界面放在何处？是采用高性能、高成本的硬件加速方案多一些，还是采用性能相对较低但成本也更低的软件实现多一些？

3）硬件上核心关键器件的选择，如 MCU 或 CPU 的大致型号，这在很大程度上会影响到软件方案的选择。

4）软件的工作量较大，所选软件方案是否可以得到良好的支持？这种支持来自开发人员的水平、厂商的技术支持、第三方软件以及各种可以获得的技术资料。鉴于软件的工作量在整个项目中经常超过硬件部分，良好的软件支持和开发支持对保证进度、降低开发成本是必不可少的。除了上述几个问题，嵌入式操作系统的选择、开发语言、开发平台和工具也应在这个阶段明确下来，以便对人员开展培训。

5）系统的成本和性能如何平衡？通常总是希望在性能达标的情况下尽可能地降低成本，但在综合考虑开发成本、维护成本、升级和扩展成本、制造成本等因素后，这一问题就比较复杂。

3. 详细设计与开发

详细设计是对概要设计的进一步细化，详细设计阶段需要明确一切未确定之处，使工程师可以在工作中具体参照执行。嵌入式系统的开发包括硬件开发、软件开发，也包括两者的集成和联合调试。如果整个系统涉及外部执行机构(如电动机、阀门)，还需要跟具体物理对象联合在一起进行调试。

在开发阶段，硬件方面的工作相对明确，主要是根据需求和架构设计，选择合适的器件并设计电路，完成硬件部分的制作、焊接、测试等工作。相比硬件部分，软件部分由于其复杂度随着模块数量的增加呈指数上升，特别是各模块之间沟通联络协调的困难以及每个软件模块本身的功能细节不完备性，导致软件部分反而成为影响进度的最大的因素，且越到项目开发后期越明显。实际中出现这些问题的常见原因是前期需求分析不明确，架构设计、概要设计不到位，为了赶进度而直接进入开发编码阶段。必须认识到项目的执行过程有其自身规律，前期的工作必须到位，否则“欲速则不达”。不论是采用“自顶向下”的开发策略还是采用“快速原形多次迭代”的开发策略，项目管理者都必须能够有效地管控每个阶段的目标、进度和质量。

4. 测试与反馈

测试是整个系统开发中必不可少的环节。严格意义上来说，测试与反馈并不是一个独立的阶段，它贯穿于整个项目生命周期管理中的每一个环节：在需求阶段，需要随时就需求分析的结果与用户交流，确保在这一过程中用户需求被准确地传递给开发团队；在详细设计与开发阶段，在每一个模块完成之后都要进行单元测试，在模块之间拼接组装时要进行集成测试，在整个系统完成后要进行整体测试。可以说，测试贯穿整个阶段，随时为前一阶段的工作提供反馈，这是保证质量的最基本途径。如果在任何一个环节发现问题，都必须及时修改，避免带入后续环节，通常后期更改的成本远远高于先期修正的成本。

系统软硬件完成之后的测试属于整体测试范畴。硬件测试主要是确认各种功能是否都已实现、各种技术指标是否能够达到、软硬件和可能的其他设备在一起是否可以协同工作、对外部干扰是否具有足够的鲁棒性等(如 EMC 测试)，以及可靠性测试。软件测试从目标上分，主要可分为正确性测试和性能测试(或称压力测试)两大类：正确性测试主要是提高软件质量，保证软件按照预期的设计路径演进并能得到正确的结果；而性能测试则主要用于确认整个系统在面临大数据量、大负载输入时是否依然可以稳定工作。由于现今的软硬件大量采用了第三方开发的独立模块，其质量难以度量，因此在这样的基础上构建的整个系统除了进行充分的测试，暂无太多办法可以保证其质量。

测试的结果通常反馈给直接的开发人员修正，但也可能导致整个系统在方案上必须做出重大修改，这往往会带来重大损失。因此，需求分析和架构设计的责任尤为重大，因为这两个阶段的工作至少可以保证后期不会出现重大修改。

在实际的嵌入式系统开发过程中，由于嵌入式系统往往软硬件资源有限，无法直接支持开发，通常需要通用微型机(个人计算机，即 PC)的支持，被称为宿主机(Host)，待开发的嵌入式系统称为目标机(Target)。所以，嵌入式系统一般采用宿主机-目标机开发模式(图 7-13)，以便利用宿主机上丰富的软件、硬件资源以及良好的开发环境和调试工具，来开发目标机上的软件。

在目标机运行交叉开发的可执行代码时，常需要调试。在宿主机的软件集成开发环境中，可以先利用模拟器(Simulator)进行软件模拟，再连接在线仿真器(In-Circuit Emulator, ICE)进行硬件仿真，实现目标代码的运行和调试。也就是说，调试程序运行于宿主机，而被调试程序运行于目标机，两者通过在线仿真器或者串口、网络进行通信。调试程序可以控

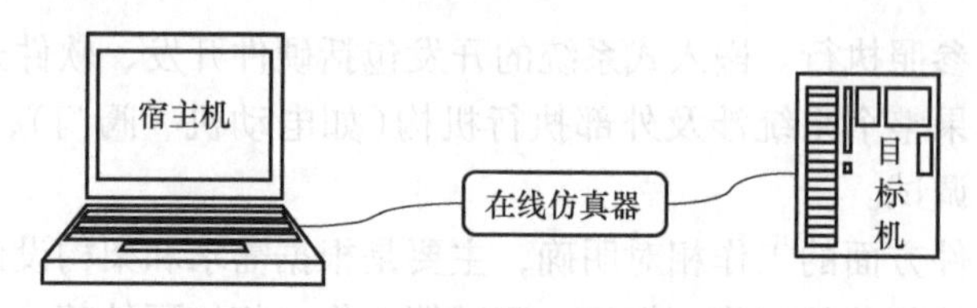

图 7-13　宿主机-目标机开发模式

制被调试程序，查看和修改目标机的寄存器、主存单元，并且进行断点和单步调试等操作，即远程调试(Remote Debug)。

7.2.3　嵌入式系统开放资源

为方便嵌入式系统的开发，许多公司提供了多种嵌入式系统开发的软件、硬件资源，这些资源包括集成开发环境、开发板、在线仿真器、设备驱动程序以及嵌入式操作系统等。

1. 集成开发环境

集成开发环境(Integrated Development Environment，IDE)是用于提供程序开发环境的应用程序，一般包括代码编辑器、编译器、调试器和图形用户界面工具。在 IDE 中集成了代码编写功能、分析功能、编译功能、调试功能等一体化的开发软件服务套。所有具备这一特性的软件或者软件套(组)都可以叫作集成开发环境。目前，在嵌入式开发应用中存在很多 IDE，大多数的 IDE 可以完成开发过程中的源码编写、编译、调试、下载等工作。开发人员可以通过 IDE 来帮助自己完成很多编译、分析工作，IDE 提供了众多的图形界面来完成相应数据的显示和结果的展示。

目前，在嵌入式系统开发中比较常见的集成开发环境包括 ADS 集成开发环境、Keil Real View MDK 集成开发环境、IAREWARM 集成开发环境。

ADS 的全称为 ARM Developer Suite，它是 ARM 公司推出的新一代集成开发环境，专门应用于 ARM 相关的应用开发和调试，普遍应用的 ADS 为 1.2 版本，它可以安装在大多数版本的 Windows 操作系统上，如图 7-14 所示。在 ADS 集成开发环境中包含了一系列的应用过程，并且有相关的文档和实例支持。ADS 支持编辑、编译、调试各种 C、C++和 ARM 汇编语言编写的程序，其主要由命令行开发工具、ARM 文件库、GUI 开发环境等支持软件组成。

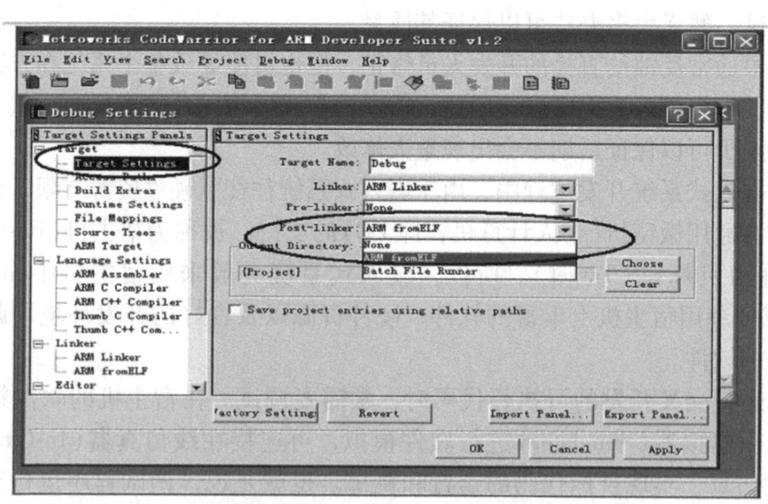

图 7-14　ADS1.2 集成开发环境

Keil 公司是 ARM 公司的一个子公司，该公司开发了微控制器开发工具 Keil Real View MDK(Microcontroller Development Kit)。其中，MDK 的设备数据库中有很多厂商的芯片，这是为满足基于 MCU 进行嵌入式软件开发的工程师需求而设计的，支持 ARM7、ARM9、Cortex 等 ARM 微控制器内核。μVision 是 Keil 公司开发的一个集成开发环境，μVision IDE 是一个窗口化的软件开发平台，其内部集成了源代码编辑器、设备数据库、高速 CPU、片上外设模拟器、高级 GDI 接口、Flash 编程器、完善的开发工具手册、设备数据手册和用户向导等，如图 7-15 所示。μVision IDE 只提供一个环境，开发者易于操作，并不提供具体的编译和下载功能。μVision 通常被应用在 Keil 的众多开发工具中，如 Keil Real View MDK。

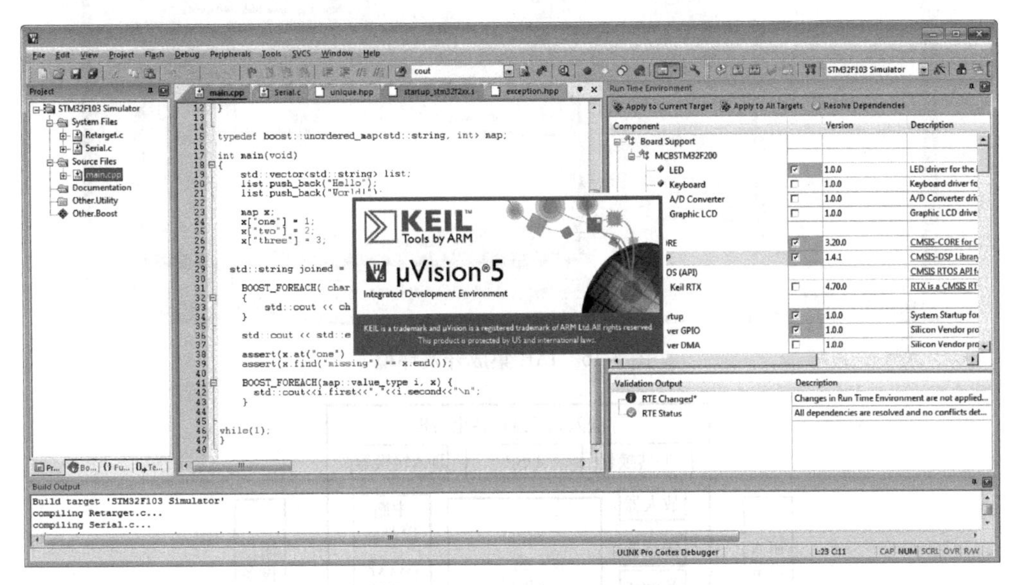

图 7-15　Keil μVision 集成开发环境

IAREWARM(IAR Embedded Workbench for ARM)是一个针对 ARM 处理器的集成开发环境，它包含项目管理器、编辑器、C/C++编译器、ARM 汇编器、链接器 XLINK 和支持 RTOS 的调试工具 C-SPY。在 EWARM 环境下，可以使用 C/C++和汇编语言方便地开发嵌入式应用程序，比较其他的 ARM 开发环境，IAREWARM 具有入门容易、使用方便和代码紧凑等特点。IAR 集成开发环境如图 7-16 所示。

2. 开发板

开发板(Demo Board)是用于嵌入式系统开发的电路板，由微控制器、外扩存储器、常用 I/O 接口和简单的外部设备等组成，如图 7-17 所示。开发板可以由嵌入式系统开发人员根据应用需求自己设计制作，故也称为目标板。为便于研制目标系统和产品推广，许多公司提供基于特定微控制器的开发板。一些半导体厂商也会提供廉价的开发板或评估板(Evaluation Board)用于产品测试，软件开发公司(如 Keil 公司)也推出自己的评估板。实际开发过程中，也许还需要连接于开发板的附加硬件，如外部 LCD 显示模块、通信接口适配器等，可能还会用到逻辑分析仪/示波器、信号发生器等硬件实验工具。常见的开发板有 51、ARM、FPGA、DSP 开发板。

图 7-18 所示为 Arduino Uno 开发板。Arduino 开发板从 2005 年由 Massimo Banzi 及其团队研发，至今该团队已经推出了多种类型的 Arduino 开发板，其中 Arduino Uno 是目前使用最为广泛的开发板，它具有 Arduino 开发板的所有相关功能，也是初学 Arduino 的开发人员最喜欢的一款开发板，因其极易上手和代码可移植性强等特点，已经得到初学者的广泛认可。

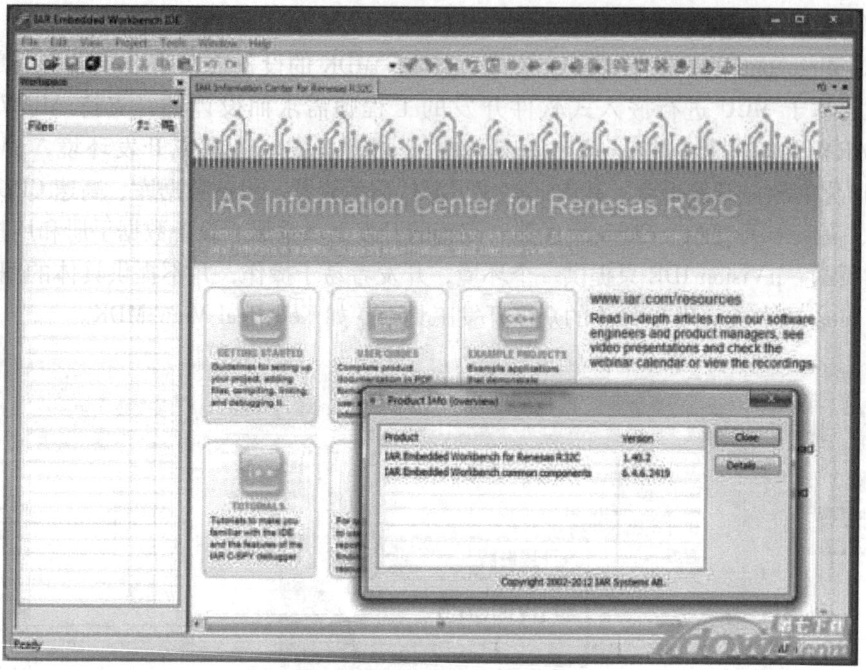

图 7-16　IAR 集成开发环境

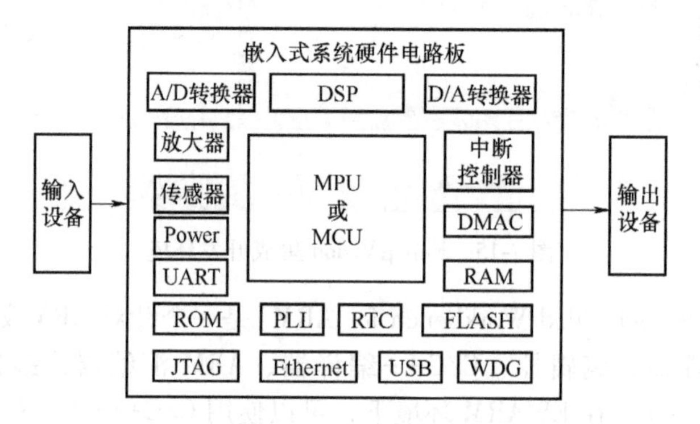

图 7-17　嵌入式系统开发板的硬件组成

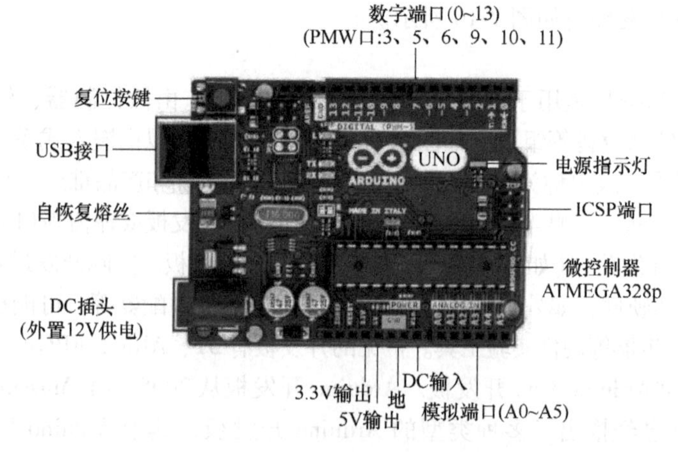

图 7-18　Arduino Uno 开发板

3. 在线仿真器

在线仿真器(ICE)是调试嵌入式系统软件的硬件设备。因为嵌入式系统往往不像商业计算机那样具有键盘、显示屏、磁盘机和其他各种有效的用户界面和存储设备，所以嵌入式系统开发者要面对一般软件开发者不会面临的特殊问题。在线仿真器通过处理器的额外辅助功能，使系统在不失去其功能的情况下，提供调试功能。

如今，在线仿真器也可以指在处理器上直接进行调试的硬件设备。由于联合测试工作组(Joint Test Action Group，JTAG)等新技术的出现，人们可以直接在标准的量产型处理器上直接进行调试，而不需要特制的处理器，从而消除了开发环境与运行环境的区别，也促进了这项技术的低成本化与普及化。在这种情况下，由于实际上并没有任何的“仿真”，“在线仿真器”是个名不副实的误称，有时会造成一些误解。当仿真器被插入到待开发芯片的某个部分时，在线仿真也被称作硬件仿真。这样的在线仿真器，可以在系统运行实时数据的情况下，提供相对良好的调试能力。

嵌入式系统的软件开发工具公司都有自己的调试适配器产品，如Keil公司的ULINK系列、Segger公司的J-LINK等。多数开发工具套件也支持第三方调试仿真器。大多数在线仿真器都由一个位于主机和被调试系统之间的适配器组成，如图7-19所示。接头和电缆组件将适配器连接到待调试系统上用于安插微处理器的底座。而最近的在线仿真器上，程序员可以通过JTAG或背景调试模式(Background Debugging Mode，BDM)接口连接到位于微处理器片上的调试(On-Chip Debug)电路进行软件调试。

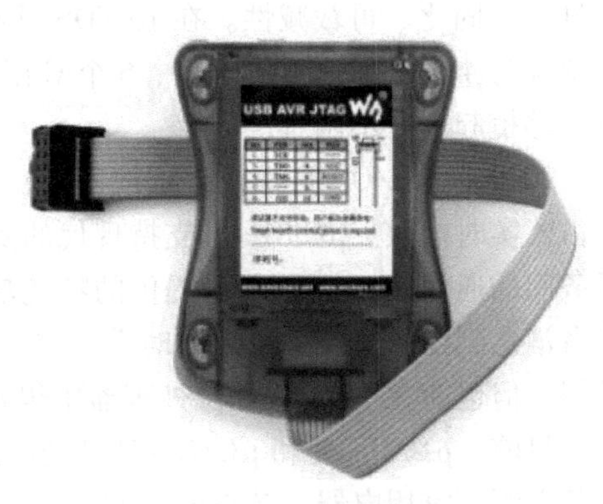

图7-19 JTAG仿真器

4. 设备驱动程序

为了便于微控制器软件开发人员开展工作，微控制器厂商通常提供设备的基本驱动程序，包括寄存器定义、外设访问函数的头文件和源程序代码。这些驱动程序代码和应用示例程序放在厂商的网站，可免费下载。开发人员可以将这些文件添加到自己的软件项目中，通过函数调用，方便地访问外设及相关寄存器；也可以参考驱动程序和示例代码，编写自己的应用程序，还可以修改驱动程序代码，优化自己的应用程序。

另外，除了设备驱动程序，微控制器厂商还会提供微控制器的用户手册、应用程序说明书、常见问题及解答、在线讨论组等丰富的网络资源。

5. 嵌入式操作系统

在嵌入式系统中安装操作系统并不是必需的，在系统功能比较简单的应用场合就可以不使用操作系统。应用操作系统可以运行较多任务，进行任务调度、内存分配，其内部具有大量协议支持，如网络协议、文件系统和良好的图形用户接口(Graphical User Interface，GUI)等功能，可以大大简化系统的开发难度，并提高系统的可靠性。

操作系统的移植是指一个操作系统经过适当的修改后，可以在不同类型的微处理器上运行。虽然一些嵌入式操作系统的大部分代码都是使用C语言写成的，但仍要用C语言和汇编语言完成一些与处理器相关的代码。例如，嵌入式实时操作系统μC/OS-Ⅱ在读/写处理器、寄存器时只能通过汇编语言来实现，因为μC/OS-Ⅱ在设计时就已经充分考虑了可移植性。目前，在嵌入式系统中比较常用的操作系统有 μC/OS、Linux、VxWorks 和 Android 等。

（1）μC/OS 操作系统 从 μC/OS 到今天的 μC/OS-Ⅲ，经历了 20 多年的发展，已经得到广泛的认可，是具有高可靠性的、有商业价值的嵌入式实时操作系统。μC/OS 是美国人 Jean J. Labrosse 开发的实时操作系统内核，这个内核的产生与 Linux 有点类似，他花了一年多的时间开发了这个最初名为 μC/OS 的实时操作系统，并且将相关介绍的文章在 1992 年的 *Embedded System Programming* 杂志上发表，源代码已公布在该杂志的网站上。1993 年出版专著的热销以及源代码的公开推动了 μC/OS 本身的发展，μC/OS 系列操作系统目前已经被移植到 Intel、Samsung、Motorola 等公司众多的微处理器上。作为一个实时操作系统，μC/OS 的进程调度是按占先式、多任务系统设计的。1998 年 μC/OS-Ⅱ实时操作系统被推出，μC/OS-Ⅱ操作系统全部核心代码只有 8.3KB，它只包含了进程调度、时钟管理、内存管理和进程间的通信与同步等基本功能，没有包括 I/O 管理、文件系统、网络等额外模块，具有可移植性、可固化、可裁减性。在 μC/OS-Ⅱ操作系统中涉及系统移植的源代码文件只有 3 个，只要编写 4 个汇编语言的函数、6 个 C 函数、定义 3 个宏和 1 个常量，代码长度不过二三百行，移植起来并不困难。

2009 年 μC/OS-Ⅲ操作系统被推出，这是一个可扩展升级的、可固化的、基于优先级的抢占式实时内核。μC/OS-Ⅲ支持现代的实时内核所期待的大部分功能，如资源管理、同步、任务间的通信等。μC/OS-Ⅲ提供的特色功能包括完备的运行时间测量性能、直接发送信号或者消息到任务、任务可以同时等待多个内核对象等。特别是 μC/OS-Ⅲ被设计用于 32 位处理器，但也能在 16 位或 8 位处理器中很好地工作。

目前，μC/OS-Ⅱ和 μC/OS-Ⅲ已经广泛应用于各种产品，如手机、路由器、交换机、不间断电源、家用电器、航空电子产品、医疗仪器及工业设备等。

（2）嵌入式 Linux 操作系统 嵌入式系统越来越追求数字化、网络化和智能化，原来在某些设备或领域中占主导地位的软件系统已经很难再继续使用，这就要求整个系统必须是开放的、提供标准的应用编程接口（API），并且能够方便地与众多的第三方软/硬件沟通。随着 Linux 的迅速发展，嵌入式 Linux 现在已经有了许多版本，包括强实时的嵌入式 Linux（如 RT-Linux 和 KURT-Linux）和一般的嵌入式 Linux（如 μCLinux 和 PorketLinux 等）。

其中，RT-Linux 通过把通常的 Linux 任务优先级设为最低，而所有的实时任务的优先级都高于它，以达到既兼容通常的 Linux 任务，又保证实时性能的目的。开源软件 Linux 的出现对目前商用嵌入式操作系统带来了冲击，它可以被移植到多个不同结构的 CPU 和硬件平台上，并具有一定的稳定性、各种性能的升级能力，而且开发更加容易。

另一种常用的嵌入式 Linux 是 μCLinux，它是指对 Linux 经过小型化裁剪后，能够固化在容量只有几百千字节或几兆字节的存储器芯片中，应用于特定嵌入式场合的专用 Linux 操作系统。μCLinux 也是针对没有存储器管理单元的处理器而设计的，它不能使用处理器的虚拟内存管理技术，对内存的访问是直接的，运行程序中的地址都是实际的物理地址。

（3）VxWorks 操作系统 VxWorks 操作系统是美国 WindRiver 公司于 1983 年设计开发的一种嵌入式实时操作系统，具有良好的持续发展能力、高性能的内核以及友好的用户开发环境，在嵌入式实时操作系统领域牢牢地占据着一席之地。

VxWorks 操作系统基于微内核结构，由 400 多个相对独立的目标模块组成，用户可以根据需要增加或减少模块来裁剪和配置系统，其链接器可按应用需要来动态链接目标模块。操作系统内部包括了进程管理、存储器管理、设备管理、文件管理、网络协议及系统应用等部分。VxWorks 操作系统只占用很小的存储空间，并可高度裁剪，保证系统能高效率运行。大多数的 VxWorks API 是专用的，采用 GNU 的编译和调试。

VxWorks 操作系统是一个运行在目标机上的高性能嵌入式实时操作系统，所具有的显著特点是可靠性、实时性和可裁减性，它支持如 x86、Sun Sparc、Motorola MC68xxx、MIPS、PowerPC 等多种处理器。多数的 VxWorks API 是专有的，如在美国的 F-16 和 F-18 战斗机、B2 隐形轰炸机、“爱国者”导弹和“索杰纳”火星探测车上使用的都是 VxWorks 操作系统。

（4）Android 操作系统　Android 是一种基于 Linux 的开放源代码的操作系统，主要应用于智能手机、平板计算机等移动通信设备。Android 操作系统最初由 Andy Rubin 公司开发，主要支持手机，2005 年由 Google 收购注资，并组建开放手持设备联盟，逐渐扩展到平板计算机及其他领域上。2008 年 9 月发布 Android 1.1，2009 年 10 月 26 日发布 Android 2.0，2011 年 10 月 19 日发布 Android 4.0，2014 年 10 月 16 日发布 Android 5.0，2015 年 5 月 28 日发布 Android 6.0。目前，Android 操作系统占据全球智能手机操作系统市场大部分的份额。

Android 包括操作系统、中间件和应用程序，由于源代码开放，Android 可以被移植到不同的硬件平台上。手机厂商从事移植开发工作，上层的应用程序开发可以由任何单位和个人完成，开发的过程可以基于真实的硬件系统，也可以基于仿真器环境。

Android 的开发者可以在完备的开发环境中进行开发，Android 官方网站也提供了丰富的文档、资料，这样有利于 Android 系统的开发和运行在一个良好的生态环境中。从宏观的角度看，Android 是一个开放的软件系统，它包含了众多的源代码。Android 操作系统的组成架构与其他操作系统一样采用了分层的架构，从底层到高层分别是 Linux 内核层、系统运行库层、应用程序框架层和应用程序层 4 个层次。

7.3　FPGA 概述

7.3.1　FPGA 基本原理

1. FPGA 简介

FPGA 的英文全称是 Field Programmable Gate Array，即现场可编程门阵列。一个典型系统的电路板，包含有 CPU、I/O 接口芯片、Flash、SDRAM 存储器和 DSP 等芯片，由于包含了大量的芯片，电路板的面积比较大，这就增加了设计成本和复杂性。

一片 FPGA 包括 CPU、I/O 和 DSP，在做系统设计时，如果采用 FPGA，将大大降低系统的复杂性以及功耗等开销，同时 FPGA 是一种复杂而灵活的硅片，当不使用大量硬件时，可以将其从系统中移除，从而降低成本和功耗。FPGA 还可用于实现硬件定制，能够高效地加速算法，从而快速提高性能增益。

FPGA 逻辑阵列模块（Logic Array Block，LAB）由许多逻辑元件（Logical Elements，LE）组成，在更高端的型号中由自适应逻辑模块（Adaptive Logic Module，ALM）组成。这些逻辑块中的每一个都包含查找表、寄存器和其他可配置功能。

2. FPGA 发展趋势

现在可编程逻辑已经无处不在，从家中的高清电视到附近的手机信号塔、银行的自动柜员机，可编程逻辑设备已经得到广泛的应用，如图7-20所示。

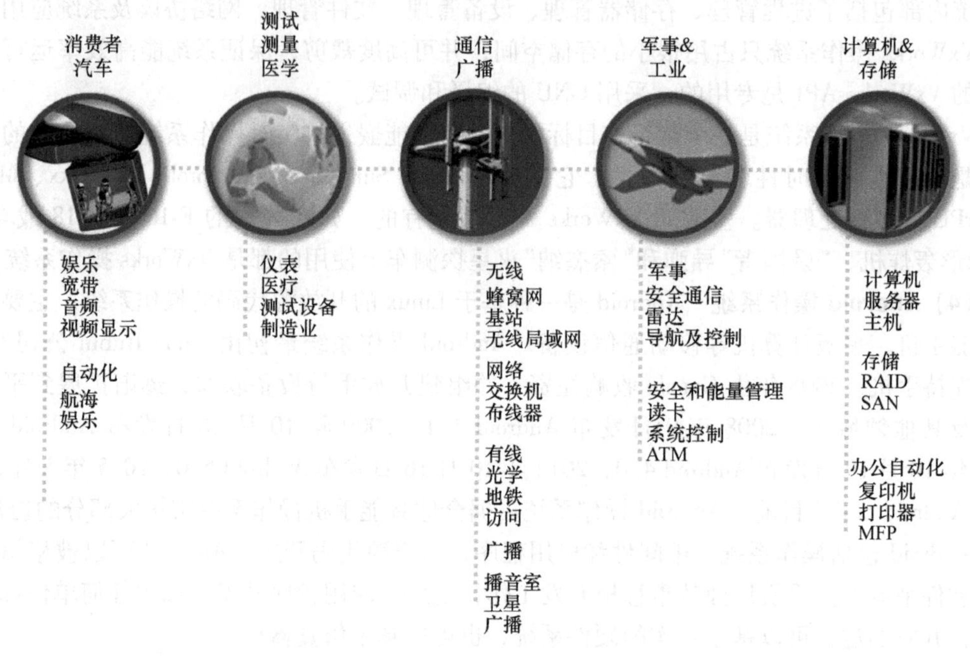

图7-20　FPGA应用领域

FPGA最大的优点是动态可重配、性能功耗比高，非常适合在云端数据中心部署。当在数据中心部署之后，FPGA可以根据业务形态来配置不同的逻辑实现不同的硬件加速功能。近两年来，全球七大超级云计算数据中心包括IBM、Facebook、微软、AWS以及BAT(百度、阿里、腾讯)都采用了FPGA服务器。

目前人工智能算法正处于快速迭代中。虽然专用集成电路(Application Specific Integrated Circuit，ASIC)芯片可以获得最优的性能，即面积利用率高、速度快、功耗低，但是ASIC开发风险极大，需要有足够大的市场来保证成本价格，而且从研发到市场的时间周期很长，不适合如深度学习、卷积神经网络等算法快速迭代的领域。更重要的是，当前人工智能算法模型的发展趋势是从训练环节走向推理环节，这个过程非常有利于FPGA未来的发展。人工智能算法模型从训练环节走向推理环节并不是简单地“搬运”过去，因为训练出来的算法模型往往规模太大，复杂度太高，无法直接部署实际应用。现在人工智能算法模型研究的重要趋势就是将训练后的模型再进行压缩，在基本不损失模型精度的情况下，将模型压缩到原来的几十分之一，再应用到推理环节。

3. FPGA加速深度学习推理

CNN是一类包含卷积计算且具有深度结构的前馈神经网络(Feedforward Neural Network，FNN)，是深度学习的代表算法之一，是一般计算密集型的网络。

当前人工智能在图像、语音等领域取得的成功在很大程度上归功于大型多层的深度神经网络模型。为了达到更好的效果或解决更复杂的问题，这些模型还在日益变大、变复杂。然而，在人工智能的多数应用领域如机器翻译、语音识别、自动驾驶等，用户对人工智能系统的响应速度都非常敏感，有些甚至关乎生命安全。因此，深度神经网络的低延迟推理是人工智能应用落地场景中一个非常关键的问题。

FPGA充分利用整个芯片的并行性，以降低计算延迟；同时，FPGA拥有灵活的可定制

I/O，且实现了确定性低 I/O 延迟。因此 FPGA 可提供一种灵活、确定性低延迟、高吞吐量、高能效的解决方案，加速不断变化的网络和精度，支持深度学习推理。

7.3.2 FPGA 开发方法

1. OpenCL 介绍

OpenCL 全称是 Open Computing Language，即开放计算语言，是一套异构计算的标准化框架，它最初由 Apple 公司设计，后续由 Khronos® Group 维护，覆盖了 CPU、GPU、FPGA 以及其他多种处理器芯片，支持 Windows、Linux 以及 MacOS 等主流平台。它提供了一种方式，可以让软件开发人员尽情地利用硬件的优势来完成整体产品的运行加速。总体来说，OpenCL 框架具有高性能、适用性强、开放开源、支持范围广等特点。

由于硬件的并行度越来越高，需要处理的数据量越来越大，对实时性的要求越来越高，OpenCL 在 FPGA 的多个应用领域得到了广泛重视和大规模的推广。

使用 OpenCL 描述来开发 FPGA 设计，与基于硬件描述语言(Hardware Description Language，HDL)设计的传统方法相比，具有很多优势。开发软件可编程器件的流程一般包括进行构思、在 C 语言等高级语言中对算法编程，然后使用自动编译器来建立指令流。面向 OpenCL 的 Altera SDK 提供了设计环境，很容易在 FPGA 上实现 OpenCL 应用，如图 7-21 所示。

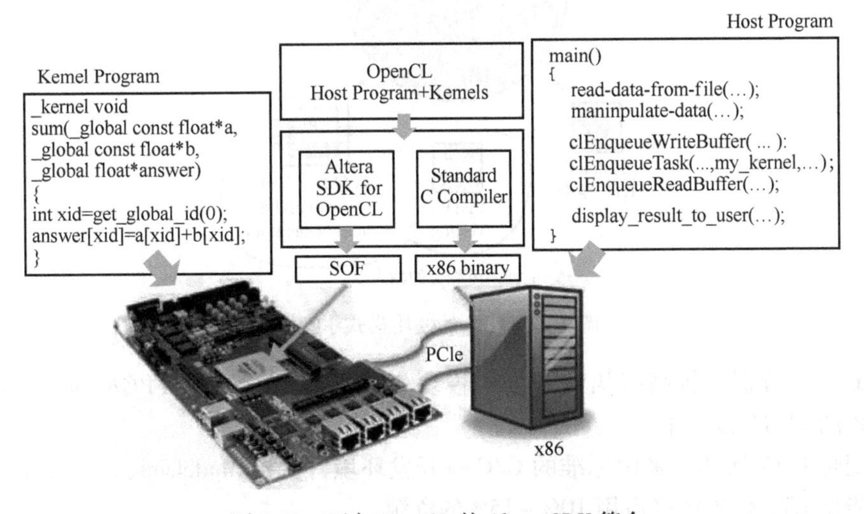

图 7-21 面向 OpenCL 的 Altera SDK 简介

在传统方法中，设计人员的主要工作是对硬件按照每个周期进行描述，用于实现其算法。传统流程涉及建立数据通路，通过状态机来控制这些数据通路，使用系统级工具连接至底层 IP 内核，由于必须要满足外部接口带来的约束，因此需要处理时序收敛问题。而面向 OpenCL 的 Altera SDK 能够帮助设计人员自动完成所有这些步骤，使他们能够集中精力定义算法，而不必重点关注乏味的硬件设计。以这种方式进行设计，设计人员很容易将算法移植到新 FPGA，性能更好，功能更强，源于 OpenCL 编译器将相同的高级描述转换为流水线，从而发挥了 FPGA 新器件的优势。

在 FPGA 上使用 OpenCL 标准，与目前的硬件体系结构(CPU、GPU 等)相比，能够大幅度提高性能，同时降低了功耗。此外，与使用 Verilog 或者 VHDL 等底层硬件描述语言的传统 FPGA 开发方法相比，使用 OpenCL 标准、基于 FPGA 的混合系统（CPU+FPGA）具有明显的产品及时面市优势。

2. HLS 介绍

HLS（High-Level Synthesis）即高层次综合，就是将 C/C++的功能用寄存器转换级电路（Register Transfer Level，RTL）来实现，将 FPGA 的组件在一个软件环境中来开发，这个模块的功能验证在软件环境中来实现，无缝地将硬件仿真环境集合在一起，使用软件为中心的工具、报告以及优化设计，很容易地在 FPGA 传统的设计工具中生成 IP。

传统的 FPGA 开发，首先写 HDL 代码，其次做行为仿真，再次做综合、时序分析等，最后生成可执行文件下载到 FPGA 使用，开发周期比较漫长。使用 HLS，用高级语言开发可以提高效率。因为在软件中调试比硬件快很多，在软件中可以很容易地实现指定的功能，而且做 RTL 仿真比软件需要的时间多上千倍。图 7-22 所示为 HLS 的使用模式。

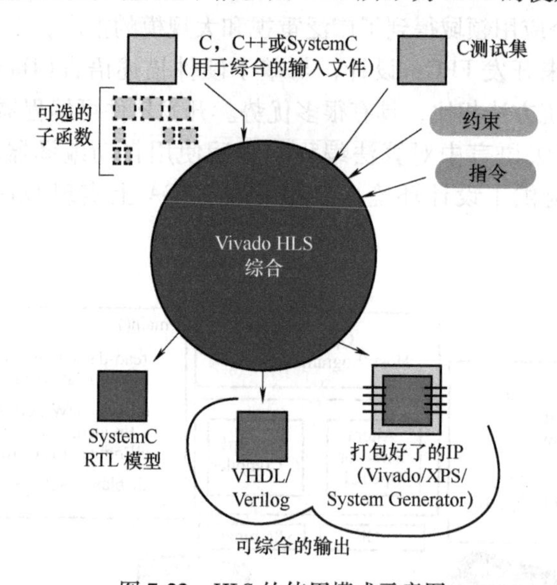

图 7-22 HLS 的使用模式示意图

借助 HLS 编译器，将高级语言开发的模块生成一个 IP，使用 FPGA 的工具可以合并到一个传统的 FPGA 设计里。

HLS 配合 EDA 软件，采用标准的 C/C++开发环境，支持 Modelsim、C++编译器，但是同样的功能比 RTL 代码要多占用 10%～15%的资源。

3. OpenVINO

OpenVINO™工具套件适用于快速开发应用程序和解决方案，以解决各种任务（包括人类视觉模拟、自动语音识别、自然语言处理和推荐系统等）的综合工具套件。该工具套件基于最新一代的人工神经网络，包括卷积神经网络（CNN）、递归网络和基于注意力的网络，可扩展跨英特尔®硬件的计算机视觉和非视觉工作负载，从而最大限度地提高性能。它通过从边缘到云部署的高性能、人工智能和深度学习推理来为应用程序加速。

OpenVINO™工具套件，支持在边界上启用基于卷积神经网络的深度学习推理，支持跨英特尔® CPU、英特尔®集成显卡、英特尔®二代神经计算棒和搭载英特尔® Movidius™视觉处理器的英特尔® Vision Accelerator Design 的异构执行。它通过一套易用的计算机视觉功能库和预优化内核库来加速上市时间，包括了针对计算机视觉标准进行优化的调用，包括

OpenCV 和 OpenCL。其组成如图 7-23 所示。

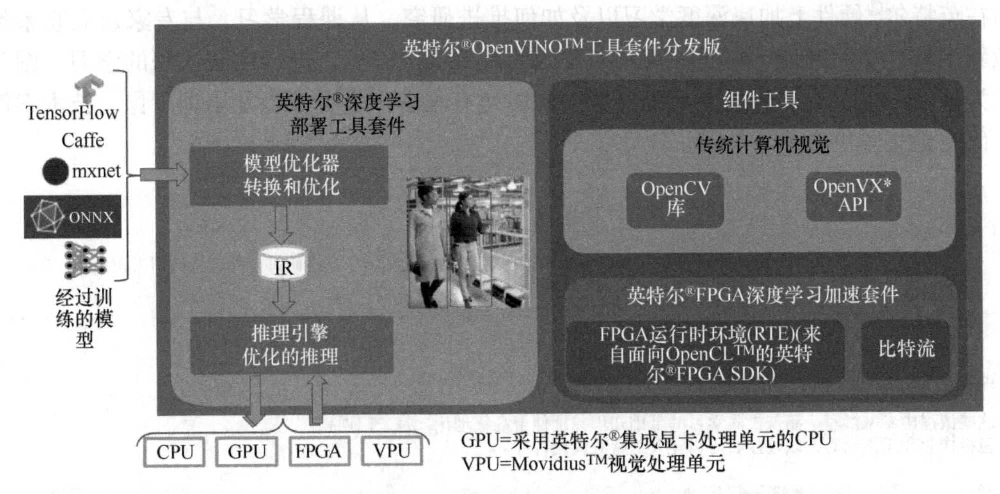

图 7-23　开放视觉推理和神经网络优化(OpenVINO)工具

4. One API

提升整机性能一般有两种方式：提升硬件规格和优化软件。目前摩尔定律已经被业界认为失效了，业界厂商本身也无法在短时间内通过提升制程来提升芯片的性能。所以 FPGA 厂商也在逐渐做出改变，其中一项就是推出了 One API，提供统一的编程模型，从而简化跨多种硬件平台应用程序的开发。

随着电子产品的多功能趋势，芯片需要提供多种计算性能，英特尔的架构目前广泛应用于标量(Scalar)、矢量(Vector)、矩阵(Matrix)和空间(Spatial)运算当中，这些架构通常被缩写为 SVMS，它们需要一个高效的软件编程工具来充分释放性能。根据英特尔的消息，One API 支持 API 编程和直接编程，通过提供统一的语言和库，可以在包括 CPU、GPU、FPGA 和 AI 加速器等多种硬件平台当中提供完整的代码性能。

One API 包含一种全新的直接编程语言数据并行 C++(DPC++)，DPC++可以通过开发者普遍了解的编程模型提供并行编程能力和性能。DPC++基于 C++，包含了来自 Kronos Group 的 SYCL，并同时包含了开放社区当中的扩展项目。

针对 API 编程，One API 提供了一个强大的库，可以通过它来调用多个硬件实现不同的工作方式，库函数可以针对每个目标体系结构自定义编码。

此外，FPGA 厂商将会提供增强版的分析和调试工具，从而帮助开发者在 DPC++和各种 SVMS 架构的基础上进行开发。

7.3.3　FPGA 开放资源

Xilinx 官方开发社区针对人工智能、智能驾驶、通信、数据中心、物联网等多个应用领域提供了相应的设计指导文档和设计资源，同时在 Xilinx 官方论坛上也有专业的技术答疑与支持。访问开发社区网址[⊖]就可以为从入门到深入应用的开发人员提供各种资源。以人工智能(AI)为例，Xilinx 提供了 Vitis AI 工具供开发人员进行 AI 相关的开发，提供了 Vitis AI 工具下载、Library 库说明、Vitis AI user guide 设计说明。

⊖ https://developer.xilinx.com/

英特尔® AI Developer Program 面向初学者到高级开发人员，讲授有关人工智能的知识、如何在英特尔®硬件上加速深度学习以及如何推进研究，从课程学习、与专家建立联系到使用最新工具。访问网址[⊖]就可以从人工智能的基本概念开始，进行由浅入深的学习。图 7-24 所示为该网站提供的部分线上课程资源，同时还有很多大学资源以及培训录像、技术案例研究、研究论文等供学习者学习。

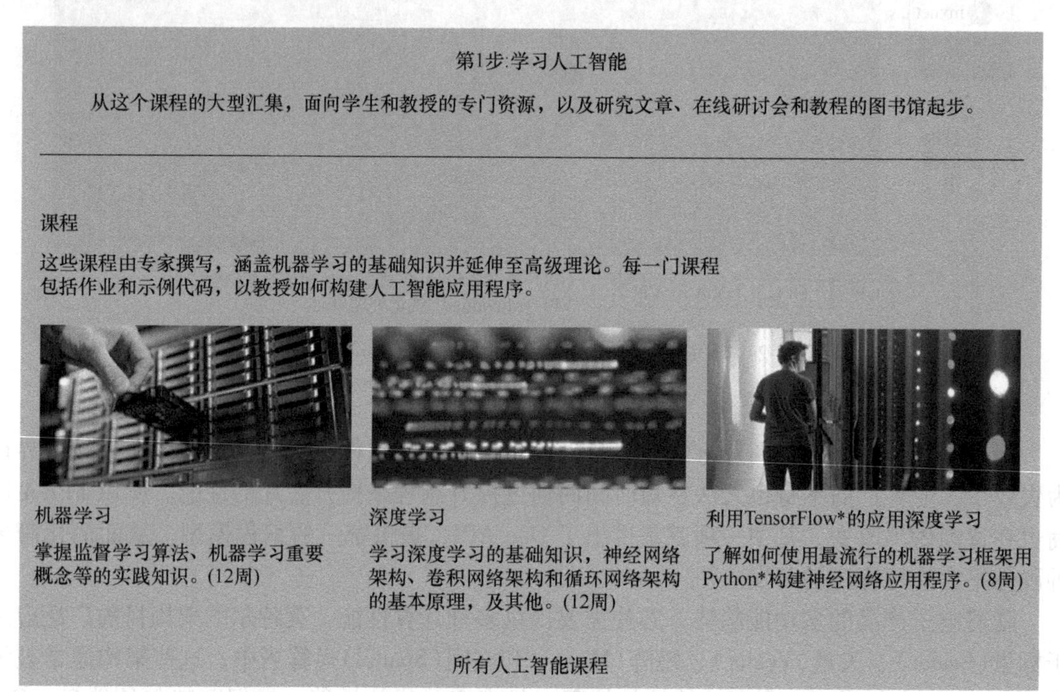

第1步:学习人工智能
从这个课程的大型汇集，面向学生和教授的专门资源，以及研究文章、在线研讨会和教程的图书馆起步。
课程
这些课程由专家撰写，涵盖机器学习的基础知识并延伸至高级理论。每一门课程包括作业和示例代码，以教授如何构建人工智能应用程序。
机器学习
掌握监督学习算法、机器学习重要概念等的实践知识。(12周)
深度学习
学习深度学习的基础知识，神经网络架构、卷积网络架构和循环网络架构的基本原理，及其他。(12周)
利用TensorFlow*的应用深度学习
了解如何使用最流行的机器学习框架用Python*构建神经网络应用程序。(8周)
所有人工智能课程

图 7-24　英特尔® AI Developer Program

英特尔® FPGA 中国创新中心是英特尔全球产品事业部与英特尔中国公司共同规划的战略项目，是英特尔在亚太区域内第一个聚焦 FPGA 技术与生态的创新中心，也是英特尔创新加速器在中国的唯一 FPGA 创新中心。

英特尔® FPGA 中国创新中心依托英特尔的技术资源，推出了 FPGA 系列课程及 FPGA 培训认证体系，期望能为中国培育更多的 FPGA 与 AI 人才。

7.4　本章小结

本章主要介绍了云计算、边缘计算和 FPGA 三种提升算力的模式。

云计算是一种能够通过网络以便利的、按需付费的方式获取计算资源(包括网络、服务器、存储、应用和服务等)并提高其可用性的模式，这些资源来自一个共享的、可配置的资源池，并能够以最省力和无人干预的方式获取和释放。

边缘计算是指靠近物或数据源头的一侧，采用网络、计算、存储、应用核心能力为一体的开放平台。

嵌入式系统的硬件和软件必须根据具体的应用任务，以功耗、成本、体积、可靠性、处

⊖ https://software.intel.com/zh-cn/ai/get-started

理能力等为指标来进行选择。嵌入式系统的核心是系统软件和应用软件，由于存储空间有限，因而要求软件代码紧凑、可靠，且对实时性有严格要求。

FPGA 作为一类重要的可编程逻辑器件，在云端和边缘端都有广泛的应用，本章重点介绍了 FPGA 的基本组成、结构、原理，FPGA 的开发方法，以及目前主流 FPGA 厂商所提供的开放资源。

思考题与习题

7-1　按嵌入式处理器的位数，可以将嵌入式系统分为几类?

7-2　循环轮询系统的优点主要是什么?

7-3　嵌入式系统的开发过程大致可分为几个步骤?

7-4　嵌入式系统的主要集成开发环境有哪些?

7-5　FPGA 逻辑阵列模块是由什么组成的? 每个逻辑块由哪些资源组成?

7-6　FPGA 最大的优点是什么? 为什么适用于人工智能领域?

7-7　FPGA 为什么可以加速深度学习推理?

7-8　什么是 OpenCL? 它具备哪些特点?

7-9　使用 OpenCL 的方式来开发 FPGA 与采用传统的硬件开发语言来开发 FPGA 有哪些优势?

7-10　HLS 的实现流程是怎样的? 与传统的 RTL 开发相比有哪些优缺点?

7-11　OpenVINO 工具包具有哪些特性? 它包含了哪两部分?

7-12　FPGA 厂商为什么要推出 One API? 它有哪些特点?

参 考 文 献

[1] 丁男，马洪连．嵌入式系统设计教程[M]. 3 版. 北京：电子工业出版社，2016.

[2] 钱晓捷，程楠. 嵌入式系统导论[M]. 北京：电子工业出版社，2017.

[3] 罗蕾，李允，陈丽蓉，等. 嵌入式系统及应用[M]. 北京：电子工业出版社，2016.

[4] 陈启军，余有灵，张伟，等. 嵌入式系统及其应用——基于 Cortex-M3 内核和 STM32F 系列微控制器的系统设计与开发[M]. 3 版. 上海：同济大学出版社，2015.

[5] MUNSHI A，GASTER B R，MATTSON T G，et al. OpenCL 编程指南[M]. 苏金国，李璜，杨健康，译. 北京：机械工业出版社，2013.

[6] 刘文志，陈铁，吴长江. OpenCL 异构并行计算：原理、机制与优化实践[M]. 北京：机械工业出版社，2015.

第 8 章 人工智能系统的应用

导读

本章分别从 Python 实现、嵌入式系统实现、FPGA 实现三个方面详细介绍了人工智能技术在机器视觉和无人驾驶系统中的典型应用。其中，在机器视觉典型应用中，先是使用 Python 语言实现了一个图像分类模型，然后利用嵌入式系统实现了车牌字符的自动识别，最后利用 FPGA 部署了一个视觉目标识别网络。而在无人驾驶系统典型应用中，先是使用 Python 开发了一个自动车位检测系统，然后使用嵌入式系统构建了一个简易的无人驾驶系统，最后利用 FPGA 部署了一个道路车辆检测模型。通过本章内容的学习，读者将会对人工智能项目的开发流程有一个初步了解，为今后在不同领域中应用人工智能技术打下基础。

本章知识点

- 典型人工智能项目的开发流程，图像处理算法以及基于 FPGA 的开发流程
- 应用于无人驾驶的图像分类算法以及基于 FPGA 的开发流程

8.1 机器视觉典型应用

8.1.1 Python 实现

图像分类在人们的日常生活中使用比较广泛，比如拍照识物，还有手机的 AI 拍照，学术界每年也有很多图像分类的竞赛。本节将利用一个开源数据集来帮助读者学习如何构建自己的卷积神经网络图像识别模型。

卷积神经网络是一种深度前馈人工神经网络，一般地，CNN 的基本结构包括两层：其一为特征提取层，每个神经元的输入与前一层的局部接受域相连，并提取该局部特征，一旦该局部特征被提取后，它与其他特征间的位置关系也随之确定下来；其二是特征映射层，网络的每个计算层由多个特征映射组成，每个特征映射是一个平面，平面上所有神经元的权值相等，特征映射结构采用影响函数核小的 sigmoid 函数作为卷积神经网络的激活函数，使得特征映射具有位移不变性。

在本节中，为了简单起见，将使用 Python 语言和 TensorFlow 框架来编写程序，实

现一个简化的卷积神经网络模型。TensorFlow 是一个由 Google 创建的开源深度学习框架，它可以让开发者对每个神经元(在 TensorFlow 中被称为“结点”)进行细粒度控制，这样就可以调整权重，实现最佳性能。TensorFlow 有许多内置的库(其中很少可以用于图像分类任务中)，并有一个资源丰富的社区，所以开发者将能够在其中找到几乎任何有关深度学习主题的开源实现。

对 CNN 进行训练和测试的数据集将采用 CIFAR-10 数据集，该数据集由 60000 个尺寸为 32×32 像素的图像组成。该数据集包含 10 个相互排斥(不重叠)的类，每个类中含有 6000 张图像。这些图像小巧、标记清晰、没有噪声，只需要非常少的预处理就可以使用，这些优点使得该数据集成为初学者了解图像分类和深度学习的理想选择。图 8-1 所示为 CIFAR-10 数据集中的 10 个类以及从这 10 个类中获取的部分图像。

图 8-1 CIFAR-10 数据集中的 10 个类以及其中的部分图像

第一步，对图像数据进行预处理。由于 CIFAR-10 数据集中的图像本身是非常有组织的，几乎不包含任何噪声，因此预处理的目的主要是通过对图像数据添加一些变化来增强原有的图像数据集。这里所谓的“变化”包括对图像进行剪裁，水平翻转图像，调整图像的色调、对比度和饱和度，为图像添加噪声等处理，同时也包括这些处理的随机组合。经过预处理后的数据集如图 8-2 所示。

第二步，对数据集进行拆分。之所以要拆分数据集，是因为如果使用整个大型数据集数据来训练模型，那么计算梯度需要花费的时间会非常长。因此，在训练模型的每次迭代期间应该仅使用数据集中的一小批图像，批量的大小通常是 32 或 64。此外，还需要将整个数据集划分为含有 50000 张图像的训练集以及包含 10000 张图像的测试集，分别用于对网络的训练以及对训练结果的评估。

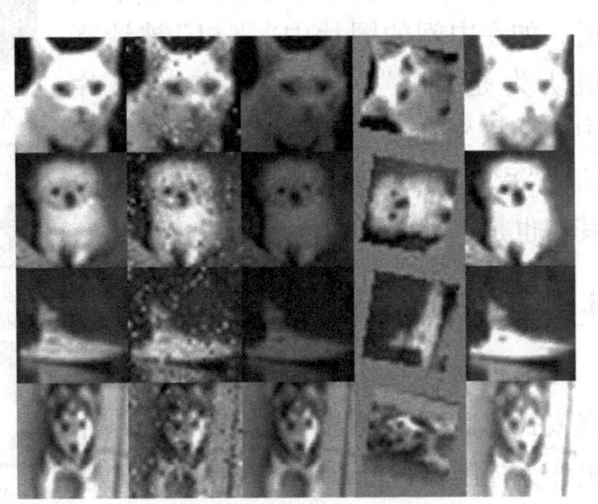

图 8-2 经过预处理后的数据集

第三步，编程实现一个简单的 CNN 模型，其结构如图 8-3 所示。

在图 8-3 所示的模型中不难发现，它包含

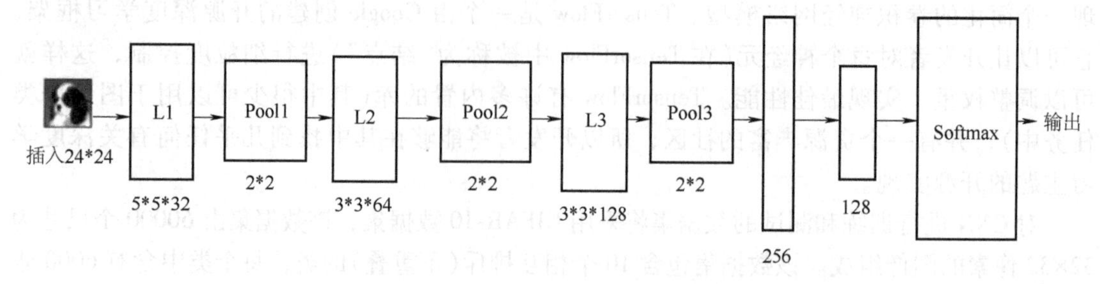

图 8-3 简化的 Inception 模型结构

了 3 个具有 2×2 最大池化的卷积层。所谓“最大池化”，是指一种获取卷积核对应网格的最大像素值来减小图像尺寸的技术，该技术有助于减小过拟合度，从而使模型更加通用。图 8-4 显示了 2×2 最大池化的工作原理。

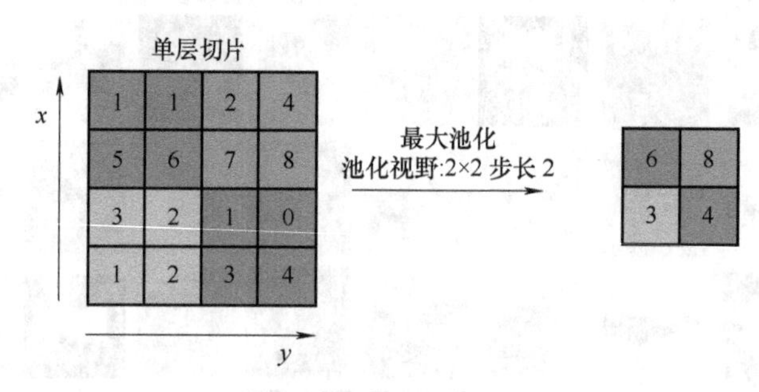

图 8-4 2×2 最大池化的工作原理

在 3 个卷积层的后面是 2 个全连接层，由于全连接层的输入是 2 维的，而卷积层的输出是 4 维的，因此在它们之间添加了一个扁平层(flattening layer)。最后，为了输出图像分类结果，在网络的最末端设置了一个 softmax 层。

采用 Adam 优化器对网络参数进行训练，并采用衰减学习率在训练精度与速度之间寻求平衡。训练后的网络模型就可以在测试集上对未知图像进行分类预测了。经测试，经过简化的 Inception 模型的分类准确率在 78%左右。图 8-5 所示为一些分类预测结果。

有意思的是，图 8-5 中错误的预测结果看起来和计算机所认为的非常接近，如在中间的图片中“飞机”被计算机认为是“鸟”，在右上方的图片中，一只坐在货车上的猫被计算机错认为“货车”，在某种程度上来说，这其实也是合理的。

8.1.2 嵌入式系统实现

本小节将介绍一种基于 STM32 的嵌入式车牌识别系统，以 STM32 单片机作为控制器，控制 OV7670 图像传感器进行车牌图像信息获取，经过二值化分析、识别车牌区域、字符定位、

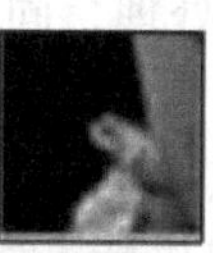

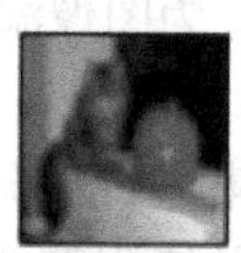

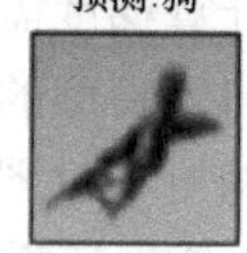

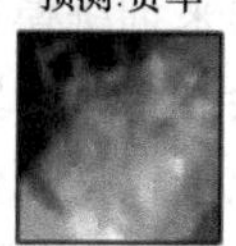

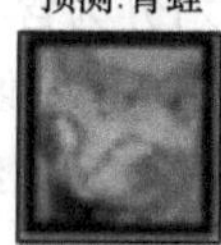

图 8-5 简化 Inception 模型分类预测结果

字符分割和字符识别等图像处理技术，最后获取车牌字符，并在液晶屏上显示识别结果。

系统总体上分为三部分，即图像获取部分、图像处理部分以及识别结果显示部分。其中，图像获取部分主要由图像传感器 OV7670 构成；图像处理部分涉及的图像识别算法包括二值化处理、字符定位、字符分割、字符识别等，使用 STM32 控制芯片实现，STM32 控制芯片具有较快的处理速率，可以实现相对复杂的运算，满足车牌识别的硬件需求；识别结果显示部分通过 TFT 液晶屏实现动态显示识别过程以及识别后的结果。图 8-6 是系统的结构总框图。

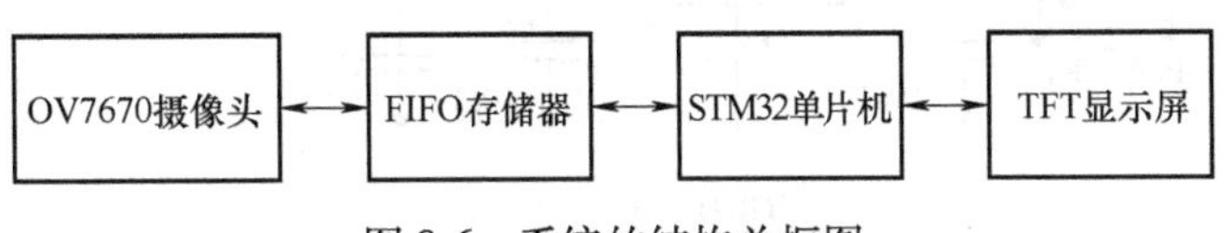

图 8-6　系统的结构总框图

在图 8-6 中，STM32 单片机最小系统主要包括供电电路、晶振振荡电路、程序下载与调试电路等，电路原理图如图 8-7 所示。其中，在供电电源电路中具有用户手动复位功能，以控制程序重新运行。外部时钟源采用 8MHz 晶振作为芯片的时钟来源，在晶振的输入和输出电路中都加有电容使晶振频率平稳。STM32 的程序调试/下载接口主要分为两种：一种是 JTAG 接口，另外一种是 SWD 接口。图 8-7 中采用的是 SWD 接口的设计方式，只需要两根控制线，电路实现简单方便。

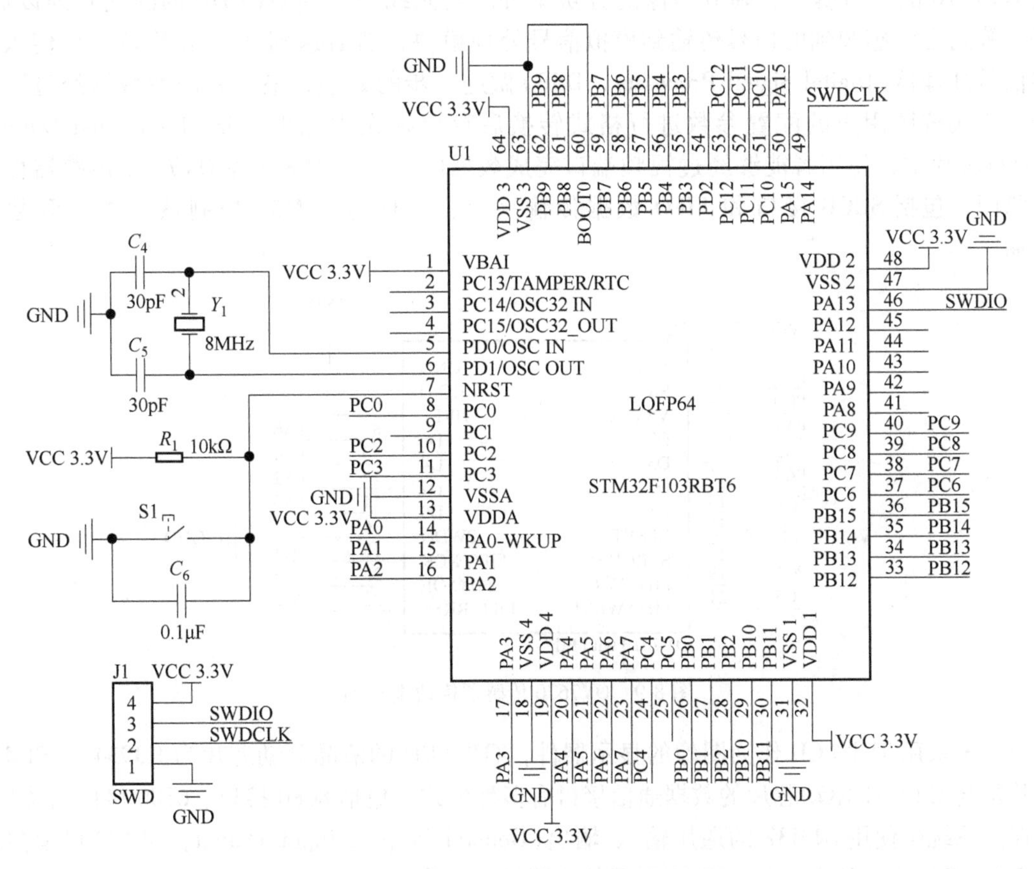

图 8-7　STM32 单片机最小系统原理图

STM32 的电源供电电路采用外接 5V 电压，可使用 USB 或者移动电源供电，5V 电源接到电路板后，通过电源直流稳压芯片 AMS1117-3.3 将 5V 电压转换成稳定的 3.3V 电压，供 OV7670 模块、TFT 液晶显示屏、主控制器 STM32 芯片的正常工作使用。系统电源电路的原理图如图 8-8 所示。

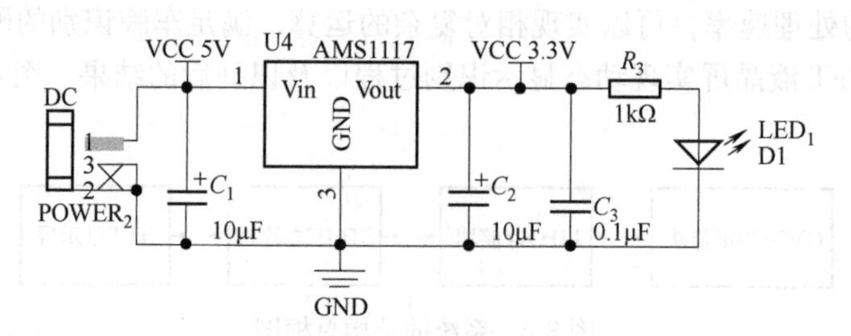

图 8-8　系统电源电路原理图

OV7670 是传感器材料为互补金属氧化物半导体(Complementary Metal Oxide Semiconductor，CMOS)的、低成本的光感采集传感器，它运用了许多先进的图像处理技术，通过减少或消除光学或电子缺陷如固定图案噪声、托尾、浮散等，提高图像质量，得到清晰、稳定的彩色图像。在系统中，OV7670 通过串行摄像机控制总线(Serial Camera Control Bus，SCCB)与 STM32 主控芯片进行数据交互，可通过 SCCB 配置 OV7670 的寄存器来改变 OV7670 的输出模式、调节图像的分辨率等。当光线照射到 OV7670 的感光阵列以后，感光阵列会将感知到的信号传输到模拟信号处理模块，然后送到 A/D 转换器，再传入数字信号处理器(Digital Signal Processor，DSP)做进一步的处理，最后将图像数据经过图像缩放模块按照用户的配置参数进行格式转换后存放在先进先出(First Input First Output，FIFO)芯片中，使用者能够经过视频端口完成数据的读取。图 8-9 为 OV7670 传感器模块电路图，包括 SCCB 接口和 FIFO 数据传输接口，实现与 STM32 控制器的指令和数据传输。

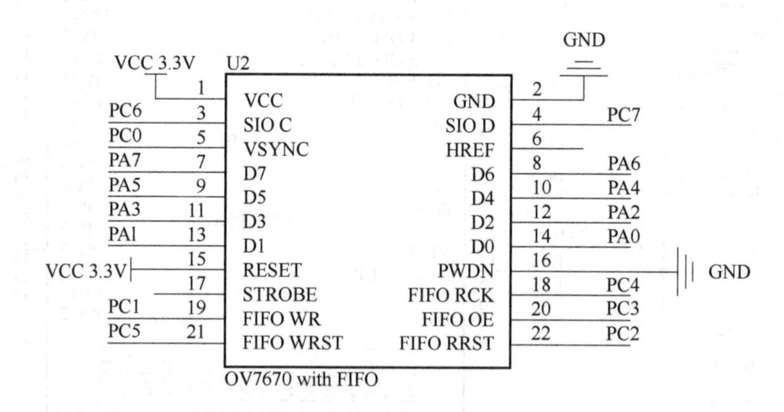

图 8-9　OV7670 传感器模块电路图

系统采用 TFT-LCD 作为图像的显示器件，TFT-LCD 的液晶驱动芯片为 ILI9341。STM32 单片机与 ILI9341 驱动芯片的数据通信接口有多种模式，包括 8080 接口、6800 接口以及 SPI 接口。系统中使用 STM32 的通用输入/输出(General Purpose Input/Output，GPIO)口模拟输出 8080 通信协议的方式与 TFT-LCD 通信。图像显示像素格式为 RGB565，通信数据采用 16 位模式。图 8-10 为 ILI9341 的接口原理图。

由于单片机控制器的 I/O 口速率与 CMOS 摄像头的时钟速率相差很大，因此，在系统中先将摄像头图像数据存入 FIFO 芯片中，单片机识别获得一帧图像数据信号后再对 FIFO 芯片数据进行读取。

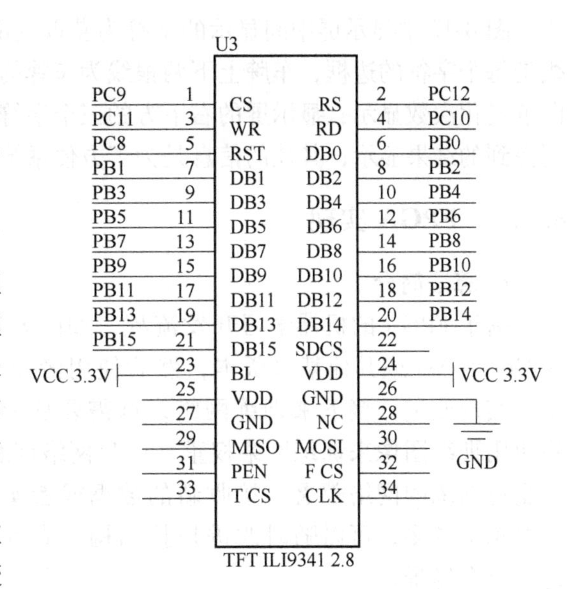

图 8-10　ILI9341 的接口原理图

通过 OV7670 采集的车牌图像为彩色图像，但是彩色图像包含的信息较多，对处理器的性能要求也比较高。为了提高图像处理的速度，系统首先对彩色图像进行二值化处理，即确定合适的颜色阈值，使得图像中的必要信息用白色显示，而与处理任务无关的信息用黑色表示，如图 8-11 所示。

图 8-11　图像二值化以后的结果

定位车牌是在二值化以后进行的，定位车牌的方式是对二值图像中像素值由黑变白、由白变黑的次数进行累加，因为车牌区域有字符，所以车牌区域跳变的次数会比没有字符的区域多，这样就能够定位出车牌在图像中所处的位置。定位车牌以后需要对车牌区域中的字符进行分割，以便于后续对车牌字符的识别。我国车牌一般由 8 个字符构成，每个字符均采用标准的印刷字体，每个字符的大小规格都有统一标准，利用这些特点可以实现车牌区域的字符分割。系统中根据统计到的车牌区域中各列白色点数进行第一次分割，即在车牌的最右边界开始遍历保存车牌纵向的白色点的数组，在数组元素的值为零的地方进行画线，直到车牌的最左边界就停止。如果画线的次数为 8 次，表示完成了对各个互相独立的字符的基本的区别分割。接着对字符进行再次分割，从车牌的最右开始，遍历存放车牌的各列的白点数组，当数组中的第一次出现数组元素的值大于零时，则该数组元素在数组中的下标为车牌最右边第一个字符的右边界值，然后再继续查看数组，直到又一次查看到元素的值等于零时，那么该数组元素在数组中的下标值就是车牌最右边第一个字符的左边界值，依此步骤可准确分割出字符的左右范围。字符上下边界的确定方法类似，行号从车牌的最上边界开始，列号从字符的左边界到字符的右边界为止，读取像素判别直到出现像素点的值不为零时，则该像素点所在的行数即是该字符的最上边沿；下边界的确认也是同理。

车牌字符的识别可以采用模板匹配法，其过程可以简单描述为：将字符图像像素点逐一读取出来并保存在一维数组中，将数组与模板字库中的值对比，如果相同，则相似值加一，最后相似值最大的字符即为本次识别的目标字符。在字符识别过程中，模板字库中字符的大小往往是固定的，因此需要将分割出来的字符也变成同样的大小，这时可以采用线性插值的方式完成字符的归一化。

车牌识别系统最终在 TFT-LCD 液晶屏上显示出来的结果如图 8-12 所示。

图 8-12　车牌识别结果

图 8-12 中显示屏中间显示的字符为获取到的车牌二值化后的结果，每个字符两边的竖线是每个字符的边框，车牌上下两根线为车牌的上下边界线；显示屏的上方为纵向的黑色到白色变化次数显示；显示屏的右下方的三个字符为归一化的显示区；显示屏正下方是系统识别得到的结果显示；其他的信息是为了方便系统调试显示的调试信息。

8.1.3 FPGA 实现

1. 算法简介

基于 FPGA 的机器学习开发流程，如图 8-13 所示。首先选择网络拓扑，比如 ResNet 或 GoogLeNet 或其他某些版本，然后使用诸如 Caffe 或 TensorFlow 等框架，对网络进行修改以实现改进。接下来训练网络，这需要从像 ImageNet 或 Kitti 这样的大型数据集开始，并使用训练图像来训练网络权重。一旦网络训练完成，就可以进行部署。FPGA 主要应用于受过训练的网络部署，接收新的数据或者实时视频，对其进行实时处理，随着收集的数据越来越多，可以随时改进拓扑结构，或者通过更多参考图像来提高训练准确性，以处理更多场景。

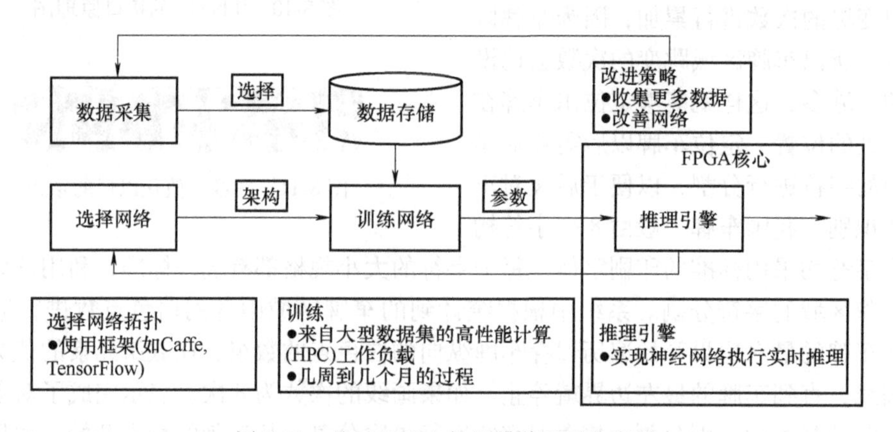

图 8-13　基于 FPGA 的机器学习开发流程

在人工智能领域当中，计算机视觉是非常重要的一个应用方向。而在计算机视觉当中，图形图像的处理占据了绝大部分的内容。本小节使用图像分类，简单介绍人工智能在计算机视觉方面的应用，所选择的算法是 Inception V3 模型。

图像分类(Image Classification)是使用计算机视觉和机器学习算法从图像中抽取意义的任务。这个操作可以简单地为一张图像分配一个标签，如猫、狗还是大象，或者也可以高级到解释图像的内容并且返回一个人类可读的句子。图像分类的核心是从给定的分类集合中给图像分配一个标签的任务，实际上，这意味着任务是分析一个输入图像并返回一个将图像分类的标签。标签总是来自预定义的可能类别集。例如，假定一个可能的类别集 categories = {dog, cat, panda}，之后提供一张图片给分类系统，如图 8-14 所示。

图 8-14　输入图像

这里的目标是根据输入图像从类别集中分配一个类别，这里为 dog。分类系统也可以根据概率给图像分配多个标签，如 dog：95%，cat：4%，panda：1%。更一般地，给定三个通道的 $W\times H$ 像素，目标是取 $W\times H\times 3=N$

个像素且找出正确分类图像内容的方法。

首先介绍GoogLeNet——ILSVRC 2014的冠军网络。GoogLeNet试图回答在设计网络时究竟应该选多大尺寸的卷积或者应该选汇合层。其提出了Inception模块，同时用1×1、3×3、5×5卷积和3×3汇合，并保留所有结果。网络基本架构为conv1(64)→pool1→conv2×2(64,192)→pool2→inc3(256,480)→pool3→inc4×5(512,512,512,528,832)→pool4→inc5×2(832,1024)→pool5→fc(1000)。GoogLeNet的关键点是：①多分支分别处理，并级联结果；②为了降低计算量，用了1×1卷积降维。GoogLeNet使用了全局平均汇合替代全连接层，使网络参数大幅减少，如图8-15所示。

Inception V3模型在GoogLeNet的基础上进一步降低参数，如图8-16所示。它和GoogLeNet有相似的Inception模块，只是将7×7和5×5卷积分解成若干等效3×3卷积，并在网络中后部分把3×3卷积分解为1×3和3×1卷积，这使得在同等规模的网络参数下网络可以部署到42层。此外，Inception V3使用了批量归一层。Inception V3是GoogLeNet计算量的2.5倍，而错误率较后者下降了3%。Inception V4在Inception模块基础上结合了residual模块，进一步降低了0.4%的错误率。

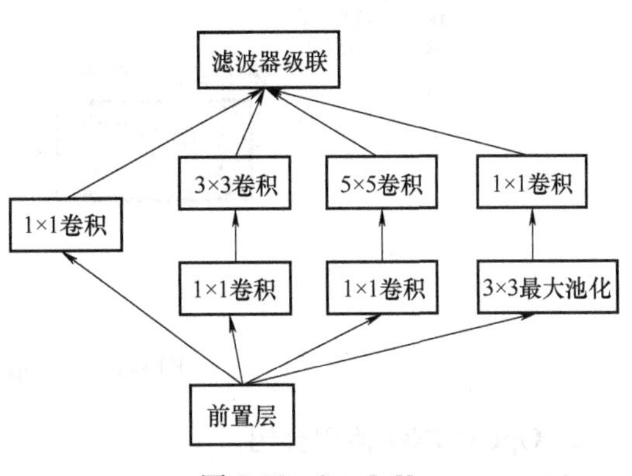

图8-15　GoogLeNet

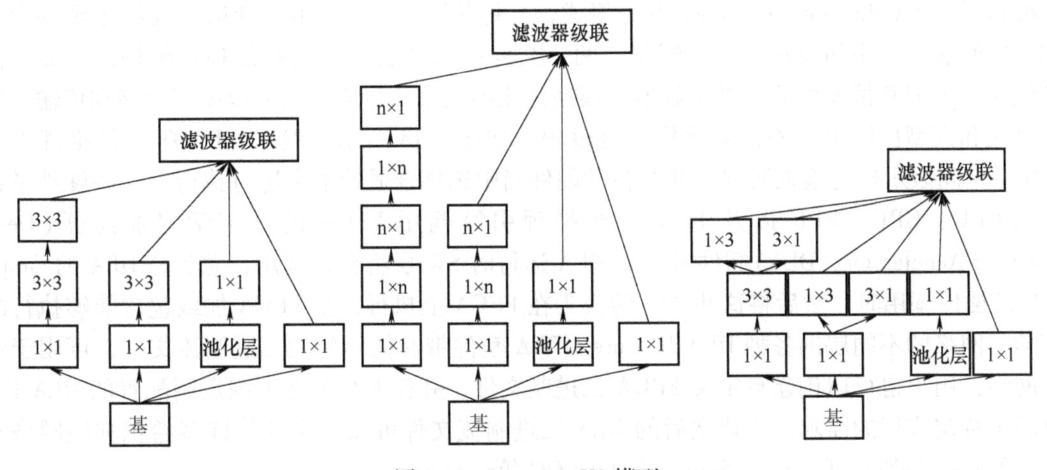

图8-16　Inception V3模型

TensorFlow实现Inception V3迁移学习的流程如下：

1）加载Inception V3模型，读取其中的瓶颈层、输入层张量名称(Tensor)。

2）复用卷积池化层，生成图像特征向量(瓶颈层)。

3）定义神经网络的前向传播过程。

4）定义双层全连接神经网络。

5）训练全连接神经网络。

如果已按文件夹分好类则直接训练即可，否则可以用notebook将数据可视化分类。

Inception V3 分类训练如图 8-17 所示。

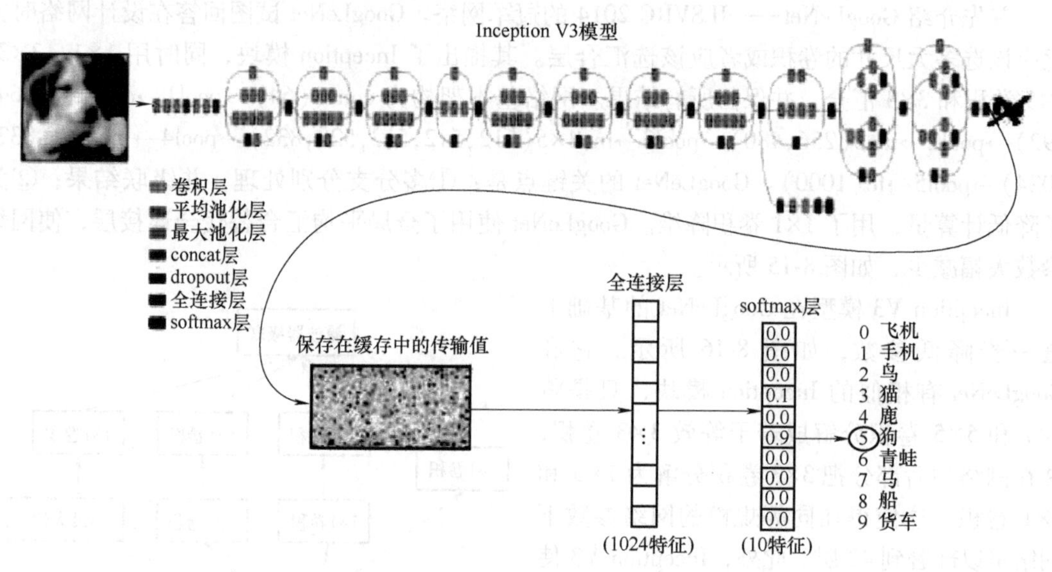

图 8-17　Inception V3 分类训练

2. OpenVINO 使用介绍

使用 OpenVINO 来对模型进行推理主要有以下步骤：训练模型首先被输入模型优化器，模型优化器支持由 Caffe、TensorFlow、MXNet 等主流深度学习框架训练所生成的模型文件。

深度学习部署工具包(Deep Learning Deployment Toolkit，DLDT)中的模型优化器将采用标准机器学习(Machine Learning，ML)格式，并将其转换为特定的、能够被英特尔硬件所识别的中间表示，中间表示是描述模型的两个文件：. xml 文件描述网络拓扑结构，. bin 文件是包含权重值和偏差值的二进制数据。模型优化器还会执行诸如增强模型、存储和传输、执行量化和模型压缩等任务，来优化执行过程，如图 8-18 所示。然后，DLDT 中的推理引擎 API 将中间表示作为输入数据，并在各种硬件当中选择合适的平台进行执行，这些硬件平台包括 CPU、GPU、VPU 以及 FPGA。当推理引擎调用 FPGA 的深度学习加速器(Deep Learning Accelerator，DLA)插件时，当 DLA 运行时 SW 层将会被调用，尤其是 DLA 的 Graph API 被插件调用时；然后将这些 API 转换为在 FPGA 上执行，该 FPGA 加载包含能够执行深度学习网络的不同层的各种 DLA IP Core。DLA 套件带有优化后的二进制流文件，可用于各种网络，用户也可以创建自定义 FPGA 二进制文件，并在 FPGA 上加载定制配置的 DLA IP，以满足特定应用的需求。优化之后的 DLA 二进制流文件可以原生支持许多卷积神经网络架构，如 GoogLeNet、ResNet、SqueezeNet、VGG 等。

总结起来，使用 OpenVINO 将算法模型部署到 FPGA 完整的开发流程主要包括如下步骤：

1）下载实验所需要的数据和数据集。其中数据和数据集包含了需要使用的视频/图片数据和训练所需要的数据集。

2）训练深度学习模型。

3）使用 OpenVINO 进行模型转换。模型转换之后就是所需要的模型中间表示(IR)，包括 . xml 描述网络拓扑结构、. bin 包含权重值和偏差值的二进制数据，这些是可以通过一定的方式加载到 FPGA 上运行的。

4）使用 OpenVINO 进行模型推理。

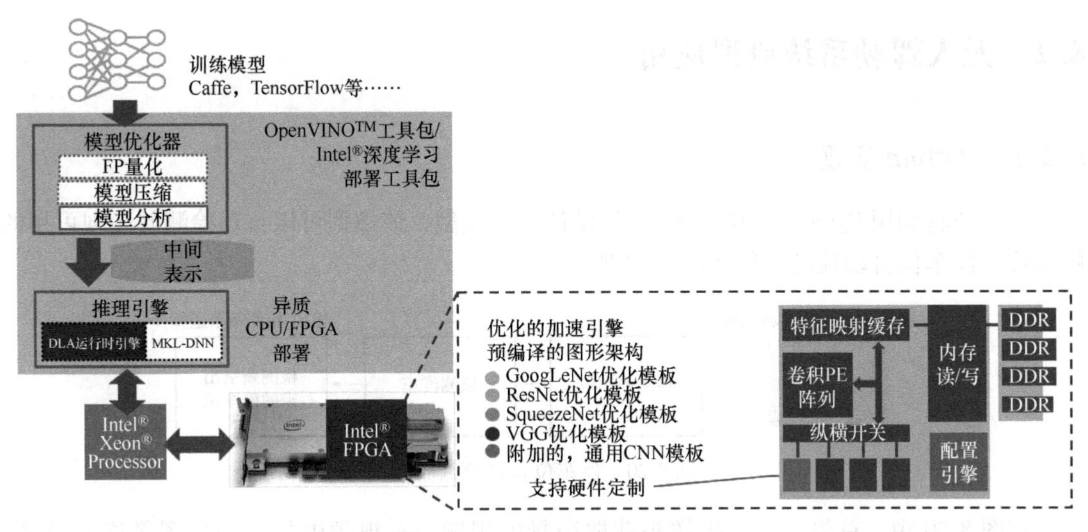

图 8-18　OpenVINO 工作流程

3. 算法执行

英特尔 FPGA 深度学习加速套件是开放式视觉推理和神经网络优化 OpenVINO 工具包的一部分，它是用于在各种英特尔平台上开发和部署计算机视觉解决方案的综合工具包。通过编译 Caffe、下载数据集、训练模型、模型转换、编译推理应用，最后将算法部署到 FPGA 并执行推理。

得到的结果如图 8-19 所示。

```
[ INFO ] Starting inference (1 iterations)
[ INFO ] Processing output blobs

Top 10 results:

Image /opt/car/car2.jpg

classid probability
------- -----------
469     9.0000000
628     6.6250000
818     6.6250000
582     6.3750000
735     6.3750000
657     6.2500000
752     5.5000000
512     5.0000000
865     4.8750000
705     4.7500000


total inference time: 114.0507236
Average running time of one iteration: 114.0507236 ms

Throughput: 8.7680285 FPS
```

图 8-19　物体分类检测结果

其中，classid 表示的是物体分类的 id 编号。在物体分类当中，通常会有一个文本文件记录了 id 编号以及编号所对应的物体名称。因此，可以直接通过查询 id 编号获得对应的物体名称，图 8-19 中 469、628、818 等代表物体的 id 编码，后面的 9. 0000000、6. 6250000、6. 3750000 等代表概率，概率最高的即所谓的物体分类。

8.2 无人驾驶系统典型应用

8.2.1 Python 实现

本小节将利用 Python 和 Mask R-CNN 设计一个模型，该模型可以自动检测并发现可用的停车位。停车位自动检测流程如图 8-20 所示。

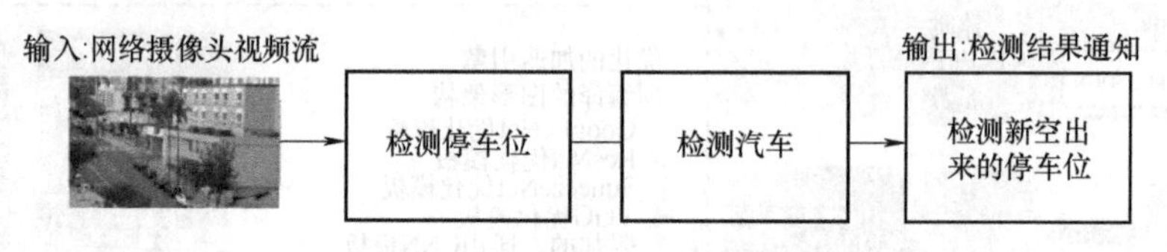

图 8-20 停车位自动检测流程

在图 8-20 中，首先，利用摄像头获取街景的视频，对视频中的每一帧图像进行处理，图 8-21 是通过摄像头获取的街景图像。其次，确定图像中的哪些部分是停车位。再次，对图像中的车辆进行检测，以便跟踪视频中每辆车的运动。最后，根据停车位中的车辆是否运动确定出哪些车位是最新空出来的。

图 8-21 利用摄像头获取的街景图像

检测停车位的最简单方法是手工把每个停车位的位置标识出来，并编码到程序中，如图 8-22 所示。但是，这种方法的缺点是如果将摄像头移动或要检测其他街道上的车位，就必须重新手工标识停车位。

图 8-22 手动标识的停车位

为了能够自动检测图像中的停车位，可以将停车位检测问题转化为静止车辆检测问题，这样做的好处是将这一步骤获得的结果可以十分自然地应用于下一步骤，不过前提是假设长时间静止的车辆是停放在停车位上的。在图像中检测车辆，实际上是一个目标检测的问题，可以采用方向梯度直方图（Histogram of Oriented Gradient，HOG）、卷积神经网络、Faster R-CNN、YOLO 等方法。这里采用的是 Mask R-CNN 方法，这是因为 Mask R-CNN 架构可以在不使用滑动窗口的情况下以一种高效的计算方式在整幅图像中检测目标。换句话说，Mask R-CNN 可以运行得相当快，特别是在具有比较先进的 GPU 时，该方法能够以数帧每秒的速度检测到高分辨率视频中的目标。所以，它比较适合需要解决对实时性要求比较高的问题。此外，Mask R-CNN 还能够提供更多关于每个检测对象的信息。不同于绝大多数目标检测算法仅仅返回每个对象的边界框，Mask R-CNN 不仅能够提供每个对象的位置，它还会给出每个对象的轮廓（掩膜），如图 8-23 所示。

图 8-23　Mask R-CNN 能够检测出对象位置及其轮廓

为了训练 Mask R-CNN，需要大量关于检测目标的已标注图像。为此，选择 COCO 数据集来训练模型，在 COCO 数据集中所有的图像都用目标掩膜标注过，而且在这个数据集中，已经有超过 12000 张汽车图像做好了轮廓标注。由于很多人已经使用 COCO 数据集作为目标检测数据集来构建他们的模型并且分享了他们的结果，因此甚至可以用一个训练好的模型作为开始，而不用从头去训练自己的模型。采用预训练的模型对摄像头采集的街景图像进行处理以后得到的检测结果如图 8-24 所示。

图 8-24　通过预训练模型获得的检测结果

在图8-24中不难发现，预训练模型不仅识别了车辆，还识别出了交通信号灯和行人，更有意思的是，它将图中的一棵树木识别成了“盆栽植物”。观察图像中被检测到的每一个目标，能够得到如下一些结论：首先，被检测到的目标类型很多，实际上，预训练的COCO模型知道如何检测80种不同的常见目标，如汽车和货车；其次，目标检测的置信得分越大，越说明模型准确地识别了目标；再次，图中目标的边界框是以像素位置的形式给出的；最后，通过位图(掩膜)能够分辨出边界框里哪些像素是目标的一部分、哪些不是。这样，有了掩膜数据，就可以标注目标的轮廓了，图8-25所示为对检测结果中目标类型为汽车的轮廓标注的结果。

图8-25　由预训练模型检测出的汽车轮廓

我们希望用目标检测获得的边界框来代表一个车位，而在图8-25的检测结果中能够看到，不同车位中车辆的边界框都会有一小部分的重叠。这意味着即使车位是空的，也有可能显示为被部分占用。所以，需要一种方法来测量两个目标对象的重叠度，以便检查“大部分是空的”的边界框。于是使用交并比(Intersection over Union，IoU)作为指标，来衡量汽车边界框与停车位边界框重叠的程度。IoU是通过两个对象重叠的像素数量除以两个对象覆盖的像素数量计算得到。利用IoU可以轻易确定汽车是否在停车位，即如果IoU测量值很低，如0.15，意味着汽车并没有真正占用大部分停车位；反之，如果IoU指标很高，如0.6，意味着汽车占据了大部分停车位区域，因此可以确定该停车位被占用。

检测出车辆后，再通过对比视频中的相邻帧图像，就可以判断哪些车辆在视频中是没有移动的或者哪些车辆正在移出所在车位。但请注意，即使Mask R-CNN非常准确，偶尔也会在单帧视频中错过一两辆车。因此，在将停车位标记为空闲之前，应该确保它在一段时间内始终保持为空闲状态，这个时间长短可以用5或10个连续的视频帧来衡量，从而防止算法仅仅因为目标检测在某一帧视频上有短暂的停顿就错误地检测到空闲的停车位。

8.2.2　嵌入式系统实现

本小节利用STM32设计一个模拟无人驾驶智能系统。在模拟场景下，该系统通过视觉传感器对道路环境进行感知，控制器做出相应判断，从而控制执行机构做出相应动作，实现车辆在模拟场景中的正常行驶。模拟场景中，道路采用双黑线设计，设有直道、弯道和模拟红绿灯，车辆循迹行驶并对红绿灯进行识别；道路上设置障碍物，用于测试车辆的避障能力。该无人驾驶智能系统主要由传感器、控制器、执行器、人机交互等部分组成，如图 8-26 所示。

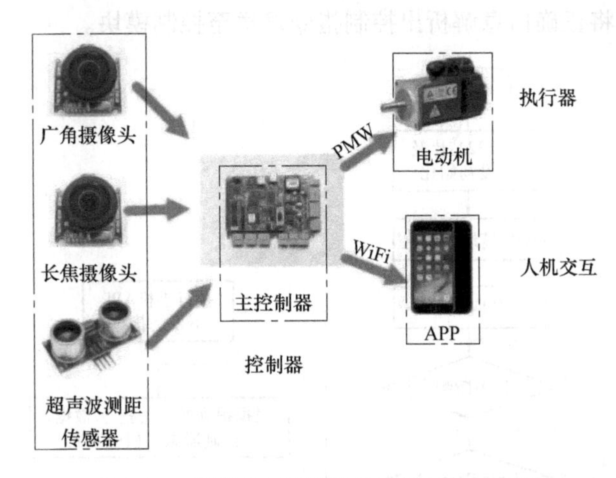

图 8-26　模拟无人驾驶智能系统总体构架图

传感器部分包括摄像头模块和超声波测距模块：摄像头模块采用双摄像头的设计，分别采用广角摄像头采集双黑线信息，长焦摄像头采集红绿灯信号；超声波测距模块采集小车与障碍物之间的距离信息。采集到的数据经模块处理后，通过串口将处理好的实时数据发送至小车主控制器。控制器部分即 STM32 单片机是整个系统的控制核心，实现各个模块统一协调工作，根据当前路况实时做出相应的判断，并给执行器下发指令。执行器部分为电动机，主控制器采用比例积分微分(Proportional Integral Differential，PID)控制算法，通过驱动电路，控制电动机转动方向和速度，可以使电动机产生正转、反转，从而根据差速原理使车体产生前进、后退及转弯等动作。人机交互部分通过 Wi-Fi 网络实现手机端 APP 与车辆互联，实时跟踪小车动态，在紧急情况下，对车辆进行实时操控，从而达到安全运行的目的。系统的硬件模块组成框图如图 8-27 所示。

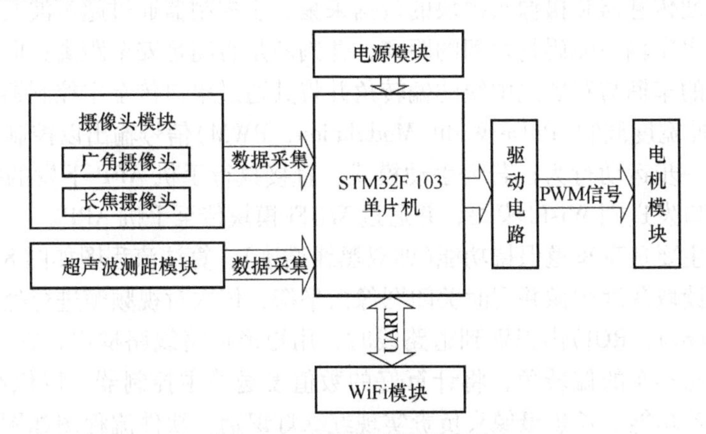

图 8-27　硬件系统模块框图

模拟无人驾驶智能系统软件设计主要包括主控制器的软件设计、摄像头模块的软件设计、电动机驱动的软件设计等。主控制器 STM32 的程序流程图如图 8-28 所示。系统上电后首先进行初始化，初始化主要包括：设置最小安全距离和前进速度等参数初值、外部中断初始化、定时器初始化、Wi-Fi 模块以及串口的初始化；然后打开定时器中断和串口接收中断，设定标志位 Time flag = 1。当系统进入 Wi-Fi 串口接收中断后，首先判断是否接收到 APP 下发的指令数据，对接收到 APP 下发的指令进行循环冗余校验（Cyclic Redundancy Check，CRC），然后将正确信息解析出控制指令发送至控制模块。

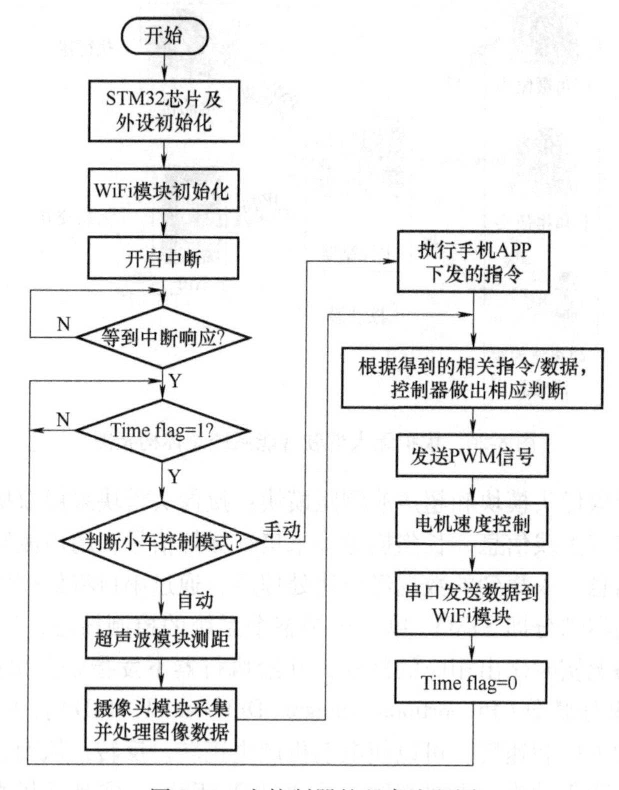

图 8-28　主控制器的程序流程图

主程序中，首先根据串口中断接收到的指令数据判断当前的控制模式。若为自动模式，则直接进行超声波传感器和摄像头模块的数据采集，主控制器通过超声波测距模块返回的测距时间，分析得出车辆与障碍物之间的距离，并判断是否满足安全距离；同时，摄像头模块可直接处理得出的车辆与双黑线中线的偏转角并将其通过串口传至主控制器，主控制器基于 PID 算法控制脉冲宽度调制（Pulse Width Modulation，PWM）信号输出以控制电动机速度，从而实现车辆的下一步运动行为；若为手动模式，直接执行手机 APP 下发的指令。车辆行驶状态数据通过串口发送到 Wi-Fi 模块，并通过 Wi-Fi 模块传至手机 APP。

广角摄像头主要负责车道保持功能（即双黑线循迹），算法流程图如图 8-29a 所示。首先模块上电开启，读取灰度图像并同时关闭图像白平衡，依次对视频帧进行处理，当感兴趣区域（Region Of Interest，ROI）内识别到道路线时，用矩形框将线路框出，在 STM32F103 上计算出双黑线中线与小车的偏转角，将计算好的数值发送给主控制器，以供小车进行 PID 调节，实现车道保持功能。长焦摄像头负责实现红绿灯识别，软件流程图如图 8-29b 所示。上电后开启，读取彩色 RGB 图像并关闭白平衡，然后对红绿等颜色阈值进行设定和对 ROI 进行设定，读取视频帧判断图像内是否出现红绿灯，若出现红绿灯，在 ROI 内用矩形框框出，并根据图像原理计算出灯与车的距离，将数据通过串口发送给主控制器 STM32F103 来判断是否需要停车。主控制器根据串口接收到的摄像头发送来的交通灯状态进行判断，如果信号灯为绿灯，则执行车道保持的操作；如果信号灯为红灯，则执行停车的操作。

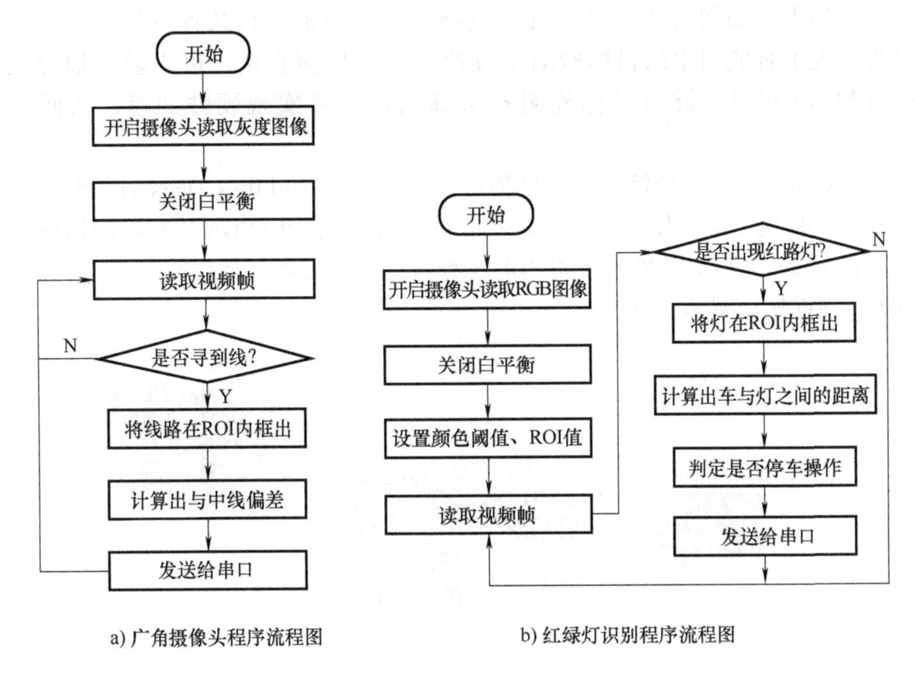

a) 广角摄像头程序流程图　　b) 红绿灯识别程序流程图

图 8-29　OpenMV 摄像头模块程序流程图

电动机 PID 调节主要实现车辆在车道保持时的运动方向和速度的控制，即保持车辆前进方向与车道中线的偏转角为零。PID 控制框图如图 8-30 所示，将设定值定为零。根据摄像头模块返回至主控制器的车辆偏转角与设定值做差值运算可得 PID 调节的输入偏差值，位置 PID 控制器的输出值为控制电动机运行的 PWM 信号。PID 控制器输出的 PWM 信号控制直流电动机运行。设定小车正常直线运动时的 PWM 参数，当小车转弯时，根据小车左右两轮电动机分别加减 PID 输出的 PWM 信号，保证左右车轮实现差速转弯，从而保证小车顺利通过弯道，并通过摄像头模块实时返回偏转角。

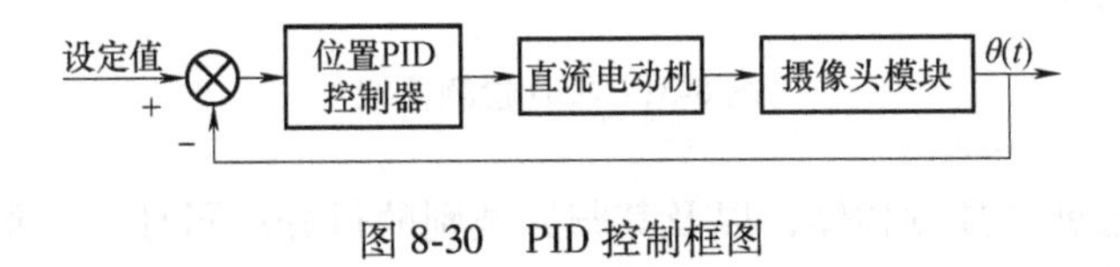

图 8-30　PID 控制框图

整套系统的设计、测试主要基于 Keil μVision4 编译器和 OpenMV 调试软件 IDE 及串口助手调试软件。经测试，模拟无人驾驶智能系统成功实现车道保持和红绿灯识别启停功能，以及利用超声波传感器实时检测道路上的障碍实现小车自动避障；同时，该系统实现了手机 APP 端对小车的实时跟踪动态和远程遥控，实时性、可靠性和安全性得到保障。

8.2.3　FPGA 实现

1. 算法简介

无人驾驶作为目前的科技发展重点，集自动控制、体系结构、人工智能、视觉计算等众多技术于一体，是计算机科学、模式识别和智能控制技术高度发展的产物，也是衡量一个国家科研实力和工业水平的一个重要标志，在国防和国民经济领域具有广阔的应用前景。在这当中，如何对当前的路况、道路物体进行准确而快速的判断，是一个非常重要的课题。人工智能当中的目标检测以及快速目标检测算法，可以较好地完成这方面的工作；而FPGA更是能够对目标检测相关算法进一步实现硬件加速，从而缩短检测时间。

在此选择使用目标检测单镜头多盒检测器(Single Shot MultiBox Detector，SSD)作为入门介绍，本次的SSD模型训练使用Caffe作为训练框架，并使用FPGA进行推测加速。

SSD是Wei Liu在ECCV 2016上提出的一种目标检测算法，是目前流行的主要检测框架之一。SSD检测框架如图8-31所示。

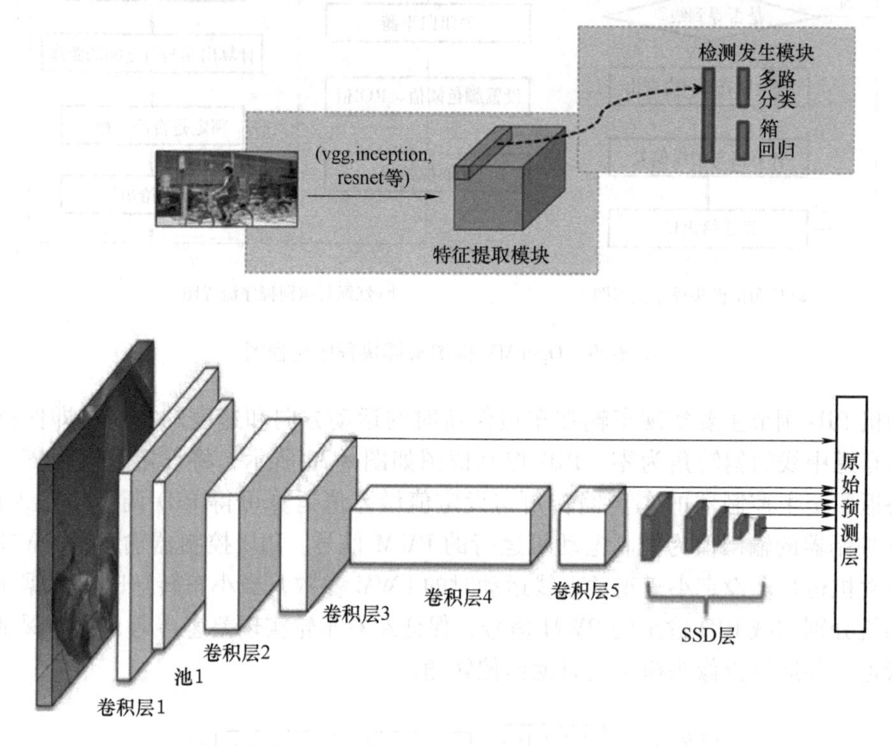

图8-31　SSD检测框架

SSD方法的核心就是预测物体，以及其归属类别的得分；同时，在要素图上使用小的卷积核去预测一系列边界框的框偏移，如图8-31所示。为了得到高精度的检测结果，在不同层次的要素图上去预测物体、框偏移，同时还得到不同纵横比的预测。

SSD的结构在VGG16网络的基础上进行修改，如图8-31所示，训练时同样为conv1_1，conv1_2，conv2_1，conv2_2，conv3_1，conv3_2，conv3_3，conv4_1，conv4_2，conv4_3(38×38×512)，conv5_1，conv5_2，conv5_3；fc6经过3×3×1024的卷积(VGG16中的fc6是全连接层，这里变成卷积层，fc7层同理)，fc7经过1×1×1024的卷积。然后一方面，针对conv4_3(4)，fc7(6)，conv6_2(6)，conv7_2(6)，conv8_2(4)，conv9_2(4)(括号里数字是选取的默认框种类)中的每一个功能图再分别采用两个3×3大小的卷积核进行卷积，这两个卷积核是并列的。

相对于那些需要目标提案的检测模型，SSD方法完全取消了提案生成、像素重采样或者特征重采样等阶段，为了处理相同物体的不同尺寸的情况，SSD结合了不同分辨率的要素图的预测，SSD 将输出一系列离散化的边界框，这些边界框是在不同层次上的要素图上生成的，并且有着不同的纵横比。需要计算出每一个默认框中的物体属于每个类别的可能性，即得分，如对于一个数据集，总共有 20 类，则需要得出每一个边界框中物体属于这 20 个类别的每一种的可能性，同时要对这些边界框的形状进行微调，以使得其符合物体的外接矩形。

特征映射单元就是将要素图切分成 $n\times n$ 的格子。默认框就是每一个格子上，生成一系列固定大小的框，即图 8-32 中虚线所形成的一系列框。

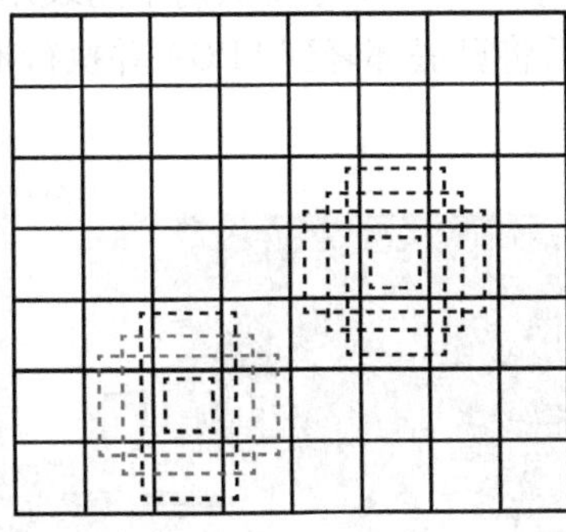

图 8-32　切分 boxes 示意图

和 Faster R-CNN 相似，SSD 也提出了锚的概念。卷积输出的要素图，每个点对应为原图的一个区域的中心点，以这个点为中心，构造出 6 个宽高比例不同，大小不同的锚(SSD 中称为默认框)，每个锚对应 4 个位置参数(x,y,w,h)和 21 个类别概率(voc 训练集为 20 分类问题，再加上锚是否为背景，共 21 分类)，如图 8-33 所示。

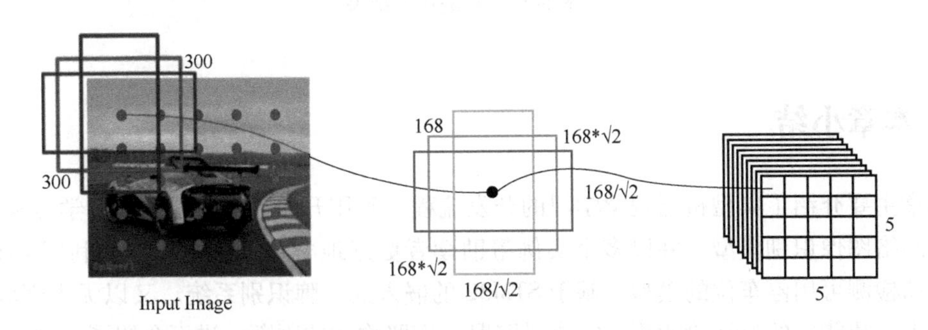

图 8-33　锚示意图

SSD 模型对边界框的大小非常敏感。也就是说，SSD 对小物体目标较为敏感，在检测小物体目标上表现较差。其实这也在情理之中，因为对于小目标而言，经过多层卷积之后，就没剩多少信息了。虽然提高输入图像的大小可以提高对小目标的检测效果，但是对于小目标检测问题，还是有很大提升空间的，同时，积极地看，SSD 对大目标检测效果非常好，而对小目标检测效果不好，但也比 YOLO 要好。另外，因为 SSD 使用了不同纵横比的默认框，SSD 对于不同纵横比的物体检测效果也很好，使用更多的默认框，结果也越好。空洞(atrous)使得 SSD 又好又快，通常卷积过程中为了使特征图尺寸保持不变，都会在边缘打衬垫，但人为加入的衬垫值会引入噪声，而使用 atrous 卷积能够在保持感受野不变的条件下，减少衬垫噪声，SSD 训练过程中并没有使用 atrous 卷积，但预训练过程使用的模型为 VGG-

16-atrous，意味着给的预训练模型是使用 atrous 卷积训练出来的。使用 atrous 版本 VGG-16 作为预训模型比较普通 VGG-16 要提高 0.7%mAP。

因为 COCO 数据集中的检测目标更小，在所有的层上使用更小的默认框。SSD 一开始会生成大量的边界框，所以有必要用非极最大值抑制(Non-Maximum Suppression，NMS)来去除大量重复的边界框。

2. 算法执行

使用 OpenVINO 通过下载 Inception V3 的检查点文件、生成算法拓扑文件、利用 OpenVINO 转换和优化模型生产 FPGA 可以识别中间表示层、编译推理应用(具体部署方法详见 8.1.3 节的介绍)，最后将算法部署到 FPGA 并执行推理。算法执行结果如图 8-34 所示。

图 8-34 算法执行结果

8.3 本章小结

本章主要介绍了典型机器视觉学习的开发流程，利用开源数据集帮助读者学习构建了卷积神经网络图像识别模型，并以多个实例帮助读者更好地学习相关内容，如利用 Python 等设计自动检测可用停车位的模型，基于 STM32 的嵌入式车牌识别系统。又以无人驾驶为例，首先用人工智能中的目标检测算法完成对路况、道路物体的判断，进而介绍了图像分类以及图像检测的算法以及流程，并使用开发套件将算法部署到 FPGA 中，实现算法的硬件加速，缩短了检测时间。

思考题与习题

8-1 典型的人工智能开发流程是什么？

8-2 使用 Python 进行车位检测的主要步骤是什么？

8-3 在嵌入式系统车牌识别应用中是如何实现字符分割的？

8-4 将算法部署到 FPGA 执行推理前，经过了哪些流程？

8-5 TensorFlow 实现 Inception V3 迁移学习的流程是什么？

8-6 SSD 算法的核心是什么？采用 OpenVINO 将算法部署到 FPGA 的流程是什么？

参考文献

[1] 李德明. 基于STM32的车牌自动识别系统设计[J]. 广西物理，2018，39(2-3)：7-12.

[2] GEITGEY A. 使用Python和Mask R-CNN自动寻找停车位，这是什么神操作？[EB/OL]. [2019-04-29]. https://cloud.tencent.com/developer/article/1419725.

[3] 安飒，廉小亲，成开元，等. 基于OpenMV的无人驾驶智能小车模拟系统[J]. 信息技术与信息化，2019(6)：16-20.

[4] UIJLINGS J R R，VAN DE SANDE K E A. Selective Search for Object Recognition[J]. International Journal of Computer Vision，2013，104(2)：154-171.

参考文献

[1] 李德明. 基于STM32的车牌自动识别系统设计[J]. 西部皮革, 2018, 39(23): 9-12.

[2] GELTGEY A. 使用Python和Mask R-CNN自动寻找停车位，这是什么神操作？[EB/OL]. (2019-04-29). https://cloud.tencent.com/developer/article/1419225.

[3] 艾夏, 庞小余, 魏开元, 等. 基于OpenMV的无人驾驶智能小车模拟系统[J]. 信息技术与信息化, 2019(6): 16-20.

[4] UIJLINGS J R R, VAN DE SANDE K E A. Selective Search for Object Recognition[J]. International Journal of Computer Vision, 2013, 104(2): 154-171.